国家出版基金资助项目

ACADEMICIAN SMIRNOV LECTURE NOTES
IN MATHEMATICS(VOLUME IV(1))

Smirnov 院士数学讲义
（第四卷·第一分册）

（俄罗斯）В.И.Смирнов 著　《Smirnov 院士数学讲义》翻译组 译

哈尔滨工业大学出版社
HARBIN INSTITUTE OF TECHNOLOGY PRESS

黑版贸审字 08−2016−040 号

内容简介

本书共分为两章:积分方程,变分学.主要介绍了弗雷德霍姆方程、沃尔泰拉方程、傅里叶积分方程、有柯西核的积分方程以及欧拉方程、奥斯特罗格拉德斯基方程等相关内容.理论部分叙述扼要,应用部分叙述详尽.

本书适合高等院校师生以及数学爱好者研读及收藏.

图书在版编目(CIP)数据

Smirnov 院士数学讲义. 第四卷. 第一分册/(俄罗斯)B. И. 斯米尔诺夫著;《Smirnov 院士数学讲义》翻译组译. —哈尔滨:哈尔滨工业大学出版社,2019.1
ISBN 978−7−5603−7831−2

Ⅰ. ①S… Ⅱ. ①B…②S… Ⅲ. ①高等数学－高等学校－教学参考资料 Ⅳ. ①O13

中国版本图书馆 CIP 数据核字(2018)第 268584 号

书名:Курс высшей математики
作者:В. И. Смирнов

В. И. Смирнов《Курс высшей математики》
Copyright © Издательство БХВ,2015
本作品中文专有出版权由中华版权代理总公司取得,由哈尔滨工业大学出版社独家出版

策划编辑	刘培杰 张永芹
责任编辑	张永芹 陈雅君
封面设计	孙茵艾
出版发行	哈尔滨工业大学出版社
社　　址	哈尔滨市南岗区复华四道街 10 号　邮编 150006
传　　真	0451−86414749
网　　址	http://hitpress.hit.edu.cn
印　　刷	牡丹江邮电印务有限公司
开　　本	787mm×1092mm　1/16　印张 17.25　字数 328 千字
版　　次	2019 年 1 月第 1 版　2019 年 1 月第 1 次印刷
书　　号	ISBN 978−7−5603−7831−2
定　　价	178.00 元

(如因印装质量问题影响阅读,我社负责调换)

再版序言

在第四卷的这一版中,除了变分学一章外,对各章都做了重大的修改.部分材料已拿到新版第二卷中去,另一方面,在第四卷里也添加了很多新内容.

С. М. 洛津斯基先生曾校阅了积分方程一章的手稿,给了我一系列宝贵的意见,我根据这些意见做了这一章最后的校订,在这里表示我极大的感谢.在写最后两章时,获得了 О. А. 拉德日斯基及 Х. Л. 斯莫里茨基两位先生的很大帮助,我曾多次和他们商量这两章的内容.这两章中的某些节是我请他们写的,在正文中都已加以注明.

О. А. 拉德日斯基先生校阅了第三章的手稿,Х. Л. 斯莫里茨基先生校阅了第四章的手稿.在最后校订方面他们给了我一系列宝贵的意见.

谨对他们表示极大的感谢.

В. И. 斯米尔诺夫

一九五一年六月十三日

目录

第一章　积分方程　//1

第二章　变分学　//165

附录　俄国大众数学传统——过去和现在　//261

积 分 方 程

第 一 章

1. 积分方程形成的举例

在积分号下含有未知函数的一切方程都称为积分方程. 设求微分方程 $y'=f(x,y)$ 满足初始条件 $y(x_0)=y_0$ 的解. 我们已在前面[Ⅱ;51]见过这个问题, 归结到求解积分方程

$$y(x) = \int_{x_0}^{x} f(x,y) \mathrm{d}x + y_0$$

十分相似地也可把已给初始值 $y(x_0)=y_0, y'(x_0)=y'_0$ 的二阶微分方程 $y''=f(x,y)$ 的求解问题归结到求解积分方程

$$y(x) = \int_{x_0}^{x} \mathrm{d}x \int_{x_0}^{x} f[z,y(z)] \mathrm{d}z + y_0 + y'_0 (x-x_0)$$

把二重积分变作单积分[Ⅱ;15], 可将这方程写为下面的形式

$$y(x) = \int_{x_0}^{x} (x-z) f[z,y(z)] \mathrm{d}z + y_0 + y'_0 (x-x_0)$$

从积分方程

$$y(x) = \int_{0}^{x} (x-z) f[z,y(z)] \mathrm{d}z + c_1 + c_2 x \qquad (1)$$

得到方程 $y''=f(x,y)$ 的通解, 其中 c_1 及 c_2 是任意常数, 而积分的下限设为零. 现在考察关于二阶方程的边界问题, 也就是求满足边界条件 $y(0)=a, y(l)=b$ 的方程的解. 若在方程(1)中首先令 $x=0$, 再令 $x=l$, 则得到决定任意常数的两个方程, 它们给出

$$c_1 = a, \quad c_2 = \frac{b-a}{l} - \frac{1}{l} \int_{0}^{l} (l-z) f[z,y(z)] \mathrm{d}z$$

将获得的值代入公式(1),我们把边界问题引导到积分方程

$$y(x) = F(x) + \int_0^x (x-z) f[z, y(z)] \mathrm{d}z - \frac{x}{l} \int_0^l (l-z) f[z, y(z)] \mathrm{d}z \quad (2)$$

其中

$$F(x) = a + \frac{b-a}{l} x$$

我们可将方程(2)写作下面的形式

$$y(x) = F(x) - \int_0^x \frac{z(l-x)}{l} f[z, y(z)] \mathrm{d}z -$$
$$\int_x^l \frac{x(l-z)}{l} f[z, y(z)] \mathrm{d}z \quad (3)$$

我们引入两个变量的函数

$$K(x, z) = \begin{cases} \dfrac{z(l-x)}{l}, & \text{当 } z \leqslant x \text{ 时} \\ \dfrac{x(l-z)}{l}, & \text{当 } x \leqslant z \text{ 时} \end{cases} \quad (4)$$

借助于这个函数,方程(3)可写作下面的形式

$$y(x) = F(x) - \int_0^l K(x, z) f[z, y(z)] \mathrm{d}z \quad (5)$$

应用获得的结果到线性方程

$$y'' + p(x) y = \omega(x) \quad (6)$$

我们可断言在边界条件

$$y(0) = a, y(l) = b \quad (7)$$

下这个方程的求解问题与从线性积分方程

$$y(x) = F_1(x) + \int_0^l K(x, z) p(z) y(z) \mathrm{d}z \quad (8)$$

求函数 $y(x)$ 是一样的,其中

$$F_1(x) = F(x) - \int_0^l K(x, z) \omega(z) \mathrm{d}z$$

是依赖于变量 x 的已知函数.

我们看出,在方程(1)内积分的上限是变量,而在方程(8)内积分的上限和下限都是常数. 还看出, 无论在方程(1)内或方程(8)内待求函数不仅在积分号下出现, 还在积分号外出现. 我们在以前[Ⅱ;50]已见过当采用逐次逼近法解方程时这个情况是极其重要的.

用某参数 λ 乘方程(6)的系数 $p(x)$, 且考察在齐次边界条件

$$y(0) = 0, y(l) = 0 \quad (9)$$

下的齐次方程
$$y'' + \lambda p(x)y = 0 \tag{10}$$
这个齐次边界问题引导到含有参数 λ 的齐次积分方程
$$y(x) = \lambda \int_0^l K(x,z)p(z)y(z)\mathrm{d}z \tag{11}$$

在以后的基本问题中有这样一个问题，参数 λ 应取什么样的值能使提出的问题有不恒等于零的解。在应用傅里叶方法到数学物理中的边界问题时，我们以前曾经遇到过这样的问题，还应指出函数 $K(x,z)$ 的某些特征，这个函数叫作积分方程的核。这个核在由不等式 $0 \leqslant x \leqslant l$ 及 $0 \leqslant z \leqslant l$ 所确定的正方形 k_0 内是连续的。在这个正方形的对角线上，亦即在 $x=z$ 时，核的一阶导数有了跳跃，即
$$K_x(x,z)\Big|_{x=z^{+0}} - K_x(x,z)\Big|_{x=z^{-0}} = -1$$

其次，如果把提到的核看作 x 的函数，那么在对角线的外面，这个函数是齐次方程 $y''=0$ 满足齐次边界条件(9)的解。最后我们指出，由等式
$$K(z,x) = K(x,z) \tag{12}$$
能够表现出核的对称性质。核的所有这些性质立即从公式(4)显示出。

核 $K(x,z)$ 具有简单的物理意义。我们回忆，当集中力作用在两端固定的弦的一点 $x=z$ 时，在力所作用的这点处应有条件[Ⅱ；163]
$$T_0[(u_x)_{x=z^{+0}} - (u_x)_{x=z^{-0}}] = -P$$
其中 P 是作用力的大小。不难验证的是，函数
$$u(x) = \frac{P}{T_0}K(x,z)$$
给出在上面提到的集中力的作用下弦的静力弯曲的形状。这时我们注意，在静力情况内弦的波动方程简单地归结到方程 $u_{xx}=0$。我们这里就最简单的情形来讲，把边界问题引导到积分方程的种种思想，将在第二分册第四章里详细讲到。

我们还指出把数学物理的边界问题引导到积分方程的一个特殊方法。以前曾用下面形式
$$u(M) = \iint_S \frac{\rho(M')}{d}\mathrm{d}s$$
来定义球壳的势函数，其中 $\rho(M')$ 是在球面 S 上的已知函数，$\mathrm{d}s$ 是球面的面积元素，而 d 是空间中点 M 到球面上变点 M' 的距离。设 n 是球面上某点 M_0 的法线方向。用 $\left(\frac{\partial u(M_0)}{\partial n}\right)_i$ 及 $\left(\frac{\partial u(M_0)}{\partial n}\right)_e$ 表示当变点 M 从球的内部及外部趋于点

M_0 时导数 $\frac{\partial u(M)}{\partial n}$ 的极限值. 我们以前 [Ⅲ$_2$;138] 曾引出过下面的公式

$$\left(\frac{\partial u(M_0)}{\partial n}\right)_i = -\iint_S \rho(M')\frac{\cos\omega}{d^2}\mathrm{d}s + 2\pi\rho(M_0)$$

$$\left(\frac{\partial u(M_0)}{\partial n}\right)_e = -\iint_S \rho(M')\frac{\cos\omega}{d^2}\mathrm{d}s - 2\pi\rho(M_0) \tag{13}$$

其中 d 是从点 M_0 到球面上变点 M' 的距离, 而 ω 是向径 $M'M_0$ 与方向 n 的交角.

在第二章中我们将见到这些公式不仅对于球面有效. 现在我们提出对于球面的诺伊曼内部问题, 也就是, 设求一函数在球的内部是调和的, 且它的法线导数在球面上有已知边界值

$$\left.\frac{\partial u}{\partial n}\right|_S = f(M_0) \tag{14}$$

待求的函数 u 将是球壳的势函数的形式. 这个势函数在球的内部是调和的, 且只要选择这个势函数的密度 $\rho(M')$ 使它也满足边界条件 (14). 注意公式 (13) 中的第一个公式及边界条件 (14), 我们获得决定待求密度的下面的积分方程

$$2\pi\rho(M_0) = f(M_0) + \iint_S \rho(M')\frac{\cos\omega}{d^2}\mathrm{d}s$$

我们看出, 在已给情况下函数 $f(M)$ 及 $\rho(M)$ 必须确定在球面上, 且积分不像上例中那样展布在 x 轴的区间上而是在球面上.

2. 积分方程的分类

我们暂时只考虑这样情况的线性积分方程, 它的待求函数应确定在 x 轴上. 我们写积分方程

$$y(x) = \int_a^x K(x,z)y(z)\mathrm{d}z + f(x) \tag{15}$$

其中 $y(x)$ 是待求函数, 而 $f(x)$ 及 $K(x,z)$ 是已知函数. 像前面已经提到过的, 函数 $K(x,z)$ 称为积分方程的核.

所写的方程称为沃尔泰拉第二种方程. 具有常数积分限的相似方程

$$y(x) = \int_a^b K(x,z)y(z)\mathrm{d}z + f(x) \tag{16}$$

称为弗雷德霍姆第二种方程. 若待求函数仅出现在积分号下, 则我们获得沃尔泰拉或弗雷德霍姆第一种方程. 它们有如下的形式

$$\int_a^x K(x,z)y(z)\mathrm{d}z = f_1(x)$$

$$\int_a^b K(x,z)y(z)\mathrm{d}z = f_1(x) \tag{17}$$

作为沃尔泰拉第一种方程的例子就是[Ⅱ;79]曾经讲过的亚贝尔方程
$$\varphi(h) = \frac{1}{\sqrt{2g}} \int_0^h \frac{u(y)\mathrm{d}y}{\sqrt{h-y}}$$

我们给出弗雷德霍姆第一种方程的一个例子. 设 $u(x)$ 是当弦具有对于单位长计算的连续分布的荷重 $p(z)$ 时弦的静力弯曲,我们将把这个连续分布的荷重看作集中荷重 $p(z)\mathrm{d}z$ 的和. 每一个这样的集中荷重,按照上节所述,使我们得到弦的静力弯曲如下
$$\frac{1}{T_0} K(x,z) p(z) \mathrm{d}z$$

其中 $K(x,z)$ 由公式(4)来确定. 取积分,我们获得在连续分布的荷重下弦的静力弯曲
$$u(x) = \frac{1}{T_0} \int_0^l K(x,z) p(z) \mathrm{d}z$$

若弯曲 $u(x)$ 视作已知,而求相应的荷重 $p(z)$,则这个方程就是弗雷德霍姆第一种方程.

我们注意,沃尔泰拉方程是弗雷德霍姆方程的特殊情况. 事实上,若我们将以前定义的核 $K(x,z)$ 预先加以条件:当 $z>x$ 时 $K(x,z)=0$,则在沃尔泰拉方程内可对于 z 从 $z=a$ 到 $z=b$ 取积分.

以后我们几乎专致力于第二种方程,且主要是弗雷德霍姆第二种方程,我们在解数学物理中的边界问题时经常碰到的正是这种方程. 第二种方程的理论较之第一种的简单得多. 前面已经提到过,若在积分号外有待求函数,就自然地可能采用逐次逼近法.

积分方程的理论在很多地方与线性代数的问题相似,关于代数问题我们已在第三卷内阐明. 我们回忆,在 n 维空间内有形如[Ⅲ₁;25]
$$y_i = a_{i1}u_1 + \cdots + a_{in}u_n \quad (i=1,2,\cdots,n)$$
的线性变换且在写出的变换中系数 a_{ik} 组成了矩阵. 这变换可写为另一种形式
$$\mathbf{y} = \mathbf{A}\mathbf{u}$$
其中 $\mathbf{u}(u_1,u_2,\cdots,u_n)$ 是原来向量,$\mathbf{y}(y_1,y_2,\cdots,y_n)$ 是变换后向量,而 $\mathbf{A}$ 是由系数 a_{ik} 组成的矩阵. 在积分方程的情况下用通常在某区间 $[a,b]$ 内确定的函数来代替 n 维空间的向量,用核 $K(x,z)$ 来代替系数 a_{ik} 的矩阵,且用积分过程来代替求和,因而在所考察的情况下线性变换可表达成如下公式
$$y(x) = \int_a^b K(x,z) u(z) \mathrm{d}z \tag{18}$$
其中 $u(z)$ 是原来函数,而 $y(x)$ 是变换后函数.

其次,我们回忆所谓矩阵 A 的特征值是指参数 λ 这样的值,它使方程
$$Ax = \lambda x$$
有不等于零的解 x. 以后我们将称参数 λ 这样的值为核 $K(x,z)$ 或相应变换的特征值,它使齐次积分方程
$$y(x) = \lambda \int_a^b K(x,z)y(z)\mathrm{d}z \tag{19}$$
有不恒等于零的解. 我们看出, 此处在参数 λ 的引用方面, 与前面指出的代数问题并不完全相似. 如果完全相似地来引用, 我们必须代替(19)而写出下列方程
$$\int_a^b K(x,z)y(z)\mathrm{d}z = \lambda y(x)$$
以后在积分方程的全部理论中我们将保持公式(19)的形式.

还要注意, 使函数 $u(x)$ 对应于同一函数 $u(x)$ 的恒等变换(也就是使 $y(x)$ 与 $u(x)$ 等同的变换)不能表达为积分形式(18).

在阐明积分方程的理论时, 自然必须关于核 $K(x,z)$ 以及函数 $f(x)$ 及 $y(x)$ 作某些假设.

如同已经提到过的, 我们暂将专致力于一维情况的积分方程, 过渡到多维情况的方法将在下面指出.

最后, 我们指出, 今后通常认为已知及待求函数都是复函数
$$K(x,z) = K_1(x,z) + K_2(x,z)\mathrm{i}$$
$$f(x) = f_1(x) + f_2(x)\mathrm{i}$$
$$y(x) = y_1(x) + y_2(x)\mathrm{i}$$
其中 $K_s(x,z), f_s(x), y_s(x) (s=1,2)$ 都是实函数. 自变量永远被认为是实的.

在下节中我们将回忆正交函数系的性质且对于这个问题添加某些补充, 这对于积分方程理论的阐明将是必要的.

以后将常常说到有限闭区间 $a \leqslant x \leqslant b$(也就是这样的区间, 它包含两端点在内), 我们总是用符号"$[a,b]$"记这样的区间.

3. 正交函数系

在区间 $[a,b]$ 内为连续的实函数
$$\varphi_1(x), \varphi_2(x), \cdots \tag{20}$$
如果有
$$\int_a^b \varphi_p(x)\varphi_q(x)\mathrm{d}x = \begin{cases} 0, & \text{当 } p \neq q \text{ 时} \\ 1, & \text{当 } p = q \text{ 时} \end{cases} \tag{21}$$

那么就说这些实函数在区间内构成正交标准系.

设 $f(x)$ 是任一实函数,在区间 $[a,b]$ 内是连续的,则下面数值

$$c_k = \int_a^b f(x)\varphi_k(x)\mathrm{d}x \tag{22}$$

称为函数 $f(x)$ 关于函数系(20)的傅里叶系数[Ⅱ;156]. 由 c_k 的定义我们有等式

$$\int_a^b \left[f(x) - \sum_{k=1}^n c_k\varphi_k(x)\right]^2 \mathrm{d}x = \int_a^b [f(x)]^2 \mathrm{d}x - \sum_{k=1}^n c_k^2 \tag{23}$$

这个等式把函数 $f(x)$ 在用它的傅里叶级数的部分和 $s_n(x)$ 来代替时所得的平方中值误差表示为差式. 从公式(23)显示出以 c_k^2 为普通项的无穷级数的收敛性且有所谓贝塞尔不等式

$$\sum_{k=1}^\infty c_k^2 \leqslant \int_a^b [f(x)]^2 \mathrm{d}x \tag{24}$$

若对于任何连续函数 $f(x)$ 在公式(24)中等号成立,也就是,若对于任何连续函数有所谓完整公式

$$\int_a^b [f(x)]^2 \mathrm{d}x = \sum_{k=1}^\infty c_k^2 \tag{25}$$

则称函数系(20)是完整的. 完整公式表现出这样的事实:当函数 $f(x)$ 代以它的傅里叶级数的部分和 $s_n(x)$ 时,则当 n 无限增大时平方中值误差趋于零. 还要回忆,若我们作积分

$$\int_a^b \left[f(x) - \sum_{k=1}^n \alpha_k\varphi_k(x)\right]^2 \mathrm{d}x$$

其中 α_k 是任意实系数,如果采取 α_k 等于函数 $f(x)$ 的傅里叶系数,那么这个积分的值将为最小[Ⅱ;148].

到现在为止,我们设函数 $\varphi_k(x)$ 及 $f(x)$ 是连续的,上面所说的一切在更一般情况下也是保持正确的. 例如,可以设这些函数是有界的且有有限个不连续点. 我们注意,这时上面写出的所有积分显然都有意义.

设 $\varphi_k(x)$ 是连续的,而 $f(x)$ 在区间 $[a,b]$ 内除了一点 $x=d$ 外也都是连续的,在这点的邻域内它是无界的,并且

$$|f(x)| \leqslant \frac{C}{|x-d|^\alpha} \tag{26}$$

其中 C 及 α 是常数且 $0 < \alpha < \dfrac{1}{2}$. 这时 $[f(x)]^2$ 是可积的[Ⅱ;82],且不等式(24)的证明完全保持有效,并且所有积分都有意义. 正交函数理论的最为自然的扩充需要其他积分概念,我们将在第五卷予以阐明.

以后,如果没有特别声明,我们将假设一切函数都是连续的.

我们来证明一个初等引理. 若 $\omega(x)$ 在区间 $[a,b]$ 内是连续且非负的函数,又

$$\int_a^b \omega(x)\mathrm{d}x = 0 \tag{27}$$

则 $\omega(x)$ 在区间 $[a,b]$ 内恒等于零. 设我们的断言不正确,且在所提到的区间内的某点 $x=c$ 处有 $\omega(c)>0$,则对于充分小的正数 ε,函数 $\omega(x)$ 在区间 $[c-\varepsilon, c+\varepsilon]$ 内将是正的,且设 $m(>0)$ 是它在这个区间内的最小值. 由于 $\omega(x)$ 的非负性,因此有

$$\int_a^b \omega(x)\mathrm{d}x \geqslant \int_{c-\varepsilon}^{c+\varepsilon} \omega(x)\mathrm{d}x \geqslant \int_{c-\varepsilon}^{c+\varepsilon} m\,\mathrm{d}x = 2\varepsilon m$$

而这与条件(27)矛盾.

在 $[\mathrm{III}_1;31]$ 中我们已见过,若有 m 个线性无关的向量,则总可以作出同样多个两两正交且标准的向量,使原来的向量可由新向量线性表出,反之也是一样,这一切对函数来说也完全适用. 设

$$\psi_1(x), \cdots, \psi_m(x)$$

是在 $[a,b]$ 内连续且线性无关的,即含常系数 α_k 的恒等关系式

$$\alpha_1 \psi_1(x) + \cdots + \alpha_m \psi_m(x) \equiv 0$$

只有当这些系数都等于零的情况成立. 现在我们来作在 $[a,b]$ 内为正交且标准化的新函数

$$\varphi_1(x), \cdots, \varphi_m(x)$$

使 $\varphi_k(x)$ 可由 $\psi_1(x),\cdots,\psi_(k)$ 线性表出,反之,一切 $\psi_k(x)$ 也可由 $\varphi_1(x),\cdots,\varphi_k(x)$ 线性表出. 为简写起见,我们引用代数中曾经用过的记号,即用记号"(f,F)"来表示乘积 $f(x)F(x)$ 在区间 $[a,b]$ 内的积分,即

$$(f,F) = \int_a^b f(x)F(x)\mathrm{d}x$$

函数 $\psi_k(x)$ 的正交化过程,亦即函数 $\varphi_k(x)$ 的构成过程,按以下方式进行

$$\varphi_1(x) = \frac{\psi_1(x)}{\sqrt{(\psi_1,\psi_1)}}$$

$$\chi_2(x) = \psi_2(x) - (\psi_2,\varphi_1)\varphi_1(x), \varphi_2(x) = \frac{\chi_2(x)}{\sqrt{(\chi_2,\chi_2)}}$$

$$\chi_3(x) = \psi_3(x) - (\psi_3,\varphi_2)\varphi_2(x) - (\psi_3,\varphi_1)\varphi_1(x), \varphi_3(x) = \frac{\chi_3(x)}{\sqrt{(\chi_3,\chi_3)}}$$

$$\vdots$$

$$\chi_m(x) = \psi_m(x) - (\psi_m, \varphi_{m-1})\varphi_{m-1}(x) - \cdots - (\psi_m, \varphi_1)\varphi_1(x)$$

$$\varphi_m(x) = \frac{\chi_m(x)}{\sqrt{(\chi_m, \chi_m)}}$$

函数 $\varphi_k(x)$ 与 $\chi_k(x)$ 只相差一个常数因子,这个因子加到 $\chi_k(x)$ 是为了使这些函数标准化,亦即为了使它们的平方在 $[a,b]$ 上积分等于 1. 从所写出的公式立即显示出在 $\psi_k(x)$ 及 $\varphi_k(x)$ 之间的线性相关性,正如我们前面所说的. 还要注意,在函数 $\chi_k(x)$ 中,没有一个可变为恒等于零,因此 $(\chi_k, \chi_k) \neq 0$,因为比如说要是有 $\chi_2(x) \equiv 0$ 的话,则可引到 $\varphi_1(x)$ 及 $\psi_2(x)$ 之间的线性相关性

$$\psi_2(x) - (\psi_2, \varphi_1)\varphi_1(x) \equiv 0$$

这归结到 $\psi_1(x)$ 及 $\psi_2(x)$ 之间的线性相关性,而与诸函数 $\psi_k(x)$ 的线性无关的假设矛盾. 应用引理,从已确定的事实立即得出 $(\chi_k, \chi_k) \neq 0$,因为,否则应有 $\chi_k \equiv 0$. 这样一来,确定函数 φ_k 的一切公式都有意义,函数 $\chi_k(x)$ 与已经作好了的函数 $\varphi_1(x), \varphi_2(x), \cdots, \varphi_{k-1}(x)$ 的正交性可依次检验. 例如

$$(\chi_2, \varphi_1) = (\psi_2, \varphi_1) - (\psi_2, \varphi_1)(\varphi_1, \varphi_1) = (\psi_2, \varphi_1) - (\psi_2, \varphi_1) = 0$$

既有 $\varphi_1(x)$ 及 $\varphi_2(x)$ 的正交标准性,得

$$(\chi_3, \varphi_1) = (\psi_3, \varphi_1) - (\psi_3, \varphi_2)(\varphi_2, \varphi_1) - (\psi_3, \varphi_1)(\varphi_1, \varphi_1) =$$
$$(\psi_3, \varphi_1) - (\psi_3, \varphi_1) = 0$$

同样也有 $(\chi_3, \varphi_2) = 0$,等等.

还要注意正交标准系的某些其他性质.

设函数系(20)是完整的,且设某连续函数 $f(x)$ 的所有傅里叶系数都等于零,换句话说,就是设连续函数 $f(x)$ 与所有函数 $\varphi_k(x)$ 都是正交的,即

$$\int_a^b f(x)\varphi_k(x)\mathrm{d}x = 0 \quad (k=1,2,\cdots)$$

完整公式给出

$$\int_a^b [f(x)]^2 \mathrm{d}x = 0$$

由引理推知,$f(x)$ 恒等于零.

仍然回到一般情况,且设

$$\sum_{k=1}^{\infty} c_k \varphi_k(x) \tag{28}$$

是函数 $f(x)$ 的傅里叶级数. 我们不能肯定级数(28)的收敛性,而且如果它是收敛的,那么也不能肯定它的和等于 $f(x)$. 设级数(28)在区间 $[a,b]$ 内是一致收敛的,写出差

$$f_1(x) = f(x) - \sum_{k=1}^{\infty} c_k \varphi_k(x)$$

既然设 $f(x)$ 是连续函数,那么 $f_1(x)$ 也是连续的. 将上面等式的两端乘以 $\varphi_p(x)$ 且取积分,并由级数的一致收敛性,则可逐项积分,又由于函数系(20)的正交标准性,得

$$\int_a^b f_1(x) \varphi_p(x) \mathrm{d}x = \int_a^b f(x) \varphi_p(x) \mathrm{d}x - c_p$$

既然 c_k 都是函数 $f(x)$ 的傅里叶系数,那么右端的差等于零,因此,若函数 $f(x)$ 的傅里叶级数是一致收敛的,则 $f(x)$ 与它的傅里叶级数的差 $f_1(x)$ 的所有傅里叶系数都等于零. 除此以外,如果函数系(20)是完整的,由于前面所说的,得出下面结论:若函数系(20)是完整的,且连续函数 $f(x)$ 的傅里叶级数在区间 $[a,b]$ 上是一致收敛的,则它的和等于 $f(x)$.

还要注意一个基本情况,即正交函数常是线性无关的. 事实上,设有某关系式

$$\alpha_1 \varphi_1(x) + \cdots + \alpha_m \varphi_m(x) \equiv 0$$

将两端乘以 $\varphi_k(x)(k=1,2,\cdots,m)$ 且取积分,由于函数系(20)的正交标准性,我们得 $\alpha_k = 0$,亦即所有系数必等于零.

上面所说的一切,可立即推广到实变量 x 的复函数的情形,亦即下面形式的函数

$$\varphi_k(x) = \rho_k(x) + \sigma_k(x)\mathrm{i} \quad (k=1,2,\cdots)$$

关于这样的函数已在前面讲过[Ⅲ$_1$;49]. 这时函数系的正交性及标准性被下面的等式表达

$$\int_a^b \varphi_p(x) \overline{\varphi_q(x)} \mathrm{d}x = \begin{cases} 0, \text{当 } p \neq q \text{ 时} \\ 1, \text{当 } p = q \text{ 时} \end{cases} \tag{21'}$$

其中 $\bar{\alpha}$ 照例表示 α 的共轭数. 任何复连续函数的傅里叶系数由下面等式来确定

$$c_k = \int_a^b f(x) \overline{\varphi_k(x)} \mathrm{d}x \tag{22'}$$

在以后各公式中,我们处处以这些值的模的平方来代替原值的平方,于是代替公式(23)的将是下面的公式

$$\int_a^b \left| f(x) - \sum_{k=1}^n c_k \varphi_k(x) \right|^2 \mathrm{d}x = \int_a^b |f(x)|^2 \mathrm{d}x - \sum_{k=1}^n |c_k|^2 \tag{23'}$$

而贝塞尔不等式将是

$$\sum_{k=1}^{\infty} |c_k|^2 \leqslant \int_a^b |f(x)|^2 \mathrm{d}x \tag{24'}$$

与前面完全一样,也可进行正交化过程,只要符号(f,F)由下面等式来定义

$$(f,F) = \int_a^b f(x)\overline{F(x)}\mathrm{d}x$$

像以前一样,可定义完整性的概念,且可证明前面提到的一切论断.

公式(23′)完全与公式(23)一样得以证明. 若在积分

$$\int_a^b \left| f(x) - \sum_{k=1}^n c_k\varphi_k(x) \right|^2 \mathrm{d}x =$$

$$\int_a^b \left[f(x) - \sum_{k=1}^n c_k\varphi_k(x) \right] \cdot \left[\overline{f(x)} - \sum_{k=1}^n \overline{c_k}\,\overline{\varphi_k(x)} \right] \mathrm{d}x$$

中,打开括号且应用(21′)及(22′),则得到(23′).

注意,若$\omega(x)$是连续复函数,且不恒等于零,则

$$(\omega,\omega) = \int_a^b \omega(x)\overline{\omega(x)}\mathrm{d}x = \int_a^b |\omega(x)|^2 \mathrm{d}x > 0$$

积分的通常性质明显地可应用到复函数的积分,如常数因子可放在积分号外,和的积分法,等等.

我们回忆

$$u_n(x) + v_n(x)\mathrm{i} \to u(x) + v(x)\mathrm{i}$$

亦即

$$|[u(x) + v(x)\mathrm{i}] - [u_n(x) + v_n(x)\mathrm{i}]| \to 0$$

无异于分别单独地有$u_n(x) \to u(x)$及$v_n(x) \to v(x)$[Ⅲ$_2$;1]. 相似的说明,关于一致收敛性当然也是正确的. 对于一致收敛的序列就能够在积分号下取极限[Ⅰ;145]. 积分学中的其余定理,例如,依赖于参数的积分以及在积分号下求积分的定理也保持有效. 利用实部及虚部的分离,一切就归到对于实函数相应的定理.

还要注意,布尼亚科夫斯基不等式[Ⅲ$_1$;29]也可应用到复函数上.

事实上,有[Ⅲ$_2$;4]

$$\left| \int_a^b f_1(x)f_2(x)\mathrm{d}x \right| \leqslant \int_a^b |f_1(x)||f_2(x)|\mathrm{d}x$$

从而应用布尼亚科夫斯基不等式于实函数$|f_1(x)|$及$|f_2(x)|$,得

$$\left| \int_a^b f_1(x)f_2(x)\mathrm{d}x \right|^2 \leqslant \left(\int_a^b |f_1(x)||f_2(x)|\mathrm{d}x \right)^2 \leqslant$$

$$\int_a^b |f_1(x)|^2 \mathrm{d}x \int_a^b |f_2(x)|^2 \mathrm{d}x$$

上面的一切叙述都是考虑依赖于一个变量的函数,而这个变量在区间[a,

b]内变动. 所有叙述对于确定在平面上、三维或 n 维空间内的某有限区域或曲面上的函数都可以逐字地重复一遍. 这时, 当然必须对于相应的区域取积分.

设 P 是在平面上、空间内或曲面上的有限闭区域(亦即这个区域的境界上的一切点也包含在内)B 内的变点. 如果

$$\int_B \varphi_p(P) \overline{\varphi_q(P)} \mathrm{d}\omega_P = \begin{cases} 0, \text{当 } p \neq q \text{ 时} \\ 1, \text{当 } p = q \text{ 时} \end{cases}$$

那么函数 $\varphi_k(P)$(一般地讲, 是复的)作成正交标准系, 此外, 虽然我们只写出一个积分符号, 但必须认为是二重、三重或曲面积分. 用 $\mathrm{d}\omega_P$ 记为对于变点 P 取得的相应的积分元素. 例如, 在笛卡儿坐标中二重积分的情形, 我们有 $\mathrm{d}\omega_P = \mathrm{d}x\mathrm{d}y$. $f(P)$ 的傅里叶系数将是

$$c_k = \int_B f(P) \overline{\varphi_k(P)} \mathrm{d}\omega_P$$

且贝塞尔不等式写为

$$\sum_{k=1}^{\infty} |c_k|^2 \leqslant \int_B |f(P)|^2 \mathrm{d}\omega_P$$

若 $f(P)$ 在点 Q 有跳跃, 则代替条件(26)应当假设

$$|f(P)| \leqslant \frac{C}{r^\alpha}$$

其中 r 是距离 $\overline{PQ}$ 且 $\alpha < \frac{n}{2}$, 此处对于二重积分或曲面积分的情况有 $n=2$, 而对于三重积分则有 $n=3$.

4. 弗雷德霍姆第二种方程

我们从一个变量的情况着手阐明积分方程及弗雷德霍姆第二种积分方程

$$\varphi(s) = f(s) + \int_a^b K(s,t) \varphi(t) \mathrm{d}t \tag{29}$$

的理论.

我们指出基本假设. 我们假设核 $K(s,t)$ 在正方形 k_0 内是两个变量 (s,t) 的复连续函数, 而 k_0 是用不等式: $a \leqslant s \leqslant b, a \leqslant t \leqslant b$ 确定的, 且已知函数 $f(s)$ 是在区间 $[a,b]$ 内的复连续函数. 寻求的解也属于连续函数类中, 自然要假设核 $K(s,t)$ 在正方形 k_0 内不恒等于零, 否则方程(29)变成 $\varphi(s) = f(s)$.

在核的连续性的假设下, 当任意选取连续函数 $u(t)$ 时, 积分

$$v(s) = \int_a^b K(s,t) u(t) \mathrm{d}t \tag{30}$$

给出连续函数 $v(s)$, 亦即上式将连续函数 $u(t)$ 变为仍然是连续的函数 $v(s)$. 更

一般的情况,若设 $u(t)$ 是具有有限个不连续点的有界函数($|u(t)|\leqslant C$),则积分(30)有意义,且可写为

$$v(s+h)-v(s)=\int_a^b [K(s+h,t)-K(s,t)]u(t)\mathrm{d}t \qquad (31)$$

从而

$$|v(s+h)-v(s)|\leqslant C\int_a^b |K(s+h,t)-K(s,t)|\mathrm{d}t$$

由于核的连续性,当 $h\to 0$ 时,右端趋于零,因此也有 $|v(s+h)-v(s)|\to 0$,亦即 $v(s)$ 是连续函数. 于是积分(30)不仅变连续函数为连续函数,且把有有限个不连续点的有界函数变为连续函数.

应用布尼亚科夫斯基不等式[3]于(31),得

$$|v(s+h)-v(s)|^2\leqslant \int_a^b |K(s+h,t)-K(s,t)|^2\mathrm{d}t \cdot \int_a^b |u(t)|^2\mathrm{d}t \qquad (32)$$

由此看出,若 $u(t)$ 在某些点的邻域内甚至变为无界,且积分

$$\int_a^b |u(t)|^2\mathrm{d}t$$

有意义(例如 $u(t)$ 满足条件(26)),则 $v(s)$ 将还是连续函数.

转到方程(29)且记起关于核 $K(s,t)$ 及自由项 $f(s)$ 的连续性的假设,例如,假设 $\varphi(s)$ 是具有有限个不连续点的有界函数,则由于上面所说的,我们可断言,式中右端的两项都是连续的,因而得到 $\varphi(s)$ 也应当是连续函数. 这样一来,只求方程(29)的连续解的要求是很自然的.

例如,若设 $K(s,t)$ 是连续的,且 $f(s)$ 是具有有限个不连续点的有界函数,则解 $\varphi(s)$ 自然也是属于有有限个不连续点的有界函数类中. 我们将设 $f(s)$ 是连续的. 在数学物理中常遇到核是不连续的情况,我们将迟一些加以研究,暂且还是假设核 $K(s,t)$ 及 $f(s)$ 都是连续的,如上所指出,解 $\varphi(s)$ 也在连续函数类中.

代替方程(29)我们来研究具有参数的方程

$$\varphi(s)=f(s)+\lambda\int_a^b K(s,t)\varphi(t)\mathrm{d}t \qquad (33)$$

从(33)中令 $\lambda=1$,得到方程(29). 我们将认为 λ 不仅可取实数,而且也可以是复数. 令 $\lambda=\lambda_1+\lambda_2\mathrm{i}$,解 $\varphi(s)$ 也应当是复函数的形式 $\varphi(s)=\varphi_1(s)+\varphi_2(s)\mathrm{i}$. 例如,若 $K(s,t)$ 及 $f(s)$ 都是实的,则代入(33)中且分离实部及虚部,我们得到关于 $\varphi_1(s)$ 及 $\varphi_2(s)$ 的下面的方程组

$$\varphi_1(s) = f(s) + \lambda_1 \int_a^b K(s,t)\varphi_1(t)\mathrm{d}t - \lambda_2 \int_a^b K(s,t)\varphi_2(t)\mathrm{d}t$$

$$\varphi_2(s) = \lambda_1 \int_a^b K(s,t)\varphi_2(t)\mathrm{d}t + \lambda_2 \int_a^b K(s,t)\varphi_1(t)\mathrm{d}t$$

以后在叙述理论时,我们不采用这个方程组,而是直接研究方程(33).我们写出相应的齐次方程

$$\varphi(s) = \lambda \int_a^b K(s,t)\varphi(t)\mathrm{d}t \tag{34}$$

它有明显的解 $\varphi(s) \equiv 0$,我们称它为零解.如在[2]中所提到的,若当 $\lambda = \lambda_0$ 时方程(34)有解,且此解不等于零,则称 λ_0 为核 $K(s,t)$ 的或对应积分方程的特征值,而方程

$$\varphi(s) = \lambda_0 \int_a^b K(s,t)\varphi(t)\mathrm{d}t \tag{35}$$

的一切不为零的解都称为对应于特征值 $\lambda = \lambda_0$ 的特征函数.$\lambda_0 = 0$ 显然不是特征值,因为此时由(35)推出 $\varphi(s) \equiv 0$.

由于方程(35)是线性齐次的,若 $\varphi_1(s), \varphi_2(s), \cdots, \varphi_m(s)$ 是对应于同一个特征值 $\lambda = \lambda_0$ 的特征函数,则从它们作出的系数为复常数的任何线性组合

$$\varphi(s) = c_1\varphi_1(s) + c_2\varphi_2(s) + \cdots + c_m\varphi_m(s) \tag{36}$$

也满足方程(35),因此只要公式(36)中的 $\varphi(s)$ 不恒等于零,它就也是特征函数.若 $\varphi_1(s), \varphi_2(s), \cdots, \varphi_m(s)$ 是线性无关的,则仅当所有系数 c_p 都等于零时才有恒等于零的情况.我们以后将指出,对于任一特征值 $\lambda = \lambda_0$,存在着这样的有限个线性无关的特征函数 $\varphi_1(s), \varphi_2(s), \cdots, \varphi_k(s)$,只要赋予系数 c_p 以一切可能的值,则公式(36)就能给出方程(35)的一切解.

组成对应于特征值 $\lambda = \lambda_0$ 的特征函数的这种完全组可以有不同方式.假设我们已作出两个这样的组,第一个组由 k 个函数作成,而第二个组由 l 个函数作成

$$\varphi_1^{(1)}(s), \varphi_2^{(1)}(s), \cdots, \varphi_k^{(1)}(s)$$
$$\varphi_1^{(2)}(s), \varphi_2^{(2)}(s), \cdots, \varphi_l^{(2)}(s)$$

如果注意到一切函数 $\varphi_p^{(1)}(s)(p=1,2,\cdots,k)$ 是方程(35)的解,且应由第二组的函数线性表出,而一切函数 $\varphi_q^{(2)}(s)(q=1,2,\cdots,l)$ 恰好同样地应由第一组的函数线性表出,就容易证出[Ⅲ₁;10] $k = l$,亦即特征函数的完全组恒由相同个数的特征函数作成.我们称此数 k 为特征值 λ_0 的秩.不同的特征值自然可以有不同的秩.

设核 $K(s,t)$ 及特征值 λ_0 都是实的,且令 $\varphi(s) = \omega_1(s) + \omega_2(s)\mathrm{i}$ 是对应的特

征函数;代入(35)并分离实部及虚部,得

$$\omega_1(s) = \lambda_0 \int_a^b K(s,t)\omega_1(t)\mathrm{d}t$$

$$\omega_2(s) = \lambda_0 \int_a^b K(s,t)\omega_2(t)\mathrm{d}t$$

亦即 $\omega_1(s)$ 及 $\omega_2(s)$ 分别地满足方程(35),而 $\varphi(s) = \omega_1(s) + \omega_2(s)\mathrm{i}$ 是它们的线性组合. 于是当核是实的时,对于实特征值的特征函数可以假设也是实的.

5. 逐次逼近法及解核

应用逐次逼近法到方程(33),即

$$\varphi(s) = f(s) + \lambda \int_a^b K(s,t)\varphi(t)\mathrm{d}t$$

的求解. 为了这样做,我们将寻求这个方程在级数形式下的解,这级数是按照 λ 的正整数增幂排列的,即

$$\varphi(s) = \varphi_0(s) + \varphi_1(s)\lambda + \varphi_2(s)\lambda^2 + \cdots \tag{37}$$

如果这级数关于在区间 $[a,b]$ 内的 s 是一致收敛的,那么在(33)中以它代替 $\varphi(s)$ 后就可逐项积分,且在所得等式的两端使 λ 的同次幂的系数相等,我们将逐次确定 $\varphi_n(s)$ 的公式

$$\varphi_0(s) = f(s), \varphi_1(s) = \int_a^b K(s,t)\varphi_0(t)\mathrm{d}t$$

$$\varphi_2(s) = \int_a^b K(s,t)\varphi_1(t)\mathrm{d}t \tag{38}$$

且一般地,有

$$\varphi_n(s) = \int_a^b K(s,t)\varphi_{n-1}(t)\mathrm{d}t \quad (n=1,2,\cdots) \tag{39}$$

并且由这些公式所确定的一切函数都是连续的[4]. 现在证明,如果 λ 的模充分小,那么级数(37)关于 s 是绝对且一致收敛的. 由此推得,对所指出的 λ,这级数的和是连续函数且它本身就表示方程(33)的解.

在区间 $[a,b]$ 内及在正方形 k_0 内,函数 $f(s)$ 及 $K(s,t)$ 是连续的,于是我们有估值

$$|f(s)| \leqslant m, \ |K(s,t)| \leqslant M$$

其中 m 及 M 都是正数,也就是 $|f(s)|$ 及 $|K(s,t)|$ 的最大值. 进行函数 $\varphi_n(s)$ 的估计,逐次得到

$$|\varphi_0(s)| \leqslant m$$

$$|\varphi_1(s)| \leqslant \int_a^b |K(s,t)||\varphi_0(t)| dt \leqslant$$

$$mM\int_a^b dt = mM(b-a)$$

$$|\varphi_2(s)| \leqslant \int_a^b |K(s,t)||\varphi_1(t)| dt \leqslant$$

$$mM^2(b-a)\int_a^b dt = mM^2(b-a)^2$$

且一般地,有

$$|\varphi_n(s)| \leqslant m[M(b-a)]^n$$

因此级数(37)的一般项有估计

$$|\varphi_n(s)\lambda^n| \leqslant m[|\lambda|M(b-a)]^n$$

从而看出在条件

$$|\lambda| < \frac{1}{M(b-a)} \tag{40}$$

之下,级数(37)关于 s 是绝对且一致收敛的,且这时它的和是方程(33)的连续解.

所得到的解可写作另一形式,为了这个目的,我们引用所谓叠核,它们是逐次由以下公式确定的

$$K_1(s,t) = K(s,t)$$

$$K_n(s,t) = \int_a^b K_{n-1}(s,t_1)K(t_1,t)dt_1 \tag{41}$$

由于基本核 $K(s,t)$ 的连续性,因此每一叠核在正方形 k_0 内都是连续的[Ⅱ;80]. 叠核 $K_n(s,t)$ 借助于 $(n-1)$ 次积分由基本核 $K(s,t)$ 表达,即

$$K_2(s,t) = \int_a^b K(s,t_1)K(t_1,t)dt_1$$

$$K_3(s,t) = \int_a^b K_2(s,t_1)K(t_1,t)dt_1 =$$

$$\int_a^b \left[\int_a^b K(s,t_2)K(t_2,t_1)dt_2\right]K(t_1,t)dt_1$$

亦即

$$K_3(s,t) = \int_a^b \int_a^b K(s,t_2)K(t_2,t_1)K(t_1,t)dt_1 dt_2$$

且一般地,有

$$K_n(s,t) = \int_a^b \int_a^b \cdots \int_a^b K(s,t_{n-1})K(t_{n-1},t_{n-2})\cdots K(t_2,t_1)K(t_1,t)dt_1 dt_2 \cdots dt_{n-1}$$

$$\tag{42}$$

在这些公式中,积分的次序是没有关系的[Ⅱ;98].

利用这一点,容易得到公式

$$K_{p+q}(s,t) = \int_a^b K_p(s,\tau)K_q(\tau,t)d\tau \qquad (43)$$

只需实行$(p-1)$次积分形成$K_p(s,\tau)$及$(q-1)$次积分形成$K_q(\tau,t)$. 剩下的是关于τ的单积分.

利用公式(42)及不等式$|K(s,t)| \leqslant M$,得到在正方形k_0内的估计

$$|K_n(s,t)| \leqslant M^n(b-a)^{n-1} \qquad (44)$$

从它推得,在条件(40)之下,级数

$$R(s,t;\lambda) = K_1(s,t) + K_2(s,t)\lambda + K_3(s,t)\lambda^2 + \cdots =$$
$$\sum_{n=0}^{\infty} K_{n+1}(s,t)\lambda^n \qquad (45)$$

在正方形k_0内是绝对且一致收敛的. 用$R(s,t;\lambda)$记作它的和.

现在直接用自由项$f(s)$来表示出函数$\varphi_n(s)$,即

$$\varphi_1(s) = \int_a^b K(s,t)f(t)dt$$

$$\varphi_2(s) = \int_a^b K(s,t)\varphi_1(t)dt = \int_a^b \int_a^b K(s,t)K(t,t_1)f(t_1)dt_1 dt =$$
$$\int_a^b K_2(s,t_1)f(t_1)dt_1$$

一般地,有

$$\varphi_n(s) = \int_a^b K_n(s,t)f(t)dt$$

代入(37),得

$$\varphi(s) = f(s) + \lambda \sum_{n=0}^{\infty} \int_a^b K_{n+1}(s,t)\lambda^n f(t)dt$$

若注意级数(45)在正方形k_0内的一致收敛性,因而对于区间$[a,b]$内任一固定值s,它在这区间内关于一个变量t更是一致收敛的,则可将和的符号与积分符号交换,且按照(45)的记号,得

$$\varphi(s) = f(s) + \lambda \int_a^b R(s,t;\lambda)f(t)dt \qquad (46)$$

这都是在条件(40)之下证明的.

不依赖于自由项$f(s)$的函数(45)称为核$K(s,t)$或方程(33)的解核. 不难验证,若视解核是它自己的第一个变量或第二个变量的函数,则它们满足下面两个积分方程

$$\begin{cases} R(s,t;\lambda) = K(s,t) + \lambda \int_a^b K(s,t_1) R(t_1,t;\lambda) \mathrm{d}t_1 \\ R(s,t;\lambda) = K(s,t) + \lambda \int_a^b K(t_1,t) R(s,t_1;\lambda) \mathrm{d}t_1 \end{cases} \quad (47)$$

例如,为了检验第二个方程,将公式(45)的两端乘以 $K(t,x)$ 且对 t 取积分,有

$$\int_a^b R(s,t;\lambda) K(t,x) \mathrm{d}t = \sum_{n=0}^{\infty} \lambda^n \int_a^b K_{n+1}(s,t) K(t,x) \mathrm{d}t$$

或由于(41)得

$$\int_a^b R(s,t;\lambda) K(t,x) \mathrm{d}t = \sum_{n=0}^{\infty} K_{n+2}(s,x) \lambda^n$$

将两端乘以 λ,得

$$\lambda \int_a^b R(s,t;\lambda) K(t,x) \mathrm{d}t = \sum_{n=0}^{\infty} K_{n+2}(s,x) \lambda^{n+1}$$

或者将求和变量 n 改为 $n-1$ 且从 $n=1$ 起求和,得

$$\lambda \int_a^b R(s,t;\lambda) K(t,x) \mathrm{d}t = \sum_{n=1}^{\infty} K_{n+1}(s,x) \lambda^n$$

由于(45)可将这等式变作以下形式

$$\lambda \int_a^b R(s,t;\lambda) K(t,x) \mathrm{d}t = R(s,x;\lambda) - K(s,x)$$

这就给出(47)中的第二方程,仅变量的记号略有不同而已.用相似的方法也可验证所写出的关于解核的第一个积分方程.

可注意的是,在值 λ 满足不等式

$$|\lambda| < \frac{1}{\sqrt{\int_a^b \int_a^b |K(s,t)|^2 \mathrm{d}s \mathrm{d}t}}$$

的条件下,可以证明逐次逼近法的收敛性,这个不等式比不等式(40)的限制性更加小一些.以后我们并不利用这个事实.

6. 存在及唯一性定理

到现在为止,我们仅在值 λ 满足条件(40)时定义过解核.以后将见到,在复变量 λ 的全平面上,除了某些孤立点 λ 外,解核是存在的,并且它在 λ 的全平面上满足方程(47),因此只从方程(47)出发来提供存在及唯一性定理的重要证明.

定理 1 如果对于某值 λ 存在着在正方形 k_0 内的连续函数 $R(s,t;\lambda)$,它满足方程(47),那么对于这个值 λ 方程(33)有唯一解,且这个解由公式(46)确定.

分为两部分来证明.第一步证明当满足(47)时方程(33)的一切解应由公

式(46)来表达,这就给出唯一性.然后验证公式(46)确实给出方程(33)的解.

设 $\varphi(s)$ 是方程(33)的某个解,将(33)的两端乘以 $\lambda R(x,s;\lambda)$ 且对 s 取积分,则有

$$\lambda \int_a^b R(x,s;\lambda)\varphi(s)\mathrm{d}s = \lambda \int_a^b R(x,s;\lambda)f(s)\mathrm{d}s +$$
$$\lambda \int_a^b \left[\int_a^b \lambda R(x,s;\lambda)K(s,t)\mathrm{d}s \right] \varphi(t)\mathrm{d}t$$

注意,从(47)的第二方程,我们可写

$$\lambda \int_a^b R(x,s;t)K(s,t)\mathrm{d}s = R(x,t;\lambda) - K(x,t)$$

因而前式可写为如下形式

$$\lambda \int_a^b R(x,s;\lambda)\varphi(s)\mathrm{d}s = \lambda \int_a^b R(x,s;\lambda)f(s)\mathrm{d}s +$$
$$\lambda \int_a^b R(x,t;\lambda)\varphi(t)\mathrm{d}t - \lambda \int_a^b K(x,t)\varphi(t)\mathrm{d}t$$

略去这个公式左右两端的相同项,且由于(33),有

$$\lambda \int_a^b K(x,t)\varphi(t)\mathrm{d}t = \varphi(x) - f(x)$$

就得到公式(46).

现在证明由公式(46)确定的函数 $\varphi(s)$,当(47)满足时确实满足方程(33).

将表达式(46)代入方程(33)中,且将一切项都移到左端,得

$$f(s) + \lambda \int_a^b R(s,t;\lambda)f(t)\mathrm{d}t - f(s) -$$
$$\lambda \int_a^b K(s,t) \left[f(t) + \lambda \int_a^b R(t,t_1;\lambda)f(t_1)\mathrm{d}t_1 \right] \mathrm{d}t = 0$$

或

$$\int_a^b R(s,t;\lambda)f(t)\mathrm{d}t - \int_a^b K(s,t)f(t)\mathrm{d}t -$$
$$\lambda \int_a^b \int_a^b K(s,t)R(t,t_1;\lambda)f(t_1)\mathrm{d}t\mathrm{d}t_1 = 0$$

此式可改写为如下形式

$$\int_a^b [R(s,t;\lambda) - K(s,t) -$$
$$\lambda \int_a^b K(s,t_1)R(t_1,t;\lambda)\mathrm{d}t_1] f(t)\mathrm{d}t = 0$$

因为由于(47)的第一方程,方括号内的式子恒等于零,故这个最后等式确实成立.这样,定理1完全证毕.

要注意的是,当值 λ 满足条件(40)时,我们曾建立解核满足方程(47),我们可断言,当值 λ 满足条件(40)时,方程(33)有唯一解且此解被公式(46)表达.这个断言也可以直接证明.

7. 弗雷德霍姆分母

我们此刻来建立这样的整函数 $D(\lambda)$,使当级数(45)乘以这个整函数时也得出 λ 的整函数.这样解核就成为以 $D(\lambda)$ 作分母的两个整函数之商,亦即关于 λ 的两个幂级数之商,这两个级数对于一切复值 λ 都是收敛的.换句话说,在复变量 λ 的全平面上解核原来是 λ 的分函数或半纯函数.为了建立 $D(\lambda)$,我们以有限项的和代替方程(33)中引入的积分.严格地说来,这样代替是不允许的,但下面的一切计算不是有效的证明,而仅是为了猜测函数 $D(\lambda)$ 的形式.

将区间 $[a,b]$ 分为 n 等份,每一等份的长度是 $\delta = \dfrac{b-a}{n}$. 引入分点的记号及方程(33)中的函数在这些分点处的值的记号,也就是令

$$s_i = a + i\frac{b-a}{n}, f_i = f(s_i), \varphi_i = \varphi(s_i), K_{pq} = K(s_p, s_q)$$

$$(i, p, q = 1, 2, \cdots, n)$$

在方程(33)中用相应的黎曼和代替积分,就有近似等式

$$\varphi(s) = f(s) + \lambda \sum_{q=1}^{n} K(s, s_q)\varphi_q \delta$$

在此等式中用 s_p 代替自变量 s,于是得到关于未知量 $\varphi_1, \cdots, \varphi_n$ 的 n 个一次方程的方程组

$$\varphi_p = f_p + \lambda \sum_{q=1}^{n} K_{pq}\varphi_q \delta \quad (p=1,\cdots,n)$$

由克拉迈尔定理 [Ⅲ$_1$;8] 解这个方程组,将有下面的分母

$$D_n(\lambda) = \begin{vmatrix} 1-\lambda k_{11}\delta & -\lambda k_{12}\delta & \cdots & -\lambda k_{1n}\delta \\ -\lambda k_{21}\delta & 1-\lambda k_{22}\delta & \cdots & -\lambda k_{2n}\delta \\ \vdots & \vdots & & \vdots \\ -\lambda k_{n1}\delta & -\lambda k_{n2}\delta & \cdots & 1-\lambda k_{nn}\delta \end{vmatrix}$$

把下列形式的行列式

$$\begin{vmatrix} a_{11}+x & a_{12} & \cdots & a_{1n} \\ a_{21} & a_{22}+x & \cdots & a_{2n} \\ \vdots & \vdots & & \vdots \\ a_{n1} & a_{n2} & \cdots & a_{nn}+x \end{vmatrix}$$

的展开公式[Ⅲ₁;5]应用到行列式 $D_n(\lambda)$ 上. 在上式中令 $x=1$ 及 $a_{ij}=-\lambda K_{ij}\delta$. 于是得到

$$D_n(\lambda) = 1 - \frac{\lambda}{1!}\sum_{p_1=1}^{n}K_{p_1p_1}\delta + \frac{\lambda^2}{2!}\sum_{p_1,p_2=1}^{n}\begin{vmatrix}K_{p_1p_1} & K_{p_1p_2} \\ K_{p_2p_1} & K_{p_2p_2}\end{vmatrix}\delta^2 + \cdots +$$

$$(-1)^n\frac{\lambda^n}{n!}\sum_{p_1,\cdots,p_n=1}^{n}\begin{vmatrix}K_{p_1p_1} & K_{p_1p_2} & \cdots & K_{p_1p_n} \\ K_{p_2p_1} & K_{p_2p_2} & \cdots & K_{p_2p_n} \\ \vdots & \vdots & & \vdots \\ K_{p_np_1} & K_{p_np_2} & \cdots & K_{p_np_n}\end{vmatrix}\delta^n \qquad (48)$$

为了便于以后的计算,我们引用下面的记号

$$K\begin{pmatrix}x_1 & x_2 & \cdots & x_n \\ y_1 & y_2 & \cdots & y_n\end{pmatrix} = \begin{vmatrix}K(x_1,y_1) & K(x_1,y_2) & \cdots & K(x_1,y_n) \\ K(x_2,y_1) & K(x_2,y_2) & \cdots & K(x_2,y_n) \\ \vdots & \vdots & & \vdots \\ K(x_n,y_1) & K(x_n,y_2) & \cdots & K(x_n,y_n)\end{vmatrix}$$

$$(n=1,2,3,\cdots) \qquad (49)$$

逐次考察公式(48)的右端的一切项,和

$$\sum_{p_1=1}^{n}K_{p_1p_1}\delta = \sum_{i=1}^{n}K(x_i,x_i)\delta$$

是积分

$$\int_a^b K(t_1,t_1)\mathrm{d}t_1$$

的黎曼和,且当 $n\to\infty$ 时它趋于这个积分. 完全一样地,和

$$\sum_{p_1,p_2=1}^{n}\begin{vmatrix}K_{p_1p_1} & K_{p_1p_2} \\ K_{p_2p_1} & K_{p_2p_2}\end{vmatrix}\delta^2$$

也是关于积分

$$\int_a^b\int_a^b\begin{vmatrix}K(t_1,t_1) & K(t_1,t_2) \\ K(t_2,t_1) & K(t_2,t_2)\end{vmatrix}\mathrm{d}t_1\mathrm{d}t_2$$

的黎曼和. 其余依此类推.

于是公式(48)取极限时,自然就导致下面关于 λ 的幂级数

$$D(\lambda) = 1 + \sum_{n=1}^{\infty}(-1)^n\frac{\lambda^n}{n!}d_n \qquad (50)$$

其中

$$d_n = \int_a^b\int_a^b\cdots\int_a^b K\begin{pmatrix}t_1 & t_2 & \cdots & t_n \\ t_1 & t_2 & \cdots & t_n\end{pmatrix}\mathrm{d}t_1\mathrm{d}t_2\cdots\mathrm{d}t_n \qquad (51)$$

且

$$K\begin{pmatrix} t_1 & t_2 & \cdots & t_n \\ t_1 & t_2 & \cdots & t_n \end{pmatrix}$$

按照公式(49)来确定.

我们引出级数(50)所用的方法在理论上是不严格的.在回到严格的理论叙述时,我们应该证明两个事实:首先,级数(50)在复变量 λ 的全平面上是收敛的,亦即是 λ 的整函数;其次,将级数(45)乘以级数(50)也得到 λ 的整函数.

进行系数 d_n 的估计.在公式(51)中的积分号下面是 n 级行列式,它的每一元素 $K(t_i, t_k)$ 的模不大于正数 M.应用阿达玛定理[Ⅲ₁;16]及多重积分通常的估计,得

$$|d_n| \leqslant n^{\frac{n}{2}}[M(b-a)]^n$$

因此,级数(50)的一般项的模不超过以下正数

$$\frac{|\lambda|^n}{n!} n^{\frac{n}{2}}[M(b-a)]^n \tag{52}$$

应用达朗贝尔检验法[Ⅰ;121],我们指出,这些正数作成收敛级数,取后项与前项之比,得

$$\frac{|\lambda|}{n+1} \frac{(n+1)^{\frac{n+1}{2}}}{n^{\frac{n}{2}}} M(b-a) = \frac{|\lambda| M(b-a)}{\sqrt{n+1}} \left(1+\frac{1}{n}\right)^{\frac{n}{2}}$$

当 n 趋于无穷大时,$\left(1+\frac{1}{n}\right)^{\frac{n}{2}}$ 趋于 $\sqrt{e}$[Ⅰ;38],而写出的比趋于零,从而显示出由(52)中的数所作成的级数对于一切值 λ 的收敛性.于是函数(50)是 λ 的整函数.

函数 $D(\lambda)$ 是从克拉迈尔分母取极限得来的.我们自然要假设它是解核 $R(s,t;\lambda)$ 的分母,就是说,将级数(45)乘以 $D(\lambda)$,我们得到 λ 的整函数.相乘的结果得到一个级数,这级数的项不是像在 $D(\lambda)$ 中一样的数值,而是关于 (s,t) 的函数.对于这个级数引用特别记号

$$D(s,t;\lambda) = K(s,t) + \sum_{n=1}^{\infty}(-1)^n \frac{\lambda^n}{n!} d_n(s,t) \tag{53}$$

式(45)及(50)中的两个幂级数都在圆(40)内收敛.因此由它们相乘起来得到的级数(53)在这圆内也是收敛的.因绝对收敛的幂级数可以逐项相乘,故可将(45)及(50)两级数直接相乘来求得系数 $d_n(s,t)$ 的表达式,但为了以后便于计算我们从另一方面来进行,将(47)的第一方程的两端乘以 $D(\lambda)$,得

$$D(s,t;\lambda) = K(s,t)D(\lambda) + \lambda \int_a^b K(s,t_1)D(t_1,t;\lambda)\mathrm{d}t_1 \tag{54}$$

在这公式中用级数(50)及(53)代替$D(\lambda)$及$D(s,t;\lambda)$,且使λ的同次幂的系数相等,则引出公式

$$d_n(s,t) = K(s,t)d_n - n\int_a^b K(s,t_1)d_{n-1}(t_1,t)dt_1$$
$$(n=1,2,3,\cdots) \tag{55}$$

这公式给出逐次计算系数$d_n(s,t)$的可能性,并且需假设$d_0(s,t)=K(s,t)$. 这时应注意,当条件(40)成立时,级数(53)在任何情况下关于(s,t)是绝对且一致收敛的,因这时级数(45)与(50)的乘积的项小于作成收敛级数的正数. 这就使得我们在公式(54)的右端可逐项积分. 在(55)中令$n=1$,将有

$$d_1(s,t) = K(s,t)\int_a^b K(t_1,t_1)dt_1 - \int_a^b K(s,t_1)K(t_1,t)dt_1 =$$

$$\int_a^b \begin{vmatrix} K(s,t) & K(s,t_1) \\ K(t_1,t) & K(t_1,t_1) \end{vmatrix} dt_1$$

注意到记号(49),也就是

$$d_1(s,t) = \int_a^b K\begin{pmatrix} s & t_1 \\ t & t_1 \end{pmatrix} dt_1$$

当$n=2$时,公式(55)给出

$$d_2(s,t) = K(s,t)\int_a^b\int_a^b K\begin{pmatrix} t_1 & t_2 \\ t_1 & t_2 \end{pmatrix} dt_1 dt_2 -$$

$$2\int_a^b\int_a^b K(s,t_1)K\begin{pmatrix} t_1 & t_2 \\ t & t_2 \end{pmatrix} dt_1 dt_2$$

作一个初等变换,我们就得到与上式类似的公式

$$d_2(s,t) = \int_a^b\int_a^b K\begin{pmatrix} s & t_1 & t_2 \\ t & t_1 & t_2 \end{pmatrix} dt_1 dt_2$$

我们证明,对于任何正整数n,有

$$d_n(s,t) = \int_a^b\int_a^b \cdots \int_a^b K\begin{pmatrix} s & t_1 & t_2 & \cdots & t_n \\ t & t_1 & t_2 & \cdots & t_n \end{pmatrix} dt_1 dt_2 \cdots dt_n \tag{56}$$

前面我们曾证明过,当$n=1$时这个公式是正确的. 用$d_n^*(s,t)$记作公式(56)的右端. 由于已经说过的,有$d_1^*(s,t)=d_1(s,t)$. 现在要证明,$d_n^*(s,t)$也满足与$d_n(s,t)$同样的关系式,即

$$d_n^*(s,t) = K(s,t)d_n - n\int_a^b K(s,t_1)d_{n-1}^*(t_1,t)dt_1 \tag{55'}$$

由于(55)及(55'),$d_n(s,t)$及$d_n^*(s,t)(n=2,3,\cdots)$可相继地唯一确定,且从

$d_1^*(s,t) = d_1(s,t)$ 得出对于任何 n 有 $d_n^*(s,t) = d_n(s,t)$. 于是公式(56)的证明归结到关系式(55′)的证明,其中 $d_n^*(s,t)$ 是式(56)的右端.

首先应注意的是,若在(49)的左端记号中我们将两个字母 x_i 或两个字母 y_i 互换,则(49)中的行列式的值只改变符号,因为问题归结到这行列式的两行或两列的互换. 将公式(56)中引入的行列式按第一行的元素展开,且留心刚才指出的注意,我们可写出

$$K\begin{Bmatrix} s & t_1 & \cdots & t_n \\ t & t_1 & \cdots & t_n \end{Bmatrix} = K(s,t) K\begin{Bmatrix} t_1 & t_2 & \cdots & t_n \\ t_1 & t_2 & \cdots & t_n \end{Bmatrix} -$$

$$K(s,t_1) K\begin{Bmatrix} t_1 & t_2 & \cdots & t_n \\ t & t_2 & \cdots & t_n \end{Bmatrix} -$$

$$K(s,t_2) K\begin{Bmatrix} t_1 & t_2 & \cdots & t_n \\ t_1 & t & \cdots & t_n \end{Bmatrix} - \cdots -$$

$$K(s,t_n) K\begin{Bmatrix} t_1 & \cdots & t_{n-1} & t_n \\ t_1 & \cdots & t_{n-1} & t \end{Bmatrix}$$

将这关系式的两端对一切 t_i 取积分且改变右端积分变量的记号,也应用上面所作的注意,得到

$$d_n^*(s,t) = K(s,t) d_n - n \int_a^b \int_a^b \cdots \int_a^b K(s,t_1) K\begin{Bmatrix} t_1 & t_2 & \cdots & t_n \\ t & t_2 & \cdots & t_n \end{Bmatrix} dt_1 dt_2 \cdots dt_n$$

这就引出关系式(55′). 于是,公式(56)已得证. 应用阿达玛定理到公式(56)中出现的行列式,我们得到下面的估值

$$|d_n(s,t)| \leqslant (n+1)^{\frac{n+1}{2}} M^{n+1} (b-a)^n$$

从而,完全和(50)一样,我们可以证明级数(53)给出 λ 的整函数,且对于任何 λ,它在正方形 k_0 内关于 (s,t) 是绝对且一致收敛的.

要注意的是,在条件(40)下我们有

$$R(s,t;\lambda) D(\lambda) = D(s,t;\lambda)$$

对于这些值 λ,可写为

$$R(s,t;\lambda) = \frac{D(s,t;\lambda)}{D(\lambda)} \tag{57}$$

这公式的右端给出函数 $R(s,t;\lambda)$ 在复变量 λ 的全平面上的解析延拓,且显示解核是 λ 的分函数. 公式(57)中的分母通常称为弗雷德霍姆分母,应注意的是它不依赖于变量 (s,t).

从上面所写的公式我们指出某些结论. 从(51)及(56)立即推出

$$d_{n+1} = \int_a^b d_n(s,s)\mathrm{d}s \tag{58}$$

还要指出简单地逐次计算系数 d_n 及 $d_n(s,t)$ 的可能性. 在公式(58)中令 $n=0$ 且注意 $d_0(s,t)=K(s,t)$,从这公式得到 d_1. 然后考察当 $n=1$ 时的公式(55),从它得到 $d_1(s,t)$,如果我们记得 $d_0=1$ 的话. 再在公式(58)中令 $n=1$ 给出 d_2,此后在公式(55)中令 $n=2$ 给出 $d_3(s,t)$,其余依此类推. 若在公式(53)中令 $t=s$ 且在两端对 s 取积分,则由于公式(58),得

$$\int_a^b D(s,s;\lambda)\mathrm{d}s = d_1 + \sum_{n=1}^\infty (-1)^n \frac{\lambda^n}{n!} d_{n+1}$$

由于(50),也就是

$$D'(\lambda) = -\int_a^b D(s,s;\lambda)\mathrm{d}s \tag{59}$$

8. 对于任何 λ 的弗雷德霍姆方程

我们考察方程(54),它是从(47)中的第一个方程乘 $D(\lambda)$ 后得到的. 方程(47)只是在条件(40)下获得的,因而我们可断言,方程(54)的两端在条件(40)下是相同的. 但由于解析延拓的基本原理,若两个整函数在复变量 λ 的平面上的某圆内全同,则它们在复变量的全平面上全同[Ⅲ$_2$;18]. 将(54)的两端除以 $D(\lambda)$,可见解核对于不使 $D(\lambda)$ 变为零的任何值 λ 满足(47)中的第一个方程. 对使 $D(\lambda)=0$ 的那些 λ 值,在式(57)中失去意义. 恰好一样地,应用解析延拓,我们确信解核对于所提到的一切值 λ 也满足(47)中的第二个方程. 于是,若 λ 不是 $D(\lambda)$ 的零点,则有(47)中两个方程的连续解,且应用[6]中的存在及唯一性定理,得如下定理:

定理 2 若值 λ 不是 $D(\lambda)$ 的零点,则对于任何 $f(s)$ 方程(33)有唯一解,且这解由公式(46)来表达,其中 $R(s,t;\lambda)$ 由公式(57)所确定.

现在考察这样的值 $\lambda=\lambda_0$,它是 $D(\lambda)$ 的零点. 可能对于任何 (s,t) 它也是函数 $D(s,t;\lambda)$ 的零点. 现在证明这个零点在(57)的分子中的级低于在分母中的级,因而推出 $D(\lambda)$ 的所有零点都是解核的极点的结论.

定理 3 函数 $D(\lambda)$ 的所有零点都是解核的极点.

令 λ_0 是 $D(\lambda)$ 的 k 级零点,亦即

$$D(\lambda) = (\lambda-\lambda_0)^k D_0(\lambda) \quad (D_0(\lambda_0) \neq 0)$$

设它也是 $D(s,t;\lambda)$ 的 l 级零点,亦即

$$D(s,t;\lambda) = (\lambda-\lambda_0)^l D_0(s,t;\lambda)$$

其中 $D_0(s,t;\lambda)$ 是 $(\lambda-\lambda_0)$ 的正整数幂的级数,它的自由项对于某些值 s,t 不为

零.我们提醒,导数 $D'(\lambda)$ 有 $\lambda=\lambda_0$ 为它的 $(k-1)$ 级零点.应用公式(59),得
$$D'(\lambda)=-(\lambda-\lambda_0)^l\int_a^b D_0(s,s;\lambda)\mathrm{d}s$$
左端有 $(k-1)$ 级零点 $\lambda=\lambda_0$,而右端已经有因子 $(\lambda-\lambda_0)^l$,此外,对 s 积分后可能还会出现 $(\lambda-\lambda_0)$ 的正整数幂因子.因此就使我们得出不等式 $l\leqslant k-1$,这就是说,若 $\lambda=\lambda_0$ 也是表达式(57)的分子的零点,则这零点的级无论如何总小于 k,因此整个分式有极点 $\lambda=\lambda_0$.要注意的是,在 $D_0(s,t;\lambda)$ 按 $(\lambda-\lambda_0)$ 幂的展开式中,自由项是 (s,t) 的某函数.这自由项对于某些特殊值 s 及 t 可能变为零,但它不恒等于零,因为如果是这样,那么 $\lambda=\lambda_0$ 是 $D(s,t;\lambda)$ 的高于 l 级的零点.我们能够更正确地表述所证的定理如下:求这样的值 s 及 t,它们使 $\lambda=\lambda_0$ 是解核的极点.

我们已证函数 $D(\lambda)$ 的一切零点 λ_0 都是解核的极点.设它是 r 级极点.在点 $\lambda=\lambda_0$ 的邻域内有如下形式的展开式
$$R(s,t;\lambda)=\frac{\alpha_{-r}(s,t)}{(\lambda-\lambda_0)^r}+\frac{\alpha_{-r+1}(s,t)}{(\lambda-\lambda_0)^{r-1}}+\cdots+\frac{\alpha_{-1}(s,t)}{\lambda-\lambda_0}+$$
$$\sum_{i=0}^\infty \alpha_i(s,t)(\lambda-\lambda_0)^i$$
其中系数 $\alpha_{-r}(s,t)$ 在 k_0 内不恒等于零.将这个展开式代入(47)中的第一个方程,两端乘以 $(\lambda-\lambda_0)^r$,且令 $\lambda=\lambda_0$,得
$$\alpha_{-r}(s,t)=\lambda_0\int_a^b K(s,t_1)\alpha_{-r}(t_1,t)\mathrm{d}t_1$$
于是,对于变量 t 的任何值,系数 $\alpha_{-r}(s,t)$ 视作 s 的函数时原来就是齐次方程
$$\varphi(s)=\lambda_0\int_a^b K(s,t)\varphi(t)\mathrm{d}t \tag{60}$$
的解.因为函数 $\alpha_{-r}(s,t)$ 不恒等于零,于是我们引出如下定理:

定理 4 若 λ_0 是 $D(\lambda)$ 的零点,则齐次方程(60)有解,且这解不恒等于零.

于是,$D(\lambda)$ 的一切零点都是积分方程的特征值,亦即这时齐次方程
$$\varphi(s)=\lambda\int_a^b K(s,t)\varphi(t)\mathrm{d}t \tag{61}$$
有不为零的解.若 λ 不是 $D(\lambda)$ 的零点,则由于定理2,方程(33)对于任何 $f(s)$ 有唯一解,且特别地,齐次方程(61)此时只有零解.换句话说,若 λ 是 $D(\lambda)$ 的零点,则它是特征值,如果 λ 不是 $D(\lambda)$ 的零点,那么它不是特征值.

于是,我们得到下述定理:

定理 5 积分方程的特征值都是 $D(\lambda)$ 的零点.

在复变量 λ 平面的任何有限区域内,整函数 $D(\lambda)$ 只能有有限个零点,亦即

下述定理:

定理 6 在 λ 平面的任何有限区域内只存在有限个特征值.

还指出一个公式,它在应用中常是有用的.设方程(33)中的自由项可表示为如下形式

$$f(s)=\int_a^b K(s,t)\omega(t)\mathrm{d}t \tag{62}$$

其中 $\omega(t)$ 是某函数.

如果假定 λ 不是特征值,那么按方程(46),得到方程(33)如下形式的解

$$\varphi(s)=\int_a^b K(s,t)\omega(t)\mathrm{d}t+\lambda\int_a^b\int_a^b R(s,t;\lambda)K(t,t_1)\omega(t_1)\mathrm{d}t\mathrm{d}t_1$$

但从(47)中的第二个方程给出

$$\lambda\int_a^b R(s,t;\lambda)K(t,t_1)\mathrm{d}t=R(s,t_1;\lambda)-K(s,t_1)$$

把它代入前一式,最后得到对于方程(33)的解的简单表达式

$$\varphi(s)=\int_a^b R(s,t;\lambda)\omega(t)\mathrm{d}t \tag{63}$$

如果方程的自由项是由公式(62)确定的话.

9. 转置积分方程

为了今后理论的开展,与方程(33)同时将考察另一积分方程,它与方程(33)所不同的就是积分是对于核的第一个变数作成的.用 $g(s)$ 表示这方程的自由项,而用 $\psi(s)$ 表示待求函数

$$\psi(s)=g(s)+\lambda\int_a^b K(t,s)\psi(t)\mathrm{d}t \tag{64}$$

这方程称为(33)的转置方程.

也可写出相应齐次方程

$$\psi(s)=\lambda\int_a^b K(t,s)\psi(t)\mathrm{d}t \tag{65}$$

当核的变量记作以前的记号时,我们应当用下面的公式来确定这方程的核

$$K_0(s,t)=K(t,s)$$

对于核 $K_0(s,t)$ 的记号(49),可从 $K(s,t)$ 的相同记号中以 y_i 代替 x_i,且以 x_i 代替 y_i 后得来,亦即

$$K_0\begin{pmatrix}x_1 & x_2 & \cdots & x_n \\ y_1 & y_2 & \cdots & y_n\end{pmatrix}=K\begin{pmatrix}y_1 & y_2 & \cdots & y_n \\ x_1 & x_2 & \cdots & x_n\end{pmatrix}$$

因而公式(51)指出核 $K_0(s,t)$ 的系数 d_n 与核 $K(s,t)$ 的相同,而由(56)显示出

核 $K_0(s,t)$ 的系数 $d_n(s,t)$ 可从核 $K(s,t)$ 的类似系数简单地互换变数 s 及 t 而得到. 于是, 对于转置方程(64), 公式(57)中的分子及分母可用对于方程(33)的分子及分母按以下公式表达

$$D_0(s,t;\lambda) = D(t,s;\lambda), D_0(\lambda) = D(\lambda)$$

亦即互换变数 s 及 t 得到分子, 而转置方程(64)的弗雷德霍姆分母与方程(33)的相同. 由此可见转置方程与原来方程有相同的特征值.

在[8]中陈述的所有定理自然对于转置方程都是正确的. 此外, 基于上面所说的, 可以得到下述定理:

定理 7 齐次方程(60)与它的转置方程(65)同时或仅有零解或有不为零的解.

10. 特征值的情况

当 λ 不是特征值时, 关于方程(33)的解的问题定理 2 提供了圆满的答复. 这一节将研究当 λ 是特征值时的情况.

设 λ 是特征值, 且设非齐次方程(33)有解 $\varphi(s)$. 将(33)的两端乘以转置齐次方程(65)的任何解 $\psi(s)$, 且对 s 取积分, 有

$$\int_a^b \varphi(s)\psi(s)\mathrm{d}s = \int_a^b f(s)\psi(s)\mathrm{d}s + \int_a^b \left[\lambda \int_a^b K(s,t)\psi(s)\mathrm{d}s\right]\varphi(t)\mathrm{d}t$$

应用(65), 得

$$\int_a^b \varphi(s)\psi(s)\mathrm{d}s = \int_a^b f(s)\psi(s)\mathrm{d}s + \int_a^b \psi(t)\varphi(t)\mathrm{d}t$$

从而

$$\int_a^b f(s)\psi(s)\mathrm{d}s = 0 \tag{66}$$

亦即方程(33)可解的必要条件是要 $f(s)$ 满足条件(66), 其中 $\psi(s)$ 是方程(65)的任何解, 而(65)的解中一定有异于零的解, 因由条件得 λ 是特征值. 如果 λ 不是特征值, 由于定理 2, 那么对于任何 $f(s)$ 方程(33)有解. 这就给出下述定理:

定理 8 有两种可能性: 或者对于任何 $f(s)$ 积分方程(33)可解而齐次方程(35)仅有零解, 或者齐次方程(35)有不为零的解且不是对于任何 $f(s)$ 方程(33)可解.

在第一种可能性的情况, 非齐次方程有唯一解. 这可从定理 2 推知, 但也可从下面简单理由得到: 若非齐次方程有两个相异解, 则它们的差是齐次方程的解, 这解是不为零的.

注意 1 若已知对于某值 λ 及某函数 $f(s)$ 非齐次方程(33)有解并且只有一个解, 则 λ 不是特征值. 事实上, 如果 λ 是特征值, 那么将对应的齐次方程不为

零的任何解加到提及的非齐次方程的这唯一的解上,我们就得到非齐次方程的解,它是与所说这唯一的解不同的.

以后我们将见到,条件(66)不仅是方程(33)可解的必要条件而且是充分条件.关于特征值的秩[4]的问题在此预先加以阐明.

设 λ 是特征值,且

$$\varphi_1(s),\varphi_2(s),\cdots,\varphi_m(s) \tag{67}$$

是任何线性无关的特征函数,亦即方程(61)的异于零的解

$$\frac{\varphi_j(s)}{\lambda}=\int_a^b K(s,t)\varphi_j(t)\mathrm{d}t \quad (j=1,2,\cdots,m) \tag{68}$$

如果 λ 或核不是实的,那么(67)中的函数也应认为是复的.我们回忆, $\lambda=0$ 不能是特征值[4].因为(67)中的特征函数的任意有常系数的线性组合也是特征函数,我们可应用正交化过程到(67)中的函数.于是,可以假设(67)中的函数是相互正交且标准的,亦即

$$\int_a^b \varphi_p(s)\overline{\varphi_q(s)}\mathrm{d}s=0, \int_a^b |\varphi_p(s)|^2\mathrm{d}s=1 \quad (p\neq q) \tag{69}$$

转到共轭值,可改写(68)为以下形式

$$\overline{\frac{\varphi(s)}{\lambda}}=\int_a^b \overline{K(s,t)\varphi_j(t)}\mathrm{d}t$$

由此可见,这等式的左端是 $\overline{K(s,t)}$ 视作变数 t 的函数时关于由有限个函数组成的正交标准系(67)的傅里叶系数.由于贝塞尔不等式[3],因此可写为

$$\sum_{j=1}^m \frac{|\varphi_j(s)|^2}{|\lambda|^2}\leqslant \int_a^b |K(s,t)|^2\mathrm{d}t$$

应注意的是,对于任意复数 α,有 $|\alpha|=|\bar{\alpha}|$.将这不等式的两端对 s 取积分且注意(69),得

$$\sum_{j=1}^m \frac{1}{|\lambda|^2}\leqslant \int_a^b\left[\int_a^b |K(s,t)|^2\mathrm{d}t\right]\mathrm{d}s$$

或

$$\frac{m}{|\lambda|^2}\leqslant \int_a^b\left[\int_a^b |K(s,t)|^2\mathrm{d}t\right]\mathrm{d}s$$

从而

$$m\leqslant |\lambda|^2\int_a^b\left[\int_a^b |K(s,t)|^2\mathrm{d}t\right]\mathrm{d}s^{①}$$

---

① 因当 $|\lambda|<\left[\int_a^b\left[\int_a^b |K(s,t)|^2\mathrm{d}t\right]\mathrm{d}s\right]^{-\frac{1}{2}}=r$ 时应有 $m<1$,则在圆 $|\lambda|=r$ 的内部无特征值,因此级数(37)是收敛的.

此外,由于核的连续性,位于右端的积分可解释为二重积分.从所写出的不等式推知,对应于特征值 λ 的线性无关的特征函数的个数不能大于这不等式的右端的值,亦即下述定理:

定理 9 任何特征值只有有限个线性无关的特征函数跟它对应,亦即任何特征值的秩都是有限的.

应注意的是,当特征值 λ 离原点 λ = 0 愈远时,则由于因子 $|\lambda|^2$ 越大时,上述不等式的右端越大.

设 λ 是特征值,方程(61)及(65)同时有异于零的解.我们指出这两个方程的特征值的秩是相同的.

定理 10 齐次方程(61)及转置方程(65)有相同个数线性无关的解,亦即它们的同一特征值的秩是相同的.

我们将用反证法.设方程(61)的秩等于 m,而方程(65)的秩等于 n,且设 $m < n$,从这将引出矛盾.设

$$\varphi_1(s),\varphi_2(s),\cdots,\varphi_m(s) \tag{70}$$

是方程(61)的线性无关的解,且

$$\psi_1(s),\psi_2(s),\cdots,\psi_n(s) \tag{71}$$

是方程(65)的线性无关的解.像前面一样,可认为(70)及(71)中的函数都已经正交标准化.我们有

$$\begin{cases} \varphi_j(s) = \lambda \int_a^b K(s,t)\varphi_j(t)\mathrm{d}t & (j=1,2,\cdots,m) \\ \psi_j(s) = \lambda \int_a^b K(t,s)\psi_j(t)\mathrm{d}t & (j=1,2,\cdots,n) \end{cases} \tag{72}$$

现在作一新核

$$L(s,t) = K(s,t) - \sum_{j=1}^m \overline{\varphi_j(t)}\,\overline{\psi_j(s)} \tag{73}$$

且写出两个互为转置的方程

$$\varphi(s) = \lambda \int_a^b L(s,t)\varphi(t)\mathrm{d}t \tag{74}$$

$$\psi(s) = \lambda \int_a^b L(t,s)\psi(t)\mathrm{d}t \tag{75}$$

由于(73)我们可将这两个方程写作如下形式

$$\varphi(s) = \lambda \int_a^b K(s,t)\varphi(t)\mathrm{d}t - \lambda \sum_{j=1}^m \overline{\psi_j(s)} \int_a^b \overline{\varphi_j(t)}\varphi(t)\mathrm{d}t \tag{74'}$$

$$\psi(s) = \lambda \int_a^b K(t,s)\psi(t)\mathrm{d}t - \lambda \sum_{j=1}^m \overline{\varphi_j(s)} \int_a^b \overline{\psi_j(t)}\psi(t)\mathrm{d}t \tag{75'}$$

设 $\varphi(s)$ 是方程(74′)的任一个解. 将(74′)的两端乘以 $\psi_k(s)$,其中 k 是 $1,2,\cdots,m$ 各数中的任一个,且对 s 取积分,得

$$\int_a^b \varphi(s)\psi_k(s)\mathrm{d}s = \int_a^b \left[\lambda \int_a^b K(s,t)\psi_k(s)\mathrm{d}s\right]\varphi(t)\mathrm{d}t -$$
$$\lambda \sum_{j=1}^m \int_a^b \overline{\varphi_j(t)}\varphi(t)\mathrm{d}t \int_a^b \overline{\psi_j(s)}\psi_k(s)\mathrm{d}s$$

注意到(72),也注意(71)中的函数的正交性和标准性,可写这等式为以下形式

$$\int_a^b \varphi(s)\psi_k(s)\mathrm{d}s = \int_a^b \psi_k(s)\varphi(s)\mathrm{d}s - \lambda \int_a^b \overline{\varphi_k(s)}\varphi(s)\mathrm{d}s$$

从而,由于 $\lambda \neq 0$,推得

$$\int_a^b \overline{\varphi_k(s)}\varphi(s)\mathrm{d}s = 0 \quad (k=1,2,\cdots,m) \tag{76}$$

于是,方程(74′)的一切解满足条件(76). 但由于这些条件,方程(74′)可写作如下形式

$$\varphi(s) = \lambda \int_a^b K(s,t)\varphi(t)\mathrm{d}t$$

亦即方程(74′)(也就是(74))的一切解也满足方程(61). 因而 $\varphi(s)$ 应表示为(70)中的函数的线性组合

$$\varphi(s) = \sum_{j=1}^m c_j \varphi_j(s) \tag{77}$$

我们证明一切系数 c_j 都应等于零. 将(77)的两端乘以 $\overline{\varphi_k(s)}$ 且对 s 取积分,得

$$\int_a^b \varphi(s)\overline{\varphi_k(s)}\mathrm{d}s = \sum_{j=1}^m c_j \int_a^b \varphi_j(s)\overline{\varphi_k(s)}\mathrm{d}s$$

应用(76)及(70)中的函数的正交性及标准性,得 $0=c_k$. 于是,从(77)推知 $\varphi(s)\equiv 0$,亦即齐次方程(74)只有零解. 另一方面,我们证明转置方程(75)有异于零的解. 在(75′)中代入 $\psi(s)=\psi_k(s)$,此处 $k>m$. 注意(71)中的函数构成正交标准系,得

$$\psi_k(s) = \lambda \int_a^b K(t,s)\psi_k(t)\mathrm{d}t$$

从而,由于(72)可见,当 $k>m$ 时,$\psi(s)=\psi_k(s)$ 满足方程(75). 因此,我们得到与定理7相矛盾的结论:方程(74)只有零解,而转置方程(75)有异于零的解. 这样一来,$m<n$ 的情况是不可能的.

同样,可证明 $m>n$ 的情况是不可能的,因此 $m=n$,而定理10得证.

可注意的是，从上面所述推出齐次方程(74)及(75)只有零解，亦即 λ 不是核 $L(s,t)$ 的特征值.

现在来讲 λ 是特征值时的非齐次方程

$$\varphi(s)=f(s)+\lambda\int_a^b K(s,t)\varphi(t)\mathrm{d}t \tag{78}$$

的求解问题. 我们已见到对于方程(78)的可解性的必要条件是 $f(s)$ 满足下面条件

$$\int_a^b f(s)\psi(s)\mathrm{d}s=0 \tag{79}$$

其中 $\psi(s)$ 是方程

$$\psi(s)=\lambda\int_a^b K(t,s)\psi(t)\mathrm{d}t \tag{80}$$

的任何解.

现在转到条件(79)的充分性的证明. 设条件(79)已被满足，按照公式(73)作成核 $L(s,t)$. 我们已经指出 λ 不是这核的特征值，因而方程

$$\varphi(s)=f(s)+\lambda\int_a^b L(s,t)\varphi(t)\mathrm{d}t \tag{81}$$

有解. 可写这方程为如下形式

$$\varphi(s)=f(s)+\lambda\int_a^b K(s,t)\varphi(t)\mathrm{d}t-$$
$$\lambda\sum_{j=1}^m \overline{\psi_j(s)}\int_a^b \overline{\varphi_j(t)}\varphi(t)\mathrm{d}t \tag{81'}$$

也同定理 10 的证明一样，乘以 $\psi_k(s)$ 且对 s 取积分，得

$$\int_a^b \varphi(s)\psi_k(s)\mathrm{d}s=\int_a^b f(s)\psi_k(s)\mathrm{d}s+\int_a^b \psi_k(s)\varphi(s)\mathrm{d}s-\lambda\int_a^b \overline{\varphi_k(t)}\varphi(t)\mathrm{d}t$$

从而，由于(79)，得

$$\int_a^b \overline{\varphi_k(t)}\varphi(t)\mathrm{d}t=0 \quad (k=1,2,\cdots,m)$$

这样一来，方程(81')或者同一方程(81)归结为方程(78)，就是说，方程(81)的解也是方程(78)的解. 因此，条件(79)的充分性得证.

若这条件已被满足，则跟所有非齐次线性方程的一般情况相同，这方程的一切解被表示为它的任何特解 $\varphi_0(s)$ 及对应齐次方程的通解之和，即

$$\varphi(s)=\varphi_0(s)+\sum_{j=1}^m c_j\varphi_j(s) \tag{82}$$

其中 c_j 是任意常数. 于是，在这情况下方程(78)有无穷多个解. 借助于核 $L(s,t)$ 的解核能够作出解 $\varphi_0(s)$.

上面的论证引导出以下定理:

定理 11 若 λ 是特征值,则对于方程(78)的可解性的必要且充分条件是:自由项满足条件(79),其中 $\psi(s)$ 是转置方程的任何特征函数,亦即方程(80)的任何解.若条件(79)满足,则方程有无穷多的解,而一切这样的解由公式(82)表达.

注意 2 在(79)中将 $\psi(s)$ 代以方程(80)的线性无关的解的完全组 $\psi_1(s)$,$\psi_2(s),\cdots,\psi_m(s)$,就足够检验条件(79),因为其他一切解是它们的线性组合.于是,若条件(79)对 $\psi(s) = \psi_k(s)(k=1,2,\cdots,m)$ 满足,则它对于方程的任何解都满足.

注意 3 往往作为转置齐次方程的不是方程(80),而是方程

$$\omega(s) = \bar{\lambda}\int_a^b \overline{K(t,s)}\omega(t)\mathrm{d}t \tag{83}$$

方程(80)及(83)显然有成对的共轭解,亦即若 $\psi(s)$ 是方程(80)的解,则 $\omega(s) = \overline{\psi(s)}$ 是方程(83)的解,反之也一样.若 λ 是齐次方程

$$\varphi(s) = \lambda\int_a^b K(s,t)\varphi(t)\mathrm{d}t$$

的特征值,则 $\bar{\lambda}$ 是(83)的特征值,反之也一样.

当这样确定转置方程时可解条件(79)必须写作如下形式

$$\int_a^b \overline{\omega(s)}f(s)\mathrm{d}s = 0 \tag{84}$$

其中 $\omega(s)$ 是方程(83)的任何解.

在[7]中所指出工具的基础上我们已证明了一些基本定理,这工具是弗雷德霍姆在1903年首先给出的.前面我们证明过的一些定理与代数中关于解线性方程组的一些定理[Ⅲ$_1$;8,9,10]是十分相似的.

11. 弗雷德霍姆子式

利用前面的讨论也可以获得具有核 $K(s,t)$ 的方程的线性无关的特征函数的完全组,它们是和已给的特征值对应的.我们仅导出结果而不停留在证明上[①].应用(49)的记号,我们引进下面这些量

$$B_n\begin{Bmatrix} s_1 & \cdots & s_p \\ t_1 & \cdots & t_p \end{Bmatrix} = \int_a^b \cdots \int_a^b K\begin{Bmatrix} s_1 & \cdots & s_p & r_1 & \cdots & r_n \\ t_1 & \cdots & t_p & r_1 & \cdots & r_n \end{Bmatrix}\mathrm{d}r_1\cdots\mathrm{d}r_n$$

---

① 参考 И. И. 普里瓦洛夫的《积分方程》,第61页.

$$B_0\begin{pmatrix} s_1 & \cdots & s_p \\ t_1 & \cdots & t_p \end{pmatrix} = K\begin{pmatrix} s_1 & \cdots & s_p \\ t_1 & \cdots & t_p \end{pmatrix}$$

弗雷德霍姆 p 级子式定义为级数

$$D_p(s,t;\lambda) = D\begin{pmatrix} s_1 & \cdots & s_p \\ t_1 & \cdots & t_p \end{pmatrix};\lambda = \sum_{n=0}^{\infty}(-1)^n \frac{\lambda^{n+p-1}}{n!} B_n\begin{pmatrix} s_1 & \cdots & s_p \\ t_1 & \cdots & t_p \end{pmatrix}$$

应注意的是,当 $p=1$ 时,这级数与(53)一致. 设 λ_0 是 $D(\lambda)$ 的 r 级零点,考虑如下序列

$$D(\lambda_0), D\begin{pmatrix} s_1 \\ t_1 \end{pmatrix};\lambda_0, D\begin{pmatrix} s_1 & s_2 \\ t_1 & t_2 \end{pmatrix};\lambda_0, \cdots$$

在这序列中我们求出第一个不恒等于零的项. 设

$$D\begin{pmatrix} s_1 & \cdots & s_p \\ t_1 & \cdots & t_p \end{pmatrix};\lambda_0 \not\equiv 0$$

数 q 就是特征值 λ_0 的秩,且可证明它不大于 r,此处 r 是方程 $D(\lambda)=0$ 的根 $\lambda=\lambda_0$ 的重数. 若 s_i' 及 t_i' 是变数 s_i 及 t_i 这样的值,它们使数值的不等式

$$D\begin{pmatrix} s_1' & \cdots & s_q' \\ t_1' & \cdots & t_q' \end{pmatrix};\lambda_0 \neq 0$$

成立,则对应于特征值 λ_0 的线性无关的特征函数的完全组(一般地说,不正交也不标准的)按以下公式确定

$$\varphi_k(s) = D\begin{pmatrix} s_1' & \cdots & s_{k-1}' & s & s_{k+1}' & \cdots & s_q' \\ t_1' & \cdots & t_{k-1}' & t_k' & t_{k+1}' & \cdots & t_q' \end{pmatrix};\lambda_0 \quad (k=1,2,\cdots,q)$$

而对于转置方程,这同一特征值将对应于下列特征函数的完全组

$$\psi_k(s) = D\begin{pmatrix} s_1' & \cdots & s_{k-1}' & s_k' & s_{k+1}' & \cdots & s_q' \\ t_1' & \cdots & t_{k-1}' & s & t_{k+1}' & \cdots & t_q' \end{pmatrix};\lambda_0 \quad (k=1,2,\cdots,q)$$

12. 退化方程

现在我们指出一类积分方程,它的解法归结于一次代数方程组. 如果核 $K(s,t)$ 是只为 s 的函数与只为 t 的函数的有限个乘积的和,即

$$K(s,t) = \sum_{k=1}^{n} \rho_k(s)\sigma_k(t) \tag{85}$$

则称之为退化核. 函数 $\rho_k(s)$ 可认为是线性无关的,函数 $\sigma_k(t)$ 也同样可认为是线性无关的. 如果有某一 $\rho_p(s)$ 可由其余的 $\rho_k(s)$ 线性表示,那么可将 $\rho_p(s)$ 的这个表达式代入(85)中. 这时和中的项数减少,而形式仍然不变.

我们考察有这种核的方程和它的转置方程

$$\begin{cases} \varphi(s) = f(s) + \lambda \int_a^b K(s,t)\varphi(t)\mathrm{d}t \\ \psi(s) = g(s) + \lambda \int_a^b K(s,t)\psi(t)\mathrm{d}t \end{cases} \tag{86}$$

注意(85),得

$$\begin{cases} \varphi(s) = f(s) + \lambda \sum_{k=1}^n \rho_k(s)\int_a^b \sigma_k(t)\varphi(t)\mathrm{d}t \\ \psi(s) = g(s) + \lambda \sum_{k=1}^n \sigma_k(s)\int_a^b \rho_k(t)\psi(t)\mathrm{d}t \end{cases} \tag{87}$$

或

$$\begin{cases} \varphi(s) = f(s) + \lambda \sum_{k=1}^n x_k \rho_k(s) \\ \psi(s) = g(s) + \lambda \sum_{k=1}^n y_k \sigma_k(s) \end{cases} \tag{88}$$

其中 x_k 及 y_k 是以下面等式所确定的一些数

$$x_k = \int_a^b \sigma_k(t)\varphi(t)\mathrm{d}t, y_k = \int_a^b \rho_k(t)\psi(t)\mathrm{d}t$$

于是,方程(87)的一切解应有形式(88),且全部问题归结到求数值 x_k 及 y_k,而不是求函数.

将式(88)代入方程(87)且使线性无关的函数 $\rho_k(s)$ 及 $\sigma_k(s)$ 的系数相等,得到要确定 x_k 及 y_k 的两个方程组

$$x_i - \lambda \sum_{k=1}^n a_{ik} x_k = f_i \tag{89}$$

$$y_i - \lambda \sum_{k=1}^n a_{ik} y_k = g_i \tag{89'}$$

其中

$$a_{ik} = \int_a^b \sigma_i(s)\rho_k(s)\mathrm{d}s, f_i = \int_a^b f(s)\sigma_i(s)\mathrm{d}s, g_i = \int_a^b g(s)\rho_i(s)\mathrm{d}s \tag{90}$$

方程组(89)及(89')两者的行列式的区别,只在于两者的行与列互换而已.

例如,若方程组(89)的行列式不为零,则对于任何 f_i 我们得到关于 x_i 的确定值.将它们代入(88)就有 $\varphi(s)$.齐次方程

$$\varphi(s) = \lambda \int_a^b K(s,t)\varphi(t)\mathrm{d}t$$

$$\psi(s) = \lambda \int_a^b K(s,t)\psi(t)\mathrm{d}t$$

将对应于齐次方程组

$$x_i - \lambda \sum_{k=1}^{n} a_{ik} x_k = 0 \quad (i=1,2,\cdots,n) \tag{91}$$

$$y_i - \lambda \sum_{k=1}^{n} a_{ki} y_k = 0 \quad (i=1,2,\cdots,n) \tag{91'}$$

使这两组中的一组（任何一组都是一样）的行列式等于零，我们得到决定特征值的代数方程. 若 $\lambda = \lambda_0$ 是这方程的任何根，则方程组(91)有不为零的解 $(x_1, x_2, \cdots, x_n)$，且将它代入公式

$$\varphi(s) = \lambda_0 \sum_{k=1}^{n} x_k \rho_k(s) \tag{92}$$

就得到特征函数.

上面所证明的定理在这情形下就归结到线性代数中的著名定理[Ⅲ$_1$;8,9,10,15].

我们注意，只要所有的数 f_i 都等于零，也就是，只要

$$\int_a^b f(s)\sigma_i(s)\mathrm{d}s = 0 \quad (i=1,2,\cdots,n) \tag{93}$$

那么对于非齐次方程(87)也可以得到齐次方程(91). 如果这时 λ 不是特征值，那么方程组(91)仅给出零解，且由于(88)，得 $\varphi(s) = f(s)$. 如果将它代入(87)中并注意(93)，就可立即检验这个解. 退化核可用来求积分方程的近似解，这就是将所给核代以与它逼近的退化核，然后借助于上面说过的代数工具来解所得的退化方程. 求积分方程近似解的这个方法以及其他方法在 Л. В. 康托洛维奇及 В. И. 克雷洛夫著的《高等分析的近似方法》(1950年)一书中已给以阐明.

在叙述积分方程的理论时也利用归结到退化方程的方法. 例如，下列各书中曾采用这方法：Л. В. 索伯列夫著《数学物理方程》，И. Г. 彼得罗夫斯基著《积分方程论讲义》，柯朗及希尔伯特著《数学物理方法》，卷一.

13. 例

(1) 设

$$K(s,t) = \cos(s+t) = \cos s \cos t - \sin s \sin t \quad \begin{cases} 0 \leqslant s \leqslant \pi \\ 0 \leqslant t \leqslant \pi \end{cases}$$

在这情况下，有

$$\rho_1(s) = \sigma_1(s) = \cos s, \rho_2(s) = \sigma_2(s) = \mathrm{i}\sin s$$

且虚因子 i 只在中间各步计算过程中参加进去. 计算 a_{ik}，得

$$a_{11}=\int_0^\pi \cos^2 s\,ds=\frac{\pi}{2},a_{12}=a_{21}=0,a_{22}=-\int_0^\pi \sin^2 s\,ds=-\frac{\pi}{2}$$

方程组(89)取以下形式

$$\left(1-\lambda\frac{\pi}{2}\right)x_1=f_1,\left(1+\lambda\frac{\pi}{2}\right)x_2=f_2$$

这样就获得两个特征值 $\lambda_{1,2}=\pm\frac{2}{\pi}$，且相应的标准特征函数是

$$\varphi_1(s)=\sqrt{\frac{2}{\pi}}\cos s,\varphi_2(s)=\sqrt{\frac{2}{\pi}}\sin s$$

(2) 设

$$K(s,t)=st+s^2t^2 \quad (-1\leqslant s\leqslant 1,-1\leqslant t\leqslant 1)$$

在所给情况下，有

$$\rho_1(s)=\sigma_1(s)=s,\rho_2(s)=\sigma_2(s)=s^2$$

且

$$a_{11}=\frac{2}{3},a_{12}=a_{21}=0,a_{22}=\frac{2}{5}$$

这样就获得两个特征值 $\lambda_1=\frac{3}{2}$ 及 $\lambda_2=\frac{5}{2}$，且对应于它们的特征函数是

$$\varphi_1(s)=\sqrt{\frac{3}{2}}s,\varphi_2(s)=\sqrt{\frac{5}{2}}s^2$$

在上面两例中核 $K(s,t)$ 都是实的且满足条件 $K(t,s)=K(s,t)$. 这样的核仅有实特征值.

具有对称核的积分方程的理论将在以后叙述，这些方程在数学物理中有广泛的应用.

(3) 现在给一个有虚特征值的退化实核的例. 设

$$K(s,t)=s-t \quad (0\leqslant s\leqslant 1,0\leqslant t\leqslant 1)$$

在所给情况下可以认作

$$\rho_1(s)=s,\rho_2(s)=-1,\sigma_1(t)=1,\sigma_2(t)=t$$

且从而有

$$a_{11}=\frac{1}{2},a_{12}=-1,a_{21}=\frac{1}{3},a_{22}=-\frac{1}{2}$$

为了决定特征值得到方程

$$\begin{vmatrix}1-\frac{1}{2}\lambda & \lambda \\ -\frac{1}{3}\lambda & 1+\frac{1}{2}\lambda\end{vmatrix}=\frac{1}{12}\lambda^2+1=0$$

它有纯虚根. 在所引的例子中实核满足条件 $K(t,s) = -K(s,t)$.

这样的斜对称核仅有纯虚数的特征值.

（4）再给一个没有特征值的退化核的例. 设

$$K(s,t) = \sin s \sin 2t \quad (0 \leqslant s \leqslant \pi, 0 \leqslant t \leqslant \pi)$$

在所给情况下 $n=1$，且唯一的元素 a_{ik} 是

$$a_{11} = \int_0^\pi \sin s \sin 2s \, ds = 0$$

由齐次方程组(91)及(91')得出 $x_1 = y_1 = 0$，因而齐次方程对于任何 λ 只有零解，故给出特征值的方程在这情况下变为荒谬的等式：$1=0$.

14. 得到的结果的推广

在积分方程理论的叙述中，我们曾假设待求函数 $\varphi(s)$ 及自由项 $f(s)$ 都是一个自变量的函数，这个变量在某区间 $[a,b]$ 内变化，这区间也是核 $K(s,t)$ 的两个变量的变化区间. 如果我们假设函数 $\varphi(M)$ 及 $f(M)$ 都是任意维某有限区域 B 内或某曲面上或某曲线上的点的函数，那么一切理论都完全保持不变. 这时，核 $K(M,N)$ 将是一对点 M 及 N 的函数，它们之中的每一个点是在所提到的区域内或曲面上或曲线上变动，且在积分方程中的积分符号应当理解是展布在所提到的区域内或曲面上或曲线上的积分，因而积分方程写为以下形式

$$\varphi(M) = f(M) + \int_B K(M,N) \varphi(N) \, d\omega_N \tag{94}$$

我们只写出一个积分符号，但必须记住这个积分可以是对于在所提到区域的多重积分，且 $d\omega_N$ 记为这区域的面积或体积元素或曲线的弧素. 例如，若变动区域是在平面 (x,y) 上某有限区域 B，则在坐标系内方程(94)可写作下面的形式

$$\varphi(x,y) = f(x,y) + \iint_B K(x,y;\xi,\eta) \varphi(\xi,\eta) \, d\xi d\eta$$

我们将假设函数 $f(M)$ 在闭区域 B 内是连续的，且求在这区域内为连续的解 $\varphi(M)$. 核 $K(M,N)$ 设为一对点 (M,N) 的连续函数，并且每个点在闭区域 B 内变动.

现在考虑关于 m 个待求函数的 m 个方程的方程组

$$\varphi_i(s) = f_i(s) = \int_a^b \sum_{j=1}^m K_{ij}(s,t) \varphi_j(t) \, dt \quad (i=1,2,\cdots,m)$$

在这情况下，代替核的是函数 $K_{ij}(s,t)$ 组成的矩阵.

不难把写出的方程组归结到有一个待求函数的一个积分方程. 为了使记号不过于复杂，设 $m=2$，则有

$$\varphi_1(s) = f_1(s) + \int_a^b [K_{11}(s,t)\varphi_1(t) + K_{12}(s,t)\varphi_2(t)]dt$$
$$\varphi_2(s) = f_2(s) + \int_a^b [K_{21}(s,t)\varphi_1(t) + K_{22}(s,t)\varphi_2(t)]dt \tag{95}$$

前面已说过,若基本区域不是区间,而是在平面上、在曲面上或在空间内的任意有限区域,则积分方程的一切理论仍旧是不变的. 也能够假设变点跑过的不是一个线段或一个区域,而是几个分离的线段或区域. 一切理论这时是完全不变的. 为了使方程组(95)归结到一个方程,把取两次的区间$[a,b]$作为基本区域,或是换句话说,我们取两份区间$[a,b]$作为基本区域,这两份相互间无联系. 我们认为,若点 M 在第一份上,则 $f(M) = f_1(M)$,若点 M 在第二份上,则 $f(M) = f_2(M)$. 相似地,用$\varphi_1(M)$及$\varphi_2(M)$确定$\varphi(M)$,核 $K(M,N)$ 按以下方式确定

$$K(M,N) = K_{11}(M,N) \quad (M \text{ 及 } N \text{ 皆在第一份上})$$
$$K(M,N) = K_{12}(M,N) \quad (M \text{ 在第一份上}, N \text{ 在第二份上}) \tag{96}$$
$$K(M,N) = K_{21}(M,N) \quad (M \text{ 在第二份上}, N \text{ 在第一份上})$$
$$K(M,N) = K_{22}(M,N) \quad (M \text{ 及 } N \text{ 皆在第二份上})$$

这时方程组(95)归结到有连续核的一个积分方程,基本区域 J 是由两份线段$[a,b]$作成的

$$\varphi(M) = f(M) + \int_J K(M,N)\varphi(N)d\omega_N \tag{97}$$

积分是对两份区间$[a,b]$都取的,并且设 $d\omega_N = dx$.

当对核所设的条件比连续性还要广泛时,上面讲的理论也仍旧是正确的. 例如,设核 $K(s,t)$ 有有限个不连续点及不连续线,但在正方形 k_0 内仍是有界的,且存在这样的数 N,对于任何固定值 $s=s_0$,在线段 $s=s_0 (a \leqslant t \leqslant b)$ 上有多于 N 个的点,$K(s,t)$ 在这些点处不是关于两个变量的连续函数.

不难证明,这时,只要 $h(t)$ 是有有限个不连续点的有界函数,积分

$$\omega(s) = \int_a^b K(s,t)h(t)dt \tag{98}$$

就确定了 s 的连续函数. 为简单起见,将假设核的一切不连续点都在正方形的对角线 $t=s$ 上. 注意,由条件 $|h(t)| \leqslant m$,此处 m 是某正数,则可写

$$|\omega(s) - \omega(s')| \leqslant m \int_a^b |K(s,t) - K(s',t)|dt \tag{99}$$

由于积分号下的函数的有界性,对于任意给定的正数 ε,存在这样的正数 δ,使写出的积分沿区间$[s-\delta, s+\delta]$的值小于 ε. 设 s' 是在这区间的内部,若沿着其

余区间 $[a,s-\delta]$ 及 $[s+\delta,b]$ 取积分,则积分号下的函数将是两变量 s' 及 t 的连续函数,且因此对于充分接近于 s 的一切值 s',沿着提到的两区间的积分也都是小于 ε 的. 由此可见,对于充分接近于 s 的一切值 s',不等式(99)的左端将小于 $3m\varepsilon$,而由于 ε 的任意性,这就给出函数 $\omega(s)$ 的连续性. 按类似方式可以证明,若 $K'(s,t)$ 及 $K''(s,t)$ 是满足前面提到的条件的两个核,则函数

$$K'''(s,t) = \int_a^b K''(s,t_1)K'(t_1,t)dt_1$$

将是它自己的两个变量的连续函数. 于是,若核 $K(s,t)$ 满足前面指出的条件,则二次叠核已经是连续的. 不难看出,在作出关于核的这样假设时,方程的一切理论在证明中不需要任何改变且都是保持的.

还要注意,在 $f(s)$ 的连续性的条件下,如果我们求有限个不连续点的有界解,那么从上面证明了的积分(98)的连续性,由于方程本身,已经显示出这个解也应是连续的(参阅[4]).

我们注意,在证明基本定理时对于累次积分必须更换积分次序,在前面所作的关于核的假设下这种更换是合法的. 在带有多重积分的积分方程理论中,一切叙述也是正确的. 这时在对角线 $s=t$ 上的不连续性对应于当两点 M 及 N 重合时核 $K(M,N)$ 的不连续性.

如果核是无界的,那么问题变得更加复杂. 但在数学物理中应用积分方程时,经常碰到的正是这样的核. 重要的是选取这样的无界核,使前面所证明的关于连续核的一些定理对于它也保持正确. 现在我们就进行这方面的讨论.

15. 选择原理

在这一段和下一段中我们叙述所谓选择原理,它对以后积分方程理论的叙述是必要的.

设有某实数无穷集合 $\mathfrak{C}$,且这些数的绝对值不大于某个确定正数. 我们知道,从属于 $\mathfrak{C}$ 的任何无穷数列 a_n 中可以选择有极限的子数列 a_{n_k} [Ⅱ;89]. 对于 $\mathfrak{C}$ 的任何无限部分集合自然也可以做同样的选择. 这个断言称为对于实数集合的选择原理,而这些数的绝对值不大于同一个正数. 同样的选择原理对于复数集合也成立,而这些复数的模不大于同一个正数. 为了证明这个事实,只要首先对于 $\mathfrak{C}$ 中各数的实部应用选择原理,然后对于所得到的数列的虚部应用选择原理. 我们的问题是要解决:在怎样情况下选择原理对于函数集合成立,并且我们只考虑一致收敛于极限函数的函数列. 为了解决指出的问题,我们需要一系列新的概念及补充说明.

设有任何客体(元素)的无限集合. 若这集合中的所有客体都可能这样标以正整数的号码,使每一正整数对应于集合的一个客体,且反之,集合中每一客体对应于一个确定的正整数,则称这集合是可列的.

换句话说,如果集合中的客体可能表示为序列形式:$u_1, u_2, u_3, \cdots$,那么这个集合是可列的. 下面给出一个重要的例子,即指出一切实有理数的集合是可列集合. 将一切正有理数按照这样的次序排列,使分子及分母的和不减少且使分母在所提到的和有同一值的那些有理数群中是增加的. 我们将写出既约分数. 于是,得到数列

$$\frac{1}{1}, \frac{2}{1}, \frac{1}{2}, \frac{3}{1}, \frac{2}{2}, \frac{1}{3}, \frac{4}{1}, \frac{3}{2}, \frac{2}{3}, \frac{1}{4}, \frac{5}{1}, \frac{4}{2}, \cdots$$

把已在前面出现过的那些数去掉,我们得到含有一切正有理数的数列

$$1, 2, \frac{1}{2}, 3, \frac{1}{3}, 4, \frac{3}{2}, \frac{2}{3}, \frac{1}{4}, 5, \cdots$$

于是,每一正有理数各得一个号码,这就是它在写出的数列中所占位置的号码. 一切实有理数也构成可列集合. 事实上,我们取零为第一数,然后在上面写出的数列中的每一数后补入符号相反的数

$$0, 1, -1, 2, -2, \frac{1}{2}, -\frac{1}{2}, 3, -3, \frac{1}{3}, -\frac{1}{3}, \cdots$$

如果从任何序列 $u_1, u_2, \cdots$ 中删除它的某些项,但使余下的有无穷个项,那么余下的项仍然构成无穷序列 $u_{n_1}, u_{n_2}, \cdots$,且也可标以号码. 由此可见,可列集合的任何含有无穷个元素的部分集合也是可列集合.

例如,属于任何区间 $[a, b]$ 的有理数集合也是可列集合.

我们看出,在 x 轴的任何任意小的固定区间上可找到无穷多个有理数,或者说,分布在 x 轴上的有理数是遍密的.

任何有理数对于大小来说没有下一个数,且在上面构成的有理数列中不是按增加或减少的次序来排列的.

可以证明,从区间 $[a, b]$ 内的所有实数构成的集合不是可列的.

现在考察对于 xOy 坐标平面上的某区域 B,我们证明,B 中的两个坐标 (x, y) 都是由有理数的点所组成的集合是可列的.

例如,首先可以把具有有理坐标的所有点 $\left(\dfrac{p}{q}, \dfrac{r}{s}\right)$ 标以号码. 因为有理数可标以号码,所以具有有理坐标的点能够写作形式 (u_n, v_n) $(m, n = 1, 2, \cdots)$. 这些数偶可以按下标的和及在相同和时按第一下标的增加次序排列,即

$$(u_1, v_1), (u_1, v_2), (u_2, v_1), (u_1, v_3), (u_2, v_2), (u_3, v_1), \cdots$$

属于区域 B 的具有有理坐标的点集合 $\mathfrak{C}$ 是可列集合的无限部分集合，故也是可列集合. 这集合 $\mathfrak{C}$ 在 B 内是遍密的，亦即以属于 B 的点作中心的任何圆内，可找到 $\mathfrak{C}$ 中的无限多个点. 完全类似地可以证明，属于 n 维空间的任何区域 B 的有理坐标点 $(x_1, x_2, \cdots, x_n)$ 的集合是可列的，且在 B 内是遍密的.

要证明在曲面 S 上存在可列且遍密的点集，例如，只需将曲面划分为有限块，如果取每一块上某点的切面作为 xOy 平面，那么每块有显式方程 $z = f(x, y)$. 这时，例如，如果取切面上具有有理坐标 (x, y) 的点，那么在任何块上可获得可列且遍密的点集. 设块数是 p，在每一块上我们有遍密点序列

$$a_1^{(s)}, a_2^{(s)}, a_3^{(s)}, \cdots \quad (s = 1, 2, \cdots, p)$$

我们可将它们排列为一个序列

$$a_1^{(1)}, a_1^{(2)}, \cdots, a_1^{(p)}, a_2^{(1)}, a_2^{(2)}, \cdots, a_2^{(p)}, \cdots$$

如果某些点重合的话，那么在序列中删去这些点. 从中心在 S 上的任何球内可找到曲面的上述点的可列无限集合. 现在证明下面引理.

引理 1 设在区间 $[a, b]$ 上确定某函数列 $f_n(x)$，且它们的模不大于同一数 L，则对于 $[a, b]$ 中任何可列点集合 $x_k (k = 1, 2, \cdots)$，从函数列 $f_n(x)$ 中可以选择一个子序列，使它在这可列集合中的每点都是收敛的.

按定理的条件 $|f_n(x)| \leqslant L (n = 1, 2, \cdots)$，且可从数列 $f_n(x_1)$ 中选出收敛子数列，亦即从函数列 $f_n(x)$ 中可选出子函数列

$$f_1^{(1)}(x), f_2^{(1)}(x), \cdots, f_3^{(1)}(x), \cdots \qquad (\mathrm{I})$$

它在点 $x = x_1$ 是收敛的. 若对于函数（I）令 $x = x_2$，则得到数列 $f_k^{(1)}(x_2)$，它们的模也不大于 L. 因此从函数列（I）中可选出这样子函数列

$$f_1^{(2)}(x), f_2^{(2)}(x), f_3^{(2)}(x), \cdots \qquad (\mathrm{II})$$

使它不仅在点 $x = x_1$ 收敛（因为它是从（I）中选出的，而（I）在 $x = x_1$ 时是收敛的），并且在点 $x = x_2$ 也是收敛的. 令 $x = x_3$，并注意一切数 $f_k^{(2)}(x_3)$ 的模都小于或等于 L，于是从序列（II）中可再选出子函数列

$$f_1^{(3)}(x), f_2^{(3)}(x), f_3^{(3)}(x), \cdots \qquad (\mathrm{III})$$

使它在 $x = x_1, x = x_2$ 及 $x = x_3$ 各点收敛. 继续上面的作法，一般就会得到函数列

$$f_1^{(m)}(x), f_2^{(m)}(x), f_3^{(m)}(x), \cdots \quad (m = 1, 2, 3, \cdots) \qquad (\mathrm{IV})$$

使它在 $x = x_1, x = x_2, \cdots, x = x_m$ 各点收敛. 现在构成一个新序列，它是从（I）中取第一函数，从（II）中取第二函数，从（III）中取第三函数等而构成的，即

$$f^{(1)}(x) = f_1^{(1)}(x), f^{(2)}(x) = f_2^{(2)}(x), f^{(3)}(x) = f_3^{(3)}(x), \cdots \qquad (*)$$

$$f^{(n)}(x) = f_n^{(n)}(x), \cdots$$

我们证明,这个序列已经在任何点 $x = x_k$ 收敛. 事实上,任取某点 $x = x_k$,按照上述作法,序列(*)中从 $m = k$ 开始,亦即一切函数

$$f^{(k)}(x) = f_k^{(k)}(x), f^{(k+1)}(x) = f_{k+1}^{(k+1)}(x), \cdots \quad (**)$$

构成在 $m = k$ 时的序列(Ⅳ)的子序列,因此在子序列(**)中代入数值 $x = x_k$,我们得到收敛序列,亦即函数列(**)在点 $x = x_k$ 收敛. 对于序列(*)也可同样地肯定,于是引理1得证. 在证明引理时所采用的,构成在一切点 $x = x_k$ 收敛的函数列的方法,称为对角线法. 它自然不是构造过程而仅有纯理论的价值.

所指的证明无论对于实函数或对于复函数 $f_n(x)$ 都是适用的. 也可逐字逐句地对于确定在 m 维空间的任何区域 B 内或在曲面上的函数 $f_n(P)$ 照样来证明这个引理.

16. 选择原理(续)

设 $f(x)$ 是在有限区间 $[a,b]$ 上的连续函数. 我们知道它是一致连续的,即对于任给正数 ε,存在这样的正数 η,对于区间 $[a,b]$ 内使 $|x' - x''| \leqslant \eta$ 的任意两点 x' 及 x'',有 $|f(x') - f(x'')| \leqslant \varepsilon$. 对于在区间 $[a,b]$ 内为连续的不同函数,当 ε 是已给时,一般地讲,将有不同的 η. 若有有限个连续函数 $f_1(x)$, $f_2(x), \cdots, f_m(x)$,则对于已给的 ε,在对应正数 $\eta_1, \eta_2, \cdots, \eta_m$ 的中间将有最小数. 记它为 η'. 这时可断言,只要 $|x' - x''| \leqslant \eta'$,则当 $k = 1, 2, \cdots, m$ 时,就有 $|f_k(x') - f_k(x'')| \leqslant \varepsilon$. 但如果有连续函数 $f(x)$ 的无限集合 $\mathfrak{C}$,那么在对应的正数 η 中可能没有最小数. 此外,对于已给的 ε 这些正数或许会无限逼近于零,这时不能对 $\mathfrak{C}$ 中的所有函数 $f(x)$ 选择同一数 η'. 例如,$f_n(x) = \sin nx$ ($n = 1, 2, \cdots$),对于已给 ε,当 n 无穷增大时,数 η 显然趋于零. 这可从这样的事实立即推出,即当自变量 x 的增量为 δ 时,正弦的辐角要改变 $n\delta$.

定义 1 设函数集合 $\mathfrak{C}$ 中的 $f(x)$ 在闭区间 $[a,b]$ 内是连续的,若对于任给正数 ε,对于 $\mathfrak{C}$ 中的所有函数存在同一个这样的正数 η,在区间 $[a,b]$ 内使 $|x' - x''| \leqslant \eta$ 的值 x' 及 x'',有 $|f(x') - f(x'')| \leqslant \varepsilon$,则称 $\mathfrak{C}$ 是等度连续函数集合.

函数的等度连续性及模不大于同一个数的有界性,使我们有证明选择原理的可能,而且在所给情况下,收敛性理解为在 $[a,b]$ 内的一致收敛性,亦即成立下面定理:

定理 2 若 $\mathfrak{C}$ 是函数 $f(x)$ 的集合,它在有限闭区间 $[a,b]$ 上是等度连续的,且所有这些函数的模不大于同一个数 L,亦即 $|f(x)| \leqslant L$,则从属于集合 $\mathfrak{C}$

的任何函数列中可以选择子函数列,使这子函数列在$[a,b]$上一致收敛.

设有集合$\mathfrak{C}$中的某函数列.应用引理1,我们可断言,从这函数列中可以取出子函数列,使这子函数列在$[a,b]$上的某可列且遍密集合的一切点x_k是收敛的.例如,这是在$[a,b]$内的有有理坐标的一切点.设

$$f_1(x), f_2(x), f_3(x), \cdots \qquad (*)$$

是从$\mathfrak{C}$中的函数列选择出来的子函数列,它在上面提到的一切点$x_k(k=1,2,3,\cdots)$是收敛的.我们证明,这函数列在整个区间$[a,b]$上是一致收敛的.作差$f_p(x)-f_q(x)$且把它表示为形式

$$f_p(x)-f_q(x) = [f_p(x)-f_p(x')] + [f_p(x')-f_q(x')] + \\ [f_q(x')-f_q(x)] \qquad (\alpha)$$

其中x'是上面提到的在$[a,b]$上遍密的点集合中的任一点.设ε是任给正数且η是等度连续定义中引入的对应数.取由x_k中的点所构成的有限点集τ',使这有限集合中的各点将$[a,b]$分为有限个部分区间,且每一部分区间的长度小于或等于η.这显然是可能的,因为一切点x_k的集合在$[a,b]$上是遍密的.在有限点集合τ'的每一点函数列$(*)$有极限.因此存在这样的数N,若x'是上面提到的有限点集合τ'中的任一点,则有

$$|f_p(x')-f_q(x')|<\varepsilon, \text{当} p>N \text{及} q>N \text{时} \qquad (\beta)$$

我们认为出现在公式(α)中的点x'是有限集合τ'中的一点,且写出不等式

$$|f_p(x)-f_q(x)| \leqslant |f_p(x)-f_p(x')| + |f_p(x')-f_q(x')| + \\ |f_q(x')-f_q(x)| \qquad (\gamma)$$

它可直接从(α)推得.对于在$[a,b]$上的任何点x,可选定属于τ'的这样的点x',使对于任一n,有$|f_n(x)-f_n(x')|<\varepsilon$.这个$x'$是点$x$所在的部分区间的两端点之一.此外,当$p>N$及$q>N$时,对于属于$\tau'$的任何$x'$有不等式$(\beta)$成立.于是,由$(\gamma)$我们可断言如下,对于任给正数$\varepsilon$,存在这样不依赖于$x$的数$N$,当$p>N$且$q>N$时,对$[a,b]$上的任何$x$,使$|f_p(x)-f_q(x)|<3\varepsilon$,这就指出函数列$(*)$在整个区间$[a,b]$上是一致收敛的,因而定理得证.

这证明无论对于实函数或复函数都显然适用.如果我们已知等度连续的函数列$f_n(x)$在$[a,b]$内的一切点或在$[a,b]$内为遍密的某个点集合x_k是收敛的,那么没有必要选出在一切点x_k收敛的子函数列,且可能做出下面断言:

定理 13 若在$[a,b]$上是等度连续的函数列$f_1(x),f_2(x),\cdots$在这区间内的一切点(或甚至仅在某个$[a,b]$上的点集合的各点x_k)是收敛的,则这个函数列在$[a,b]$上一致收敛.

证明的定理可逐字逐句地转移到函数$f(P)$的集合$\mathfrak{C}$的情况,这个集合中

的函数定义在 n 维空间的某闭区域 B 上或是在曲面上. 在这里等度连续性显然这样定义: 当任意给定正数 ε 时, 对于 $\mathfrak{C}$ 中的所有函数存在同一个这样的正数 η, 只要 P 及 Q 是属于 B 的任何两点且距离 $|PQ| \leqslant \eta$, 就有 $|f(P)-f(Q)| \leqslant \varepsilon$. 区域 B 是闭的意味着对这区域要添上它的境界[II;88], 就是在 B 由几个分离的闭区域构成的情况下, 证明无需改变, 仍旧有效.

17. 无界核

如果核是无界的, 那么前面所证明的关于积分方程的一些定理就可能不正确. 可是在某些附加条件下, 定理对于无界核就也保持正确了. 现在我们挑出这样一类无界核. 关于含有无界核的情形以及积分区域是无穷大的情形的积分方程的一般理论将于卷五中阐明, 它是以更广泛的积分概念 (勒贝格积分) 作基础的. 为确定起见, 我们将对平面情况加以阐述, 要转到对于任何 n 维空间或对于曲面的积分的情形完全没有困难.

我们假设核 $K(M;N)$ 中在点 M 及 N 重合时变为无穷大. 正是这种类型的核经常在数学物理中碰到.

因此, 考察以下形式的核

$$K(M;N) = \frac{L(M;N)}{r^{\alpha}} \tag{100}$$

其中 $L(M;N)$ 是在有限闭区域 B 中的一对点 $(M;N)$ 的连续函数, r 是两点 M 及 N 间的距离, 且数 α 满足条件 $0 < \alpha < 2$. 这种类型的核将称为极性核. 从 (100) 得到估计

$$|K(M;N)| \leqslant \frac{C}{r^{\alpha}} \tag{101}$$

其中 C 是某常数. 我们预先确定极性核的某些性质, 今后字母 B 将表示闭区域.

设 d 是 B 的直径, 也就是 B 中点与点间的最大距离[II;89]. 区域 B 含在以 B 的任何点 M 作中心而以 d 作半径的圆内, 因而有估计

$$\int_B |K(M;N)| \, \mathrm{d}\omega_N \leqslant \int_{r<d} \frac{C}{r^{\alpha}} \mathrm{d}\omega_N = \frac{2\pi C}{2-\alpha} d^{2-\alpha}$$

亦即

$$\int_B |K(M;N)| \, \mathrm{d}\omega_N \leqslant D \tag{102}$$

其中 $D = \frac{2\pi C}{2-\alpha} d^{2-\alpha}$.

设 $u(N)$ 是在 B 内的某连续函数, 且

$$v(M) = \int_B K(M;N)u(N)\,d\omega_N \tag{103}$$

由 (100), 所写的积分显然有意义. 我们证明函数 $v(M)$ 的连续性

$$v(M') - v(M) = \int_B [K(M';N) - K(M;N)]u(N)\,d\omega_N$$

对于连续函数 $u(N)$ 在 B 中有估计

$$|u(N)| \leqslant C_1 \tag{104}$$

其中 C_1 是常数. 其次

$$|v(M') - v(M)| \leqslant C_1 \int_B |K(M';N) - K(M;N)|\,d\omega_N \tag{105}$$

以后将用 ω_ρ 及 ω'_ρ 记以 M 及 M' 为圆心且半径为 ρ 的两圆. 设 δ 是某一小正数, 它将在以后选择. 作出圆 $\omega_{2\delta}$, 且设 β_δ 是区域 B 属于圆 $\omega_{2\delta}$ 的部分, 而 B_δ 是 B 在圆 $\omega_{2\delta}$ 外面的部分. 可写为

$$\begin{aligned}&\int_B |K(M';N) - K(M;N)|\,d\omega_N = \\ &\int_{\beta_\delta} |K(M';N) - K(M;N)|\,d\omega_N + \\ &\int_{B_\delta} |K(M';N) - K(M;N)|\,d\omega_N\end{aligned} \tag{106}$$

由 (101) 则有估计

$$\int_{\beta_\delta} |K(M';N) - K(M;N)|\,d\omega_N \leqslant C\int_{\omega_{2\delta}} \frac{1}{r'^\alpha}d\omega_N + C\int_{\omega_{2\delta}} \frac{1}{r^\alpha}d\omega_N$$

其中 r' 是 M' 及 N 两点间的距离. 假设 M 及 M' 两点间的距离小于 δ, 这时圆 $\omega_{2\delta}$ 显然位置在圆 $\omega'_{3\delta}$ 的内部, 因此

$$\int_{\beta_\delta} |K(M';N) - K(M;N)|\,d\omega_N \leqslant C\int_{\omega_{2\delta}} \frac{1}{r^\alpha}d\omega_N + C\int_{\omega'_{3\delta}} \frac{1}{r'^\alpha}d\omega_N$$

在各圆内引进极坐标且计算积分, 得

$$\int_{\beta_\delta} |K(M';N) - K(M;N)|\,d\omega_N \leqslant \frac{2\pi C}{2-\alpha}[(2\delta)^{2-\alpha} + (3\delta)^{2-\alpha}] \tag{107}$$

设 ε 是任给正数, 规定 δ 足够小, 使 (107) 的右端将小于或等于 $\dfrac{\varepsilon}{2C_1}$.

现在来考察公式 (106) 中的第二项. 若点 M' 在闭圆 ω_δ 内且点 N 在闭区域 B_δ 内, 则 $r \geqslant \delta$ 及 $r' \geqslant \delta$, 且

$$|K(M';N) - K(M;N)| = \frac{|r^\alpha L(M';N) - r'^\alpha L(M;N)|}{r^\alpha r'^\alpha} \leqslant \frac{|L_1(M',M;N)|}{\delta^{2\alpha}}$$

其中 $L_1(M',M;N)$ 是在 B 内的 M',M 及 N 的连续函数,当 M 及 M' 两点重合时它等于零.由此推得,存在这样的正数 η,它不因点 M 的位置而变且可认为它不大于 δ,若距离 $|MM'|$ 不大于 η,则有

$$\int_{B_\delta} |K(M';N) - K(M;N)|\, d\omega_N \leqslant \frac{\varepsilon}{2C_1} \tag{108}$$

注意 (107),得到:若 $|MM'| \leqslant \eta$,则

$$|v(M') - v(M)| \leqslant \varepsilon$$

这就证明了 $v(M)$ 在 B 内的连续性.还要指出,数 η 仅与 ε 及 C_1 有关,但不依赖于 $u(N)$ 的具体选择,亦即对于满足条件 (104) 的所有函数 $u(N)$,当 C_1 固定时,我们得到等度连续函数族 $v(M)$.

从 (102)(103) 及 (104) 立即推出下面估计

$$|v(M)| \leqslant C_1 D$$

于是,我们得到以下结果:

引理 2 公式 (103) 将连续函数 $u(N)$ 变为连续函数 $v(M)$.如果函数 $u(N)$ 的模不大于同一数 C_1,那么得到一类等度连续函数 $v(M)$,这类函数的模也不大于同一数.

引进在一定意义下逼近于核 $K(M;N)$ 的连续核 $K_\gamma(M;N)$,也就是设

$$K_\gamma(M;N) = \begin{cases} K(M;N), & \text{当 } r \geqslant \gamma \\ \dfrac{K(M;N)}{r^\alpha}, & \text{当 } r \leqslant \gamma \end{cases} \tag{109}$$

其中 γ 是任意正数.只有当 $r < \gamma$ 时,核 $K_\gamma(M;N)$ 与核 $K(M;N)$ 有所不同且 $|K_\gamma(M;N)| \leqslant |K(M;N)|$,因而由于 (101),有

$$|K_\gamma(M;N)| \leqslant \frac{C}{r^\alpha} \tag{110}$$

$$\int_B |K_\gamma(M;N)|\, d\omega_N \leqslant D \tag{110'}$$

与变换 (103) 同时来考察变换

$$v_\gamma(M) = \int_B K_\gamma(M;N) u(N)\, d\omega_N \tag{111}$$

由于核 $K_\gamma(M;N)$ 的连续性,因此 $v_\gamma(M)$ 的连续性是明显的.再重复上面指出的估计,由于 (110),对于沿 β_δ 的积分将有与以前相同的估计.剩下是在固定正数 δ 时来估计积分

$$\int_{B_\delta} |K_\gamma(M';N) - K_\gamma(M;N)|\, d\omega_N \tag{112}$$

这可以和前面作过的完全一样,不过只在表达式

$$L_1(M',M;N) = r^a L(M';N) - r'^a L(M;N)$$

中,当 $r < \gamma$ 时(或 $r' < \gamma$) 应以 γ 代替 r(或 r'). 如果认为 $K_0(M;N) = K(M;N)$,那么我们看出,$L_1(M',M;N)$ 是 B 内的点 M',M 及 N 的连续函数,且参数 γ 属于区间 $0 \leqslant \gamma \leqslant \varepsilon_1$,其中 ε_1 是任意正数. 于是,在估计积分(108)时所说到的数 η,在这里可选它不依赖于 γ,而前面对于 $v_\gamma(M)$ 的等度连续性及 $|v_\gamma(M)|$ 的有界性的证明完全有效.

引理 3 若连续函数 $u(N)$ 的模不大于同一数且 γ 取任意正值,则公式(111)确定等度连续函数类 $v_\gamma(M)$,这函数类的模也不大于同一数.

现在证明积分次序的交换公式,它是我们必须用到的

$$\int_B \left[\int_B K(M;N) u_1(N) \mathrm{d}\omega_N \right] u_2(M) \mathrm{d}\omega_M = \int_B \left[\int_B K(M;N) u_2(M) \mathrm{d}\omega_M \right] u_1(N) \mathrm{d}\omega_N \tag{113}$$

其中 $u_1(N)$ 及 $u_2(M)$ 是在 B 内的任何连续函数. 对于连续核 $K_\gamma(M;N)$ 这公式是已经知道了的[Ⅱ;97],即

$$\int_B \left[\int_B K_\gamma(M;N) u_1(N) \mathrm{d}\omega_N \right] u_2(M) \mathrm{d}\omega_M = \int_B \left[\int_B K_\gamma(M;N) u_2(M) \mathrm{d}\omega_M \right] u_1(N) \mathrm{d}\omega_N \tag{114}$$

不难证明,当 $\gamma \to 0$ 时,有

$$\int_B K_\gamma(M;N) u_1(N) \mathrm{d}\omega_N \to \int_B K(M;N) u_1(N) \mathrm{d}\omega_N \tag{115}$$

一致地关于 M. 事实上

$$\left| \int_B [K(M;N) - K_\gamma(M;N)] u_1(N) \mathrm{d}\omega_N \right| \leqslant$$

$$\max_{在B内} |u_1(N)| \int_B |K(M;N) - K_\gamma(M;N)| \mathrm{d}\omega_N$$

但所写的差在圆 ω_γ 外变为零,因此

$$\left| \int_B [K(M;N) - K_\gamma(M;N)] u_1(N) \mathrm{d}\omega_N \right| \leqslant$$

$$\max_{在B内} |u_1(N)| \int_{\omega_\gamma} [|K(M;N)| + |K_\gamma(M;N)|] \mathrm{d}\omega_N$$

注意(101)及(110)的估计,得

$$\left| \int_B [K(M;N) - K_\gamma(M;N)] u_1(N) \mathrm{d}\omega_N \right| \leqslant$$

$$\max_{在B内} |u_1(N)| \frac{4\pi C \gamma^{2-\alpha}}{2-\alpha}$$

从而推得(115)(一致地关于 M).

完全相似,当 $\gamma \to 0$ 时,有
$$\int_B K_\gamma(M;N) u_2(M) \mathrm{d}\omega_M \to \int_B K(M;N) u_2(M) \mathrm{d}\omega_M$$
一致地关于 N,且从公式(114) 取极限即得公式(113).

再来证明以后要用到的一个极限步骤. 设在 B 内的连续函数 $\varphi_\gamma(N)$,它依赖于一个正参数 γ,当 $\gamma \to 0$ 时,它一致地趋于 $\varphi_0(N)$,极限函数 $\varphi_0(N)$ 显然也是连续的. 这时,就有

$$\int_B K_\gamma(M;N) \varphi_\gamma(N) \mathrm{d}\omega_N \to \int_B K(M;N) \varphi_0(N) \mathrm{d}\omega_N \tag{116}$$

我们有

$$\left| \int_B [K(M;N)\varphi_0(N) - K_\gamma(M;N)\varphi_\gamma(N)] \mathrm{d}\omega_N \right| \leqslant$$

$$\left| \int_B K(M;N)[\varphi_0(N) - \varphi_\gamma(N)] \mathrm{d}\omega_N \right| +$$

$$\left| \int_B [K(M;N) - K_\gamma(M;N)] \varphi_\gamma(N) \mathrm{d}\omega_N \right|$$

从 $\varphi_\gamma(N)$ 一致收敛于 $\varphi_0(N)$ 推知,对于充分接近于零的所有值 γ,有 $|\varphi_\gamma(N)| \leqslant D_1$,其中 D_1 是某常数,且注意(102),得

$$\left| \int_B [K(M;N)\varphi_0(N) - K_\gamma(M;N)\varphi_\gamma(N)] \mathrm{d}\omega_N \right| \leqslant$$

$$D \max_{\text{在}B\text{内}} |\varphi_0(N) - \varphi_\gamma(N)| + D_1 \int_B |K(M;N) - K_\gamma(M;N)| \mathrm{d}\omega_N$$

如我们刚才见过的,右端的积分与 γ 同时趋于零,也就是整个右端趋于零,从而推得(116).

18. 有无界核的积分方程

考察具有上面所分析的那种类型的无界核的积分方程

$$\varphi(M) = f(M) + \lambda \int_B K(M;N) \varphi(N) \mathrm{d}\omega_N \tag{117}$$

其中 $f(M)$ 是已给的,且 $\varphi(M)$ 是在 B 内连续的待求函数.

首先,设 λ 不是特征值. 我们证明这时齐次方程

$$\varphi_\gamma(M) = \lambda \int_B K_\gamma(M;N) \varphi_\gamma(N) \mathrm{d}\omega_N \tag{118}$$

对于充分小的一切正数 γ,没有异于零的解. 我们将用反证法设存在这样的正数列 $\gamma = \gamma_1, \gamma_2, \cdots$,它趋于零,使方程

$$\varphi_{\gamma_n}(M) = \lambda \int_B K_{\gamma_n}(M;N) \varphi_{\gamma_n}(N) d\omega_N \tag{119}$$

有不等于零的解. 若注意到,这些解除了差一个常数因子外是完全确定的,则可假设

$$|\varphi_{\gamma_n}(M)| \leqslant 1 \tag{120}$$

且在点 M 的某一位置,上式取等号.

由于引理 3 函数 $\varphi_{\gamma_n}(M)$ 在 B 内是等度连续的. 如果还注意到(120),可以断言,从 $\varphi_{\gamma_n}(M)$ 中可以选择子函数列,使它在 B 内一致收敛于某极限函数 $\varphi_0(M)$. 关于这个子函数列在公式(119)中取极限,得到

$$\varphi_0(M) = \lambda \int_B K(M;N) \varphi_0(N) d\omega_N \tag{121}$$

由于过渡到极限的一致收敛性及在(120)内的等号对于任何 n 成立,可断言 $\varphi_0(M)$ 不恒等于零. 从(121)推得 λ 是方程(117)的特征值,而这与开始时所作的假设矛盾. 于是,方程(118)对于充分逼近于零的一切 γ 仅有零解,且可断言,有连续核的方程

$$\varphi_\gamma(M) = f(M) + \lambda \int_B K_\gamma(M;N) \varphi_\gamma(N) d\omega_N \tag{122}$$

对于任意自由项 $f(M)$ 有解,且这解是唯一决定的. 我们证明,对于充分接近于零的一切 γ,这些解的模不大于同一数. 设 $m_\gamma = \max\limits_{在B内} |\varphi_\gamma(M)|$. 我们必须证明,不存在任何数列 m_{γ_n} 是趋于 $+\infty$ 的. 我们用反证法. 设有这样的数列,亦即 $m_{\gamma_n} \to +\infty$. 我们有

$$\frac{|\varphi_{\gamma_n}(M)|}{m_{\gamma_n}} \leqslant 1 \tag{123}$$

且当取某一点 M 时达到等号. 在等式(122)中设 $\gamma = \gamma_n$,且将两端除以 m_{γ_n},得

$$\frac{\varphi_{\gamma_n}(M)}{m_{\gamma_n}} = \lambda \int_B K_{\gamma_n}(M;N) \frac{\varphi_{\gamma_n}(N)}{m_{\gamma_n}} d\omega_N + \frac{f(M)}{m_{\gamma_n}} \tag{124}$$

右端的第二项在 B 内一致收敛于零. 由于(123)及引理 3,右端的第一项给出一致有界且等度连续的函数列. 由于阿尔泽拉定理,当 $\gamma_n \to 0$ 时,第一项在 B 内一致收敛于极限函数. 因此左端在 B 内也应一致收敛于某极限函数 $\varphi_0(M)$,这极限函数是不恒等于零的,因为在(123)中取到等号,在(124)中取极限,就得到 (121)[17],亦即出现了 λ 是方程(117)的特征值,这与假设矛盾. 因此,当 γ 充分逼近于零时,一切函数 $\varphi_\gamma(M)$ 的模不大于同一数. 然后从(122)及引理 3 推出函数 $\varphi_\gamma(M)$ 是等度连续的. 再应用一次阿尔泽拉定理且取极限,得

$$\omega(M) = f(M) + \lambda \int_B K(M;N) \omega(N) d\omega_N \tag{125}$$

其中 $\omega(M)$ 是某连续函数.

因此,我们已指明,若 λ 不是方程(117)的特征值,则对于任意自由项 $f(M)$,这个方程有解.按照齐次方程(121)仅有零解的假设可立即推出解的唯一性.

现在考察下面齐次方程,它是(121)的转置方程,即

$$\psi(M) = \lambda \int_B K(N;M)\psi(N)\,\mathrm{d}\omega_N \tag{126}$$

且指出它也仅有零解.假设不是这样,且设 $\psi(M)$ 是这个方程的不等于零的解.将方程(117)的两端乘以 $\psi(M)$,对 M 取积分且在二次积分中交换积分的次序,按照

$$\int_B \varphi(M)\psi(M)\,\mathrm{d}\omega_M = \int_B \left[\lambda \int_B K(M;N)\psi(M)\,\mathrm{d}\omega_M\right]\varphi(N)\,\mathrm{d}\omega_N + \int_B f(M)\psi(M)\,\mathrm{d}\omega_M$$

从而由于(126)得到方程(117)的可解条件(参考[10]中公式(79)的结论)

$$\int_B f(M)\psi(M)\,\mathrm{d}\omega_M = 0 \tag{127}$$

但前面已经看到方程(117)对于任何 $f(M)$ 的可解性.这个矛盾显示出齐次方程(126)只有零解.

于是,对于形式如(100)的核我们已证明下面结论:有两种可能,或者方程

$$\varphi(M) = f(M) + \lambda \int_B K(M;N)\varphi(N)\,\mathrm{d}\omega_N$$

$$\psi(M) = g(M) + \lambda \int_B K(N;M)\psi(N)\,\mathrm{d}\omega_N$$

对于任何 $f(M)$ 及 $g(M)$ 同时有解且是唯一的,或者对应的齐次方程有不等于零的解.

注意 4 如果 λ 不是特征值,那么已经证明,对于每一个充分接近于零的正的 γ,方程(122)有唯一解,且对于所有 γ 这些解的模不大于同一数.其次,借助于子函数列的选出及取极限,我们得到原来的方程(117)的解 $\varphi_1(M)$.

不难证明,利用解的唯一性,子函数列的选择不是必须的.事实上,如果当 $\gamma \to 0$ 时,$\varphi_\gamma(M)$ 在某点 M 没有确定的极限,那么可取出两个子函数列,它们一致收敛于两个连续极限函数,这两个极限函数在点 M 有不同值.于是,我们得到方程(117)的两个不同解,而在 λ 不是特征值时,这是不可能的.因此,$\varphi_\gamma(M)$ 不需任何选择就会趋于极限函数 $\omega(M)$.由于(122),从函数 $\varphi_\gamma(M)$ 的模的有界性及等度连续性显示出收敛于极限的一致性.

19. 特征值的情况

现在设 λ 是特征值. 如果下面两个齐次方程

$$\varphi(M) = \lambda \int_B K(M;N)\varphi(N)\mathrm{d}\omega_N \tag{128}$$

$$\psi(M) = \lambda \int_B K(N;M)\psi(N)\mathrm{d}\omega_N \tag{128'}$$

之一有有限个线性无关的解,那么重复[10]中定理10的证明,表示出另一个方程也有同样多个线性无关的解. 从这以后,也像在[10]中一样,可以证明条件 (127)(其中 $\psi(M)$ 是方程(128′)的任何解) 不仅是方程(117)可解的必要条件,而且也是充分条件.

剩下要证的是,上述两个方程的任一个,例如方程(128)的线性无关解的个数是有限的.

用反证法来证明. 设方程(128)有无限多个线性无关的解

$$\varphi_n(M) = \lambda \int_B K(M;N)\varphi_n(N)\mathrm{d}\omega_N \quad (n=1,2,\cdots) \tag{129}$$

可认为这些解是两两正交的,即

$$\int_B \varphi_p(N)\overline{\varphi_q(N)}\mathrm{d}\omega_N = 0 \quad (p \neq q) \tag{130}$$

且满足不等式

$$|\varphi_n(M)| \leqslant 1 \quad (n=1,2,\cdots) \tag{131}$$

并且达到等号. 从(129)及(131)推知, $\varphi_n(M)$ 在 B 内是等度连续的,且在函数列 $\varphi_n(N)$ 中存在子函数列,它在 B 内一致收敛于某极限函数 $\varphi_0(N)$. 在公式 (130) 中对于这个子函数列 $\varphi_p(N)$ 过渡到极限,将有

$$\int_B \varphi_0(N)\overline{\varphi_q(N)}\mathrm{d}\omega_N = 0$$

且再一次对于指标 q 过渡到极限

$$\int_B |\varphi_0(N)|^2 \mathrm{d}\omega_N = 0 \tag{132}$$

但 $\varphi_0(N)$ 不能恒等于零,因为对于任何 n 在式(131)中有等号成立,因而公式 (132) 导向矛盾. 这就证明了方程(128)只有有限个线性无关的解.

于是,对于形式如(100)的核还证明了以下结论:如果 λ 是方程(117)的特征值,那么方程(128)及(128′)有相同有限个线性无关的解,且对于方程(117) 可解的必要且充分条件是自由项 $f(M)$ 满足(127),其中 $\psi(M)$ 是方程(128′)的任何解. 一切上面所说的没有任何改变就可转移到一维、三维以及一般 n 维空

间的情形.

这时,显然在公式(100)中我们应认为代替条件 $0 < \alpha < 2$ 的是 $0 < \alpha < n$.

现在假定积分区域是有限闭曲面 Σ,且使这曲面服从下面条件:

(1) 在曲面 Σ 的任何点有切面,当沿着曲面移动时切面连续地变动;

(2) 存在这样的正数 d,使以曲面 Σ 上任意一点 M 为中心及以 d 为半径的球内的曲面 Σ 的部分,与平行于 Σ 在点 M 的法线只相交于一点. 于是,若采用 Σ 在点 M 的切面作为 xOy 平面,则 Σ 的上述部分有显式方程 $z = f(x, y)$;

(3) $f(x, y)$ 有一阶连续偏导数.

这时,对于提到的曲面部分的积分可归到对平面区域的积分,这平面区域是在切面内,且前面的一切讨论及估计都保持有效.

对于沿曲线的积分的情况也可完全类似地进行讨论.

还可指出,对于所考察的那种类型的核在 λ 平面的任何有限区域内只存在有限个特征值. 以后将对于对称核的情形来证明它.

在下段中我们将叙述另一方法来讨论上述那种类型的核以及更广泛的无界核,而不加证明.

20. 具有连续二次叠核的方程

我们限于考察有限平面区域 B 的情况.

可以证明,若我们从核(100)出发作叠核 $K_p(M; N)$,则当 M 及 N 两点不重合时,所有这些叠核都是连续的. 如果 p 充分大,那么它们在 B 内的一切点 M 及 N 都是连续的. 这些数 p 由不等式 $p > \dfrac{2}{2-\alpha}$ 确定,而对于 n 维空间,则有 $p > \dfrac{n}{n-\alpha}$.

其次,能够证明,在已知附带条件下,前面一些定理的基本证明对于这样的无界核仍然正确,它的一切叠核从某个开始都是连续的(参考 C. Л. 索伯列夫,《数学物理方程》,1947 年,第 243 页).

设核 $K_p(M; N)$ 从 $p = m$ 开始都是连续的. 容易证明,如果 λ 是方程(128)的特征值,那么 $\mu = \lambda^m$ 是方程

$$\varphi(M) = \mu \int_B K_m(M; N) \varphi(N) \, d\omega_N \tag{133}$$

的特征值. 反之,若 μ 是方程(133)的特征值,则根式 $\lambda = \sqrt[m]{\mu}$ 的值中至少有一个值是方程(128)的特征值. 因为 $K_m(M; N)$ 是连续的,所以在复变量 μ 平面的任

何有限区域内只可找到有限个特征值 μ. 由于前面所说的,关于方程(128)的特征值 λ 也可以同样断定.

引起了关于我们在 [7] 及 [8] 中所叙述的弗雷德霍姆工具保持有效的可能性问题. 对于形如(100)的核这工具的形式如果不加改变就要失去意义,因为这时行列式(49)的对角线上的项变为无穷大.

可以证明,若在公式(100)中引入的 α 满足条件 $0<\alpha<\dfrac{n}{2}$(在 [19] 中我们仅有 $0<\alpha<n$),则弗雷德霍姆工具只要改变一处地方即可保持有效,只需在行列式(49)中认为 $K(N_s;N_s)=0$. 这时解核可仍旧表示为如形式(57)那样(参阅 и. и. 普里瓦洛夫,《积分方程》,1935年,第83页).

可以将弗雷德霍姆工具换为另外一种形式,像前面一样,设当 $p\geqslant m$ 时核 $K_p(M;N)$ 是连续的. 按通常方式,建立连续核 $K_m(M;N)$ 的解核 $R_m(M,N;\lambda)$. 当 λ 接近于零时,它由以下级数表示

$$B_m(M,N;\lambda)=K_m(M;N)+K_{2m}(M;N)\lambda+K_{3m}(M;N)\lambda^2+\cdots$$

而对于任何 λ 它是分式形式

$$R_m(M,N;\lambda)=\frac{D_m(M,N;\lambda)}{D_m(\lambda)}$$

能够证明,基本核有解核

$$R(M,N;\lambda)=H(M,N;\lambda)+\frac{D_m(M,N;\lambda^m)}{D_m(\lambda^m)}+$$

$$\lambda^m\int_B H(M,P;\lambda)+\frac{D_m(P,N;\lambda^m)}{D_m(\lambda^m)}\mathrm{d}\omega_P$$

其中

$$H(M,N;\lambda)=K(M;N)+K_2(M;N)\lambda+\cdots+K_{m-1}(M;N)\lambda^{m-2}$$

如果 λ 不是方程 $D_m(\lambda^m)=0$ 的根,那么解核满足关系式(47),且方程(94)有唯一解,它是由公式(46)表达的(参阅古尔萨,《数学分析教程》,卷三,第二分册,1934年,第59页). 由所写的公式可见,在所给情况解核是 λ 的分函数.

可以证明,当无界核使积分

$$\int_B\int_B |K(M;N)|^2\mathrm{d}\omega_M\mathrm{d}\omega_N \qquad (134)$$

有有限值时,上面证明的一切定理在这情况是成立的. 这个条件确切的陈述及上述断言的证明将在卷五中给出,且在那里用到勒贝格积分的概念.

我们指出,对形如(100)的核,当 $\alpha<\dfrac{n}{2}$ 时,积分(134)的值是有限的. 当积

分(134)有有限值时,推广弗雷德霍姆工具到这情况是由卡勒曼(Math. Zeitschr. Bd 9, Heft. 3/4, 1921)及 С. Г. 米赫林(苏联科学院报告,第42卷,第9期,1944)实现的.

21. 对称核

具有所谓对称核的积分方程在数学物理中有广泛的应用.

定义 2 实核称作对称核,当交换它的变数时它本身的值不变.

在一维情况这是满足条件

$$K(t,s) = K(s,t) \quad (s \text{ 及 } t \text{ 属于正方形 } k_0) \tag{135}$$

的实核.

现在我们研究有对称核的积分方程的理论.一切证明将对于一维情况来进行,在多维情况它们可逐字逐句地仿照着同样进行.暂时将假设核是连续的,以后要指出理论在[17]中所考察的那种类型的无界核方面的推广.

在前面的例子中我们已见到,存在这样的核,它完全没有特征值.而对于对称核来说这种事是不会发生的,亦即成立下面基本定理:

定理 14 任何不恒等于零的对称核,或在[17]中指出的当 $0 < \alpha < \dfrac{n}{2}$ 时那样类型的核有特征值(可能只有一个).

我们将应用这个定理,至于它的证明将迟一些引出.暂时建立具有对称核的积分方程的某些简单性质.

设 λ_1 及 λ_2 是两个不同特征值,而 $\varphi_1(s)$ 及 $\varphi_2(s)$ 是对应的特征函数,因此

$$\frac{1}{\lambda_1}\varphi_1(s) = \int_a^b K(s,t)\varphi_1(t)\mathrm{d}t$$

$$\frac{1}{\lambda_2}\varphi_2(s) = \int_a^b K(s,t)\varphi_2(t)\mathrm{d}t$$

将第一个等式乘以 $\varphi_2(s)$,第二个乘以 $\varphi_1(s)$,对 s 积分且相减,则得

$$\left(\frac{1}{\lambda_1} - \frac{1}{\lambda_2}\right)\int_a^b \varphi_1(s)\varphi_2(s)\mathrm{d}s = \int_a^b\left[\int_a^b K(s,t)\varphi_1(t)\mathrm{d}t\right]\varphi_2(s)\mathrm{d}s - \int_a^b\left[\int_a^b K(s,t)\varphi_2(t)\mathrm{d}t\right]\varphi_1(s)\mathrm{d}s \tag{136}$$

变换右端积分中的一个积分的次序且利用(135),我们确信右端等于零,亦即

$$\left(\frac{1}{\lambda_1} - \frac{1}{\lambda_2}\right)\int_a^b \varphi_1(s)\varphi_2(s)\mathrm{d}s = 0$$

从而,由于 $\lambda_1 \neq \lambda_2$,得

$$\int_a^b \varphi_1(s)\varphi_2(s)\mathrm{d}s = 0 \tag{137}$$

亦即,对应于不同特征值的任何两个特征函数的乘积对基本区间 $[a,b]$ 的积分等于零.

现在证明,一切特征值是实数. 我们用反证法. 设 λ_0 为非实(复)的特征值,且 $\varphi_0(s)$ 是对应的特征函数,按照特征函数本身的定义,它必须不恒等于零. 我们有

$$\varphi_0(s) = \lambda_0 \int_a^b K(s,t)\varphi_0(t)\mathrm{d}t$$

在这等式中转到共轭值,得

$$\overline{\varphi_0(s)} = \bar{\lambda}_0 \int_a^b K(s,t)\overline{\varphi_0(t)}\mathrm{d}t$$

由此可见,$\bar{\lambda}_0$ 也是特征值,$\overline{\varphi_0(s)}$ 是对应特征函数,且因 λ_0 不是实数,故 $\bar{\lambda}_0 \neq \lambda_0$. 特征函数 $\varphi_0(s)$ 及 $\overline{\varphi_0(s)}$ 是与不同特征值对应的,故必须满足条件(137). 如果在这式中令 $\varphi_1(s) = \varphi_0(s)$ 及 $\varphi_2(s) = \overline{\varphi_0(s)}$,那么就有

$$\int_a^b |\varphi_0(s)|^2 \mathrm{d}s = 0$$

从而推得 $\varphi_0(s)$ 恒等于零[3],而这与它是特征函数的事实矛盾.

我们知道,对应于同一特征值的特征函数的任何常系数线性组合也是对应于这个相同特征值的特征函数.这可以用另一种说法表明,对应于某特征值的特征函数构成线性流形[4].

因为已证明特征值的实数性质,我们可以认为一切特征函数也是实的[4]. 这时前面得到的等式(137)说明:对应于不同特征值的任何两个特征函数互相正交.

任何特征值 λ 都有有限个线性无关的特征函数和它对应[10]. 可应用正交化方法到这些函数,因此可认为这些函数是两两正交且标准的. 前面我们已经见过对应于不同特征值的特征函数是互相正交的. 于是,可认为一切特征函数是两两正交且标准的.

其次我们知道,在 λ 的任何有限变动区间上只可找到有限个特征值. 根据这一点,我们可将一切特征值按照它们的绝对值不减少的次序排列

$$|\lambda_1| \leqslant |\lambda_2| \leqslant |\lambda_3| \leqslant \cdots \tag{138}$$

如果特征值的个数是无限的,那么当 $n \to \infty$ 时,$|\lambda_n| \to +\infty$,且任何特征值出现在写出数列中的次数等于它的秩[4](对应于它的线性无关的特征函数的个

数).因而一切特征函数也可排列为

$$\varphi_1(s), \varphi_2(s), \varphi_3(s), \cdots \tag{139}$$

并且由上述情形可把它们看作是正交的且标准的实函数系.

系(139)称为核 $K(s,t)$ 或它的对应积分方程的特征函数系.

对于特征函数我们有

$$\frac{\varphi_k(s)}{\lambda_k} = \int_a^b K(s,t)\varphi_k(t)\mathrm{d}t \tag{139'}$$

从而看出,这式的左端可视作核 $K(s,t)$ 关于正交标准系(139)的傅里叶系数. 贝塞尔不等式给出

$$\sum_{k=1}^n \left[\frac{\varphi_k(s)}{\lambda_k}\right]^2 \leqslant \int_a^b [K(s,t)]^2 \mathrm{d}t \tag{140}$$

对 s 积分,得

$$\sum_{k=1}^n \frac{1}{\lambda_k^2} \leqslant \int_a^b \int_a^b [K(s,t)]^2 \mathrm{d}t\mathrm{d}s \tag{141}$$

若特征值的个数是无限的,则取极限有

$$\sum_{k=1}^\infty \frac{1}{\lambda_k^2} \leqslant \int_a^b \int_a^b [K(s,t)]^2 \mathrm{d}t\mathrm{d}s \tag{142}$$

对于在[17]中前面的一切叙述所说的那样类型的核,包括关于在变量的任何有限区间内有有限个特征值的断言,也是正确的.

事实上,证明中唯一重要因素是公式(136)的右端两积分中一个积分次序的交换,而这样交换对于[17]中提到的那样类型的无界核是有效的.

以后在有对称核的积分方程理论的叙述中,我们将假设在公式(100)中出现的 α 满足条件 $0 < \alpha < \frac{n}{2}$,而在一维情况下,它满足条件 $0 < \alpha < \frac{1}{2}$. 这样的核称为弱极性的. 在更广泛的假设 $0 < \alpha < n$ 下,理论基本上也保持有效,但在这广泛情况下,理论的阐明用勒贝格积分来讲更加自然,我们将在卷五中讲述. 在数学物理的应用中所实现的条件是 $0 < \alpha < \frac{n}{2}$. 我们注意,在叙述基本定理 14 时,我们是限制在条件 $0 < \alpha < \frac{n}{2}$ 下的. 对于弱极性核有

$$[K(s,t)]^2 \leqslant \frac{C^2}{|s-t|^{2\alpha}} \quad (2\alpha < 1)$$

把[17]开始部分的证明再对一维情况重复做一次,我们将看到,积分

$$\int_a^b [K(s,t)]^2 \mathrm{d}t$$

有意义,且不大于某确定正数 M,即

$$\int_a^b [K(s,t)]^2 dt < M \tag{143}$$

完全与[8]中一样,可证在任何有限区间$[-L,+L]$内仅含有限个不同的特征值.

于是对于弱极性核也有(138)及(139).以后一切证明都先对连续核然后对弱极性核来引出.

22. 关于特征函数的展开式

一切特征函数(139)的全体可能不成为完整系.例如,对于对称退化核就有这种情况,这时特征值的个数为有限.对于连续函数 $F(s)$ 或甚至具有如[14]中指出的不连续性的不连续函数可建立关于(139)中的函数系的傅里叶级数,但没有任何根据肯定这级数是收敛的.甚至即使它在区间$[a,b]$内是一致收敛的,也不能肯定它的和等于 $F(s)$,因为函数(139)可能不成为完整系,而在[3]中证明了的命题不适用.现在先讲核 $K(s,t)$ 的傅里叶级数的作法,而把这核看作是 t 的函数.

我们已见到,核的傅里叶系数等于比值 $\varphi_k(s):\lambda_k$,于是傅里叶级数有如下形式

$$\sum_k \frac{\varphi_k(s)\varphi_k(t)}{\lambda_k} \tag{144}$$

且和是对于 k 而取的,若特征值的个数无限,k 取到无穷大,或者,k 取到有限数,而等于(139)中一切特征函数的个数.

我们指出,级数(144)可以看作在 k_0 内确定的核 $K(s,t)$ 关于函数 $\varphi_k(s)\varphi_l(t)(k,l=1,2,\cdots)$ 的傅里叶级数,不难验证,这些函数在 k_0 内成为正交标准系.这时

$$\iint_{k_0} K(s,t)\varphi_k(s)\varphi_l(t)dsdt = \frac{1}{\lambda_k}\int_a^b \varphi_k(s)\varphi_l(s)ds = \begin{cases} 0,\text{当}\ k\neq l \\ \dfrac{1}{\lambda_k},\text{当}\ k=l \end{cases}$$

级数(144)具有这样可注意的性质,如果它在 k_0 内一致收敛,那么它的和就等于核,亦即在这种情况下函数系的不完整性无损于这个事实.因为当级数(144)一致收敛时,它的和是在正方形 k_0 内的连续函数,所以在证明上述性质时自然要假设核的连续性.

定理 15 若核是连续的且级数(144)在 k_0 内一致收敛,则它的和在 k_0 内等于核,亦即

$$K(s,t) = \sum_k \frac{\varphi_k(s)\varphi_k(t)}{\lambda_k} \tag{145}$$

考虑差

$$\omega(s,t) = K(s,t) - \sum_{k=1}^{\infty} \frac{\varphi_k(s)\varphi_k(t)}{\lambda_k}$$

它是在 k_0 内的连续对称函数. 如果固定 s, 且视 $\omega(s,t)$ 为在区间 $[a,b]$ 内 t 的函数, 那么它关于函数系 $\varphi_k(t)$ 的傅里叶系数等于零[3], 即

$$\int_a^b \omega(s,t)\varphi_k(t)\mathrm{d}t = 0 \quad (k=1,2,\cdots) \tag{146}$$

我们必须证明 $\omega(s,t)$ 在正方形 k_0 内恒等于零. 用反证法来证明这个事实. 设函数 $\omega(s,t)$ 在正方形 k_0 内不恒等于零, 且取它为积分方程

$$\psi(s) = \lambda \int_a^b \omega(s,t)\psi(t)\mathrm{d}t$$

的核. 由于在上一节中所述的基本定理, 这个方程至少必有一个特征值 λ_0, 它对应于不恒等于零的某特征函数 $\psi_0(s)$, 有

$$\psi_0(s) = \lambda_0 \int_a^b \omega(s,t)\psi_0(t)\mathrm{d}t \tag{147}$$

我们证明, 这个函数 $\psi_0(s)$ 应与核 $K(s,t)$ 的一切特征函数 $\varphi_k(s)$ 正交. 事实上, 将(146)的两端乘以 $\lambda_0\psi_0(s)$ 且对 s 积分, 得

$$\lambda_0 \int_a^b \int_a^b \omega(s,t)\psi_0(s)\varphi_k(t)\mathrm{d}s\mathrm{d}t = 0$$

由于(147)及 $\omega(s,t)$ 的对称性, 因此有

$$\int_a^b \psi_0(t)\varphi_k(t)\mathrm{d}t = 0 \quad (k=1,2,\cdots) \tag{148}$$

我们可写(147)为以下形式

$$\psi_0(s) = \lambda_0 \int_a^b \left[K(s,t) - \sum_{k=1}^{\infty} \frac{\varphi_k(s)\varphi_k(t)}{\lambda_k} \right] \psi_0(t)\mathrm{d}t$$

注意由级数(144)的一致收敛性及公式(148), 得

$$\psi_0(s) = \lambda_0 \int_a^b K(s,t)\psi_0(t)\mathrm{d}t$$

亦即函数 $\psi_0(s)$ 应是原来核 $K(s,t)$ 的特征函数. 因此它应是对应于特征值 λ_0 的那些特征函数 $\varphi_k(s)$ 的线性组合.

但这是不可能的, 因为 $\psi_0(s)$ 及一切 $\varphi_k(s)$ 成为正交系, 而正交函数系不是线性相关的[3]. 这矛盾指出 $\omega(s,t)$ 不恒等于零的假设是不正确的, 亦即在 k_0 内 $\omega(s,t) \equiv 0$, 也就是公式(145)成立.

在核 $K(s,t)$ 是弱极性的假设下证明可以重演, 但这时从公式(145)知, 核

$K(s,t)$ 在 k_0 内应是连续函数,亦即对于弱极性的无界核,级数(144)在 k_0 内不可能一致收敛.

如果核有有限个特征值,那么级数(144)由有限项构成,且前面的证明完全保持有效,亦即有

$$K(s,t) = \sum_{k=1}^{m} \frac{\varphi_k(s)\varphi_k(t)}{\lambda_k} \tag{149}$$

其中 m 是在序列(138)中特征值的个数.

公式(149)指出 $K(s,t)$ 是退化核.于是,一方面,如以前见过的,退化核(在所给情况下它是对称的)有有限个特征值,且另一方面,如我们刚才指出的,若对称核有有限个特征值,则它是退化核.

这样一来,在连续对称核的情况下,特征值个数的有限性是核的退化性的必要且充分条件.

现在转到任何函数 $F(s)$ 关于特征函数(139)的傅里叶级数的建立.预先引入下面一个新概念.如果级数

$$\sum_{k=1}^{\infty} |f_k(x)|$$

在变量 x 的某区域内一致收敛,那么就说级数

$$\sum_{k=1}^{\infty} f_k(x) \tag{150}$$

在这区域内是正规收敛的.从正规收敛性显然推出级数的绝对收敛性.其次,有

$$\left|\sum_{k=n}^{n+p} f_k(x)\right| \leqslant \sum_{k=n}^{n+p} |f_k(x)|$$

从正规收敛性推知,对于任给正数 ε,存在这样的数 N,当 $n>N$,对任何 $p>0$ 及在所指区域内的任何 x,写出的不等式的右端小于 ε.不等式的左端这时更加小于 ε,亦即从正规收敛性不仅推出绝对收敛而且也推出一致收敛.

如果级数的项的绝对值不大于某些正数,即 $|f_k(x)| \leqslant a_k$,且由这些数所组成的级数收敛,那么级数(150)显然正规收敛.然而从正规收敛性不能推出数 a_k 的存在.如果这些数 a_k 存在,那么这时称级数是正常收敛的.于是,从正常收敛性推得正规收敛性,且从正规收敛性推出这级数的绝对且一致收敛性.

存在某连续函数类,这类中的函数关于函数(139)的傅里叶级数在区间 $[a,b]$ 内正规收敛.这类函数叫作可用核来表示的函数.

定义 3 连续实函数 $F(s)$ 称为可用核来表示的函数,如果存在这样的在 $[a,b]$ 内连续的实函数 $h(t)$(或具有有限个不连续点的有界函数),使

$$F(s)=\int_a^b K(s,t)h(t)\mathrm{d}t \tag{151}$$

这里的核 $K(s,t)$ 可假定是连续的或是弱极性的.

定理 16 可用核表示的任何函数关于函数(139)的傅里叶级数在区间 $[a,b]$ 内正规收敛.

用 h_k 记作函数 $h(t)$ 的傅里叶系数,有

$$h_k=\int_a^b h(t)\varphi_k(t)\mathrm{d}t$$

且确定函数(151)的傅里叶系数 F_k 为

$$F_k=\int_a^b F(s)\varphi_k(s)\mathrm{d}s=\int_a^b\left[\int_a^b K(s,t)h(t)\mathrm{d}t\right]\varphi_k(s)\mathrm{d}s$$

或交换积分的次序且应用核的对称性,有

$$F_k=\int_a^b\left[\int_a^b K(t,s)\varphi_k(s)\mathrm{d}s\right]h(t)\mathrm{d}t$$

从而,由于(139′),得

$$F_k=\frac{h_k}{\lambda_k} \tag{152}$$

于是,函数(151)的傅里叶级数有形式

$$\sum_{k=1}^\infty \frac{h_k}{\lambda_k}\varphi_k(s) \tag{153}$$

这时我们认为特征值的个数是无限的.按照柯西不等式,有

$$\sum_{k=n}^{n+p}\left|\frac{h_k}{\lambda_k}\varphi_k(s)\right|\leqslant\sqrt{\sum_{k=n}^{n+p}h_k^2}\sqrt{\sum_{k=n}^{n+p}\left[\frac{\varphi_k(s)}{\lambda_k}\right]^2} \tag{154}$$

转到不等式(140),它对于任何数 n 成立.注意(140)的左端的项是正的,我们可断言,对于任何 n 及 p,有

$$\sum_{k=n}^{n+p}\left[\frac{\varphi_k(s)}{\lambda_k}\right]^2\leqslant\int_a^b[K(s,t)]^2\mathrm{d}t$$

右端的积分无论对于连续核或对于弱极性核总不大于某正数 M,亦即

$$\sum_{k=n}^{n+p}\left[\frac{\varphi_k(s)}{\lambda_k}\right]^2\leqslant M$$

且从(154)得出

$$\sum_{k=n}^{n+p}\left|\frac{h_k}{\lambda_k}\varphi_k(s)\right|\leqslant\sqrt{M}\sqrt{\sum_{k=n}^{n+p}h_k^2}$$

因为傅里叶系数的平方 h_k^2 作成收敛级数[3],所以当 n 无限增加时,对任意 $p>0$,右端的和趋于零.还注意右端不依赖于 s,我们可断言,级数

$$\sum_{k=1}^{\infty}\left|\frac{h_k}{\lambda_k}\varphi_k(s)\right|$$

在$[a,b]$内一致收敛,因而定理 16 得证.

由于函数系(139)可能是不完整的,我们不能没有补充证明就肯定级数(153)的和等于$F(s)$.但可以证明事情确实是这样,也就是成立下面基本定理:

定理 17　用核表示的任何函数$F(s)$关于函数(139)的傅里叶级数的和等于$F(s)$,或换句话说,用核表示的一切函数,能展开为关于函数(139)的傅里叶级数,这级数在区间$[a,b]$内正规收敛.

这个定理通常称为希尔伯特—施密特定理,它无论对于连续核或对于弱极性核总是正确的.关于特征值的存在定理 14 和这个定理我们将在后面给以证明.

如果连续核的傅里叶级数(144)在k_0内一致收敛,那么定理 17 的证明十分简单.

事实上,将(145)的两端乘以$h(t)$且对t积分,得

$$F(s)=\int_a^b K(s,t)h(t)\mathrm{d}t=\sum_{k=1}^{\infty}\frac{\varphi_k(s)}{\lambda_k}\int_a^b\varphi_k(t)h(t)\mathrm{d}t$$

亦即

$$F(s)=\sum_{k=1}^{\infty}\frac{\varphi_k(s)}{\lambda_k}h_k$$

这就给出了定理 17.

注意 5　正交标准实函数系(139)的选取可以有一定的任意性.如果一切特征值是简单的,亦即它们的秩都是等于 1 的,那么所说任意性只不过是每一特征函数$\varphi_k(s)$可改变它的正负号.考虑多重特征值的情况.例如,若特征值λ_1的秩等于3,于是$\lambda_1=\lambda_2=\lambda_3$,则可用另外三个函数来替代$\varphi_1(s),\varphi_2(s),\varphi_3(s)$,这另外三个函数是$\varphi_1(s),\varphi_2(s),\varphi_3(s)$经任何线性正交变换后得来的.

若c_1,c_2,c_3是任何函数$F(s)$关于$\varphi_1(s),\varphi_2(s),\varphi_3(s)$的傅里叶系数,则不难证明,和

$$c_1\varphi_1(s)+c_2\varphi_2(s)+c_3\varphi_3(s)$$

对于任意选取的函数$\varphi_1(s),\varphi_2(s),\varphi_3(s)$保持数值不变.

上面指出的一些定理对于任意选取的系(139)当然成立.

23. 狄尼定理

本段中将证明在以后将用到的一个辅助定理.是由意大利数学家狄尼首先

证明的.

定理 18 若级数
$$\sum_{k=1}^{\infty} f_k(x) \tag{155}$$
的一切项都是在区间 $[a,b]$ 内的非负连续函数,级数在这区间内的任何点收敛且它的和是在所提到的区间内的连续函数,则级数(155)在 $[a,b]$ 内一致收敛.

以 $R_n(x)$ 记作级数(155)的余项,有
$$R_n(x) = \sum_{k=n+1}^{\infty} f_k(x)$$
按条件,因为级数的项及级数的和都是连续函数,所以函数 $R_n(x)$ 也将是在区间 $[a,b]$ 内的连续函数. 对于任意固定的 x,当 n 增加时,它是不能增加的,因为级数的项是非负的,亦即 $R_{n+1}(x) \leqslant R_n(x)$. 用 m_n 记作非负连续函数 $R_n(x)$ 在区间 $[a,b]$ 内所取的最大值,且设 ξ_n 是这区间上这样的点,在这点 $R_n(x)$ 达到最大值,亦即 $m_n = R_n(\xi_n)$. 我们证明,当 n 增加时,m_n 是不能增加的,亦即 $m_{n+1} \leqslant m_n$. 事实上,$m_{n+1} = R_{n+1}(\xi_{n+1}) \leqslant R_n(\xi_{n+1})$. 但 $R_n(\xi_{n+1})$ 不大于函数 $R_n(x)$ 在区间 $[a,b]$ 内的最大值 m_n,从而得出 $m_{n+1} \leqslant m_n$. 不增加的正数列 m_n 必有极限,这极限可能是零或正数,若这极限是零,则保证了级数(155)的一致收敛性,因为它的余项的最大值当 $n \to \infty$ 时趋于零. 剩下要证明的是数 m_n 的极限不可能是正数. 我们用反证法. 前面已经见到,一切数 ξ_n 都在有限区间 $[a,b]$ 内,因此在这区间内至少存在一个这些数的极限点 $x=c$ [Ⅱ;89],亦即至少有一个这样的点,在它的任意小邻域内可找到无限多个数 ξ_n. 按条件,在点 $x=c$ 处级数是收敛的,因此可固定这样充分大的下标 N,使 $R_N(c) < \dfrac{l}{2}$,其中 l 记作数列 m_n 的假想的正极限. 因为 $R_N(x)$ 是连续函数,所以我们可以找到点 ξ_n,当 $n>N$ 时,它与点 c 这样逼近,使在这点 ξ_n,不等式 $R_N(\xi_n) < \dfrac{l}{2}$ 是保持的. 若按条件 $n>N$,则有 $m_n = R_n(\xi_n) \leqslant R_N(\xi_n)$,亦即,$m_n < \dfrac{l}{2}$,而这是与不增加的数列 m_n 趋于极限 l 相矛盾的. 有了这样的矛盾,因而狄尼定理得证.

我们知道,若级数的项是连续函数且级数一致收敛,则它的和也是连续函数. 在一般情况下,逆定理是不正确的,亦即从和的连续性不能断定级数的一致收敛性. 狄尼定理所肯定的是,若级数的项不仅连续,而且是非负函数,则肯定逆定理的成立,亦即从和的连续性推出级数的一致收敛性.

24. 二次叠核的展开式

在最近的四段中将假设核是连续的. 因此一切叠核也是连续的. 从公式

$$K_2(s,t) = \int_a^b K(s,t_1)K(t_1,t)\mathrm{d}t_1 \tag{156}$$

我们看出, 若把 $K_2(s,t)$ 看作 s 的函数, 则它是可用核表示的, 且函数 $K(t_1,t) = K(t,t_1)$ 起了 $h(t_1)$ 的作用, 而 t 是参数. 前面已经见过, $K(t,t_1)$ 关于函数系 (139) 的傅里叶系数等于 $\varphi_k(t) : \lambda_k$, 因而由定理 17 给出

$$K_2(s,t) = \sum_{k=1}^{\infty} \frac{\varphi_k(s)\varphi_k(t)}{\lambda_k^2} \tag{157}$$

对于 $[a,b]$ 内的任何 s 及相同区间内的任何 t 这公式已经证明是成立的(根据定理 17), 亦即这公式在整个正方形 k_0 内是成立的.

回忆公式 [5]

$$K_n(s,t) = \int_a^b K(s,t_1)K_{n-1}(t_1,t)\mathrm{d}t_1 \tag{158}$$

从 (152) 得出, 如果把 $K_n(s,t)$ 看作 s 的函数, 那么它的傅里叶系数等于 $K_{n-1}(t_1,t)$ 的傅里叶系数除以 λ_k, 这里 $K_{n-1}(t_1,t)$ 视作 t_1 的函数. $K(s,t)$ 的系数是 $\frac{\varphi_k(t)}{\lambda_k}$, $K_2(s,t)$ 的系数是 $\frac{\varphi_k(t)}{\lambda_k^2}$, 依此类推. 一般地, $K_n(s,t)$ 的系数是 $\frac{\varphi_k(t)}{\lambda_k^n}$, 且由定理 17 给出

$$K_n(s,t) = \sum_{k=1}^{\infty} \frac{\varphi_k(s)\varphi_k(t)}{\lambda_k^n} \quad (n=2,3,\cdots) \tag{159}$$

并且也和前面一样, 级数在 k_0 内收敛. 我们将研究这些级数的收敛情况.

由于定理 17, 我们可以肯定的写出这些级数在区间 $[a,b]$ 内对于变量 s 的正规收敛性, 而 t 是在相同区间内的任一固定值. 由于对称性, 我们将有在固定 s 时对于变量 t 的正规收敛性. 我们证明, 这些级数在正方形 k_0 内对于两个变量是正规收敛的. 只需引出对于级数 (157) 的证明. 对于其余的级数 (当 $n>2$ 时) 证明更加保持有效, 因为 $|\lambda_n| \to +\infty$. 应用显明的不等式

$$\left| \frac{\varphi_k(s)\varphi_k(t)}{\lambda_k^2} \right| \leqslant \frac{1}{2}\left[\frac{\varphi_k^2(s)}{\lambda_k^2} + \frac{\varphi_k^2(t)}{\lambda_k^2} \right]$$

我们看出, 只需证明级数 $\sum_{k=1}^{\infty} \frac{\varphi_k^2(s)}{\lambda_k^2}$ 在区间 $[a,b]$ 内是一致收敛的. 这个最后级数从级数 (157) 取 $t=s$ 可获得, 因而它的和等于

$$\sum_{k=1}^{\infty} \frac{\varphi_k^2(s)}{\lambda_k^2} = K_2(s,s)$$

所写级数的项都是非负连续函数，它的和是在区间$[a,b]$内的连续函数，因此这个级数的一致收敛性立即从狄尼定理推出.

现在从所得公式来引出一些结果. 在公式(159)中设$t=s$且对s积分，注意到函数$\varphi_k(s)$的标准性，我们得到所谓叠核的迹的表达式，它是由基本核的特征值表示出的

$$\int_a^b K_n(s,s)\mathrm{d}s = \sum_{k=1}^{\infty} \frac{1}{\lambda_k^n} \qquad (160)$$

注意到(156)，可以写出

$$\int_a^b K_2(s,s)\mathrm{d}s = \int_a^b\int_a^b [K(s,t)]^2 \mathrm{d}s\mathrm{d}t$$

于是当$n=2$时可由公式(160)导出等式

$$\sum_{k=1}^{\infty} \frac{1}{\lambda_k^2} = \int_a^b\int_a^b [K(s,t)]^2 \mathrm{d}s\mathrm{d}t \qquad (161)$$

我们回忆，在这以前只证明了不等式(142).

公式(159)在$n=1$时可能是不正确的. 但现在我们证明，对于在$[a,b]$内任何固定值s，有

$$\lim_{n\to+\infty}\int_a^b \left[K(s,t) - \sum_{k=1}^{n} \frac{\varphi_k(s)\varphi_k(t)}{\lambda_k}\right]^2 \mathrm{d}t = 0 \qquad (162)$$

并且关于s一致收敛于零. 公式(162)指出，当把$K(s,t)$用它的傅里叶级数的部分和替代时，所得的平方中值误差当$n\to\infty$时趋于零. 转到我们断言的证明. 考虑$K(s,t)$为t的函数，对于它我们有傅里叶系数$\varphi_k(s)\colon\lambda_k$，且公式(23)给出

$$\int_a^b \left[K(s,t) - \sum_{k=1}^n \frac{\varphi_k(s)\varphi_k(t)}{\lambda_k}\right]^2 \mathrm{d}t = \int_a^b [K(s,t)]^2 \mathrm{d}t - \sum_{k=1}^n \frac{\varphi_k^2(s)}{\lambda_k^2}$$

但我们见到过

$$\int_a^b [K(s,t)]^2 \mathrm{d}t = K_2(s,s)$$

然而按照(157)，有

$$\sum_{k=1}^n \frac{\varphi_k^2(s)}{\lambda_k^2} \to K_2(s,s)$$

此外，上面已经见过，这收敛性关于s是一致的. 由此得出的结论是，表达式(162)关于s一致收敛于零. 更加有

$$\int_a^b\int_a^b \left[K(s,t) - \sum_{k=1}^n \frac{\varphi_k(s)\varphi_k(t)}{\lambda_k}\right]^2 \mathrm{d}s\mathrm{d}t \to 0$$

设级数(144)在区间$[a,b]$内对于任意固定值s关于t一致收敛,且用$K^*(s,t)$记作这级数的和.在公式(162)中的积分号下取极限,有

$$\int_a^b[K(s,t)-K^*(s,t)]^2\mathrm{d}t=0$$

从而立即得出$K^*(s,t)=K(s,t)$,也就是,对于公式(145)的证明不需假设级数在正方形k_0内关于两个变量的一致收敛性,而只需设级数关于两变量之一是一致收敛的,而另一变量取任何固定值.

把差

$$\omega_n(s,t)=K(s,t)-\sum_{k=1}^n\frac{\varphi_k(s)\varphi_k(t)}{\lambda_k} \qquad (163)$$

看作某积分方程

$$\varphi(s)=\lambda\int_a^b\omega_n(s,t)\varphi(t)\mathrm{d}t \qquad (164)$$

的核,且证明$\lambda_{n+1},\lambda_{n+2},\cdots$及函数$\varphi_{n+1}(s),\varphi_{n+2}(s),\cdots$是方程(164)的特征值及特征函数的全体.将(163)的两端乘以$\lambda_m\varphi_m(t)$,其中$m>n$,且对t积分.注意到函数$\varphi_p(t)$的正交性,得

$$\lambda_m\int_a^b\omega_n(s,t)\varphi_m(t)\mathrm{d}t=\lambda_m\int_a^bK(s,t)\varphi_m(t)\mathrm{d}t$$

或者注意$\varphi_m(s)$是$K(s,t)$的对应于特征值λ_m的特征函数,则有

$$\lambda_m\int_a^b\omega_n(s,t)\varphi_m(t)\mathrm{d}t=\varphi_m(s)$$

于是我们看出,当$m>n$时,方程(164)有与基本方程相同的特征值λ_m及对应的特征函数$\varphi_m(s)$.剩下要证的是,这是方程(164)的特征值及特征函数的完全系.将(163)的两端乘以$\varphi_m(s)$,其中$m\leqslant n$.注意到函数$\varphi_p(s)$的正交性及标准性,得

$$\int_a^b\omega_n(s,t)\varphi_m(s)\mathrm{d}s=\int_a^bK(s,t)\varphi_m(s)\mathrm{d}s-\frac{\varphi_m(t)}{\lambda_m}$$

因$\varphi_m(t)$是核$K(s,t)$的对应于特征值λ_m的特征函数,故右端的差等于零,亦即

$$\int_a^b\omega_n(s,t)\varphi_m(s)\mathrm{d}s=0 \quad (m\leqslant n) \qquad (165)$$

设λ是方程(164)的某特征值,而$\varphi(s)$是对应的特征函数.将(164)的两端乘以$\varphi_m(s)$并注意(165),得

$$\int_a^b\varphi(s)\varphi_m(s)\mathrm{d}s=0 \quad (m\leqslant n) \qquad (166)$$

在方程(164)中代入$\omega_n(s,t)$的表达式(163),并注意(165),可将(164)写作如

下形式

$$\varphi(s) = \lambda \int_a^b K(s,t)\varphi(t)\mathrm{d}t$$

亦即，$\varphi(s)$ 也是基本核的特征函数，此外，由于 (166)，当 $m \leqslant n$ 时，$\varphi(s)$ 与 $\varphi_m(s)$ 正交，由此推出，对应的特征值 λ 与 $\lambda_k (k > n)$ 中的一个重合，于是 $\varphi(s)$ 是函数 $\varphi_k(s) (k > n)$ 中的一个，或者在特征值的秩大于 1 的情况下，$\varphi(s)$ 是它们的线性组合. 于是，关于核 $\omega_n(s,t)$ 的特征函数的断言得证.

从公式 (159) 得出，核 $K_n(s,t)$ 是对称的. 这结果也可直接从它们的定义获得. 作齐次积分方程

$$\varphi(s) = \lambda \int_a^b K_n(s,t)\varphi(t)\mathrm{d}t \tag{167}$$

应用级数的一致收敛性，不难验证 λ_k^n 都是方程 (167) 的特征值，而 $\varphi_k(s)$ 是对应的特征函数. 我们证明，这方程没有别的特征值及特征函数. 若存在特征值 λ，不同于一切 λ_k^n，则对应的特征函数应与一切 $\varphi_k(s)$ 正交，亦即

$$\int_a^b \varphi_k(t)\mathrm{d}t = 0 \quad (k = 1, 2, \cdots)$$

但其实由 (159) 知，(167) 的右端对于任何 s 总是等于零的，亦即 $\varphi(s)$ 恒等于零，这是荒谬的. 现在设特征值 λ 与一个或几个 λ_k^n 重合. 我们必须证明，$\varphi(s)$ 是对应的 $\varphi_k(s)$ 的线性组合. 如果不是这样，亦即 $\varphi(s)$ 和提到的 $\varphi_k(s)$ 线性无关，采用正交化方法，那么就可建立不恒等于零的 $\varphi(s)$ 与提到的一切函数 $\varphi_k(s)$ 正交. 这个函数也与其余的 $\varphi_k(x)$ 正交，因为这些其余的 $\varphi_k(x)$ 对应于其他特征值.

于是，$\varphi(s)$ 与一切 $\varphi_k(s)$ 正交，因而像前面已经证明过的，$\varphi(s)$ 恒等于零，这是荒谬的.

因此，λ_k^n 及 $\varphi_k(s) (k = 1, 2, \cdots)$ 是核 $K_n(s,t)$ 的特征值及特征函数的完全组.

若在确定特征值及特征函数的基本方程

$$\varphi(s) = \lambda \int_a^b K(s,t)\varphi(t)\mathrm{d}t$$

中，将两端除以 λ，然后令 $\lambda = \infty$，则得方程

$$\int_a^b K(s,t)\varphi(t)\mathrm{d}t = 0 \quad (s \text{ 是 } [a,b] \text{ 内任意值}) \tag{168}$$

亦即，形式地讲，方程 (168) 确定了对应于特征值 $\lambda = \infty$ 的特征函数（如果它们存在的话）.

定义 4 若连续函数 $\varphi(t)$ 对于 $[a,b]$ 内任何 s 满足方程(168)，则称 $\varphi(t)$ 与核正交．

我们证明下述定理：

定理 19 连续函数 $\varphi(t)$ 与核正交的必要且充分条件是，它与核的一切特征函数正交．

我们必须证明，(168) 和关系式

$$\int_a^b \varphi_k(t)\varphi(t)\mathrm{d}t = 0 \quad (k=1,2,\cdots) \tag{169}$$

是等价的．

首先证明从(168)得出(169)．为了这样，将(168)的两端乘以 $\varphi_k(s)$ 且对 s 积分．变换积分的次序且利用核的对称性，得

$$\int_a^b \left[\int_a^b K(t,s)\varphi_k(s)\mathrm{d}s\right]\varphi(t)\mathrm{d}t = 0$$

或

$$\lambda_k \int_a^b \varphi_k(t)\varphi(t)\mathrm{d}t = 0$$

从而得出(169)．

现在证明从(169)得出(168)．注意(157)及级数的一致收敛性，得

$$\int_a^b K_2(t,s)\varphi(s)\mathrm{d}s = 0$$

将两端乘以 $\varphi(t)$ 且对 t 积分，得

$$\int_a^b \int_a^b K_2(t,s)\varphi(s)\varphi(t)\mathrm{d}s\mathrm{d}t = 0$$

其中积分的次序是没有关系的．

利用(156)，可把这式改写作

$$\int_a^b \int_a^b \int_a^b K(t,t_1)K(t_1,s)\varphi(s)\varphi(t)\mathrm{d}s\mathrm{d}t\mathrm{d}t_1 = 0 \tag{170}$$

或利用核的对称性，得

$$\int_a^b \left[\int_a^b K(t_1,t)\varphi(t)\mathrm{d}t\right]\left[\int_a^b K(t_1,s)\varphi(s)\mathrm{d}s\right]\mathrm{d}t_1 = 0$$

在方括号内的两个积分是相同的，亦即

$$\int_a^b \left[\int_a^b K(t_1,s)\varphi(s)\mathrm{d}s\right]^2 \mathrm{d}t_1 = 0$$

从而推出[3]

$$\int_a^b K(t_1,s)\varphi(s)\mathrm{d}s = 0 \quad (t_1 是[a,b] 内任意值)$$

亦即得到(168).

25. 对称核的分类

设 $p(s)$ 及 $q(s)$ 是在区间 $[a,b]$ 内连续的两个函数. 作二重积分

$$\int_a^b \int_a^b K(s,t) p(s) q(t) \mathrm{d}s \mathrm{d}t$$

它类似于在 $[\mathrm{III}_1;40]$ 中所考察的双线性型

$$\sum_{i,k=1}^n a_{ik} x_i y_k \quad (a_{ik} \text{ 是实数}, a_{ki}=a_{ik})$$

应用定理 17，得

$$\int_a^b K(s,t) q(t) \mathrm{d}t = \sum_{k=1}^\infty \frac{q_k}{\lambda_k} \varphi_k(s)$$

其中 q_k 是函数 $q(t)$ 的傅里叶系数，且右端的级数正规收敛. 将两端乘以 $p(s)$，对 s 积分，且用 p_k 记作函数 $p(s)$ 的傅里叶系数，得到下面的积分表示式

$$\int_a^b \int_a^b K(s,t) p(s) q(t) \mathrm{d}s \mathrm{d}t = \sum_{k=1}^\infty \frac{p_k q_k}{\lambda_k} \tag{171}$$

且右端的级数绝对收敛. 当 $q(s) \equiv p(s)$ 时，得到类似二次型的式子

$$J = \int_a^b \int_a^b K(s,t) p(s) p(t) \mathrm{d}s \mathrm{d}t = \sum_{k=1}^\infty \frac{p_k^2}{\lambda_k} \tag{172}$$

这个公式是作为对称核的分类的基础(参阅 $[\mathrm{III}_1;35]$). 若对于任意选取的连续函数 $p(s)$，积分

$$\int_a^b \int_a^b K(s,t) p(s) p(t) \mathrm{d}s \mathrm{d}t \tag{173}$$

不是负的，则核 $K(s,t)$ 叫作正的. 如果一切特征值 λ_k 是正的，那么从公式(172)立即推出核在上述意义下是正的. 现在设即使只有一个负特征值，便可证明这时核不能是正的. 事实上，例如设 $\lambda_1 < 0$，且在公式(172)中代 $p(s)$ 以 $\varphi_1(s)$. 由于函数 $\varphi_k(s)$ 的正交性及标准性，这时 $p_1 = 1$，而其余的 p_k 都等于零，因此等式(172)的右端变为 $\frac{1}{\lambda_1}$，因而是负的. 于是可以看出，核的正性与这核的一切特征值的正性两件事是等价的.

类似地，若对于任意选取的连续函数 $p(s)$，$J \leqslant 0$，则核 $K(s,t)$ 叫作负的. 完全和上面一样，可以证明核的负性与这核的一切特征值的负性两件事等价. 还引用一个新概念. 若不存在任何不恒等于零的连续函数与核 $K(s,t)$ 的一切特征函数正交，则这个核 $K(s,t)$ 叫作在连续函数类中完全的，或简单地叫作完全的. 亦即，由于[24]中的定理 19，若不存在任何不恒等于零的连续函数与核

正交,则这个核叫作完全的. 换句话说,完全核归到这样要求,它使积分方程(168)除了零解外没有任何连续解. 我们可以说,完全核归到这样要求,使值 $\lambda=\infty$ 不对应于任何连续特征函数.

设 $K(s,t)$ 是正核,亦即一切数 λ_k 都是正的. 这时公式(172)的右端只在函数 $p(s)$ 的一切傅里叶系数 p_k 都等于零时才变为零,亦即如果函数 $p(s)$ 与核的一切特征函数正交时它才变为零. 对于完全核,这样不恒等于零的连续函数 $p(s)$ 不存在,因而对于正完全核,我们可肯定对于任何不恒等于零的连续函数,积分(172)将是严格正的. 反之,如果对于任何不恒等于零的连续函数,使积分 $J>0$,那么我们可肯定核是完全的. 如果对于任何不恒等于零的连续函数使 $J>0$,那么核叫作正定的. 从前面的讨论显示出,当且仅当正核是完全时,它是正定的. 类似情况,若对于任何不恒等于零的连续函数 $p(s)$,有 $J<0$,则核叫作负定. 同前面一样,可能证明,当且仅当负核是完全时,它是负定的.

设核 $K(s,t)$ 的特征函数 $\varphi_k(s)$ 作成完整函数系[3]. 在这情况下,我们知道不存在不恒等于零的连续函数与一切 $\varphi_k(s)$ 正交,亦即从特征函数系的完整性推出核的完全性. 这断言的反面是不正确的,亦即如果核是完全的,却不能由此推出它的特征函数系在[3]中确定的意义下是完整的.

能够作出一个完全核,而它的特征函数系不是完整的. 对于这样的核方程(168)没有连续解,但一定有些解,它们是不连续函数. 利用我们将在以后说到的新积分概念,且考察比连续函数更加广泛的函数类,就可以这样来定义核的完全性,使它和特征函数系的完整性是一致的.

任何有偶数下标的叠核 $K_n(s,t)$ 有正特征值,因此它必是正核. 从二次叠核的定义推出,积分(172)对于二次叠核可写作形式

$$\int_a^b\int_a^b K_2(s,t)p(s)p(t)\mathrm{d}s\mathrm{d}t = \int_a^b\left[\int_a^b K(s,t)p(s)\mathrm{d}s\right]^2\mathrm{d}t$$

且从而立即推出,若基本核是完全核,则它的二次叠核也是完全的.

设核的特征函数系是有限的. 不难见到,这样的核不能是完全的. 事实上,容易作出次数充分大的多项式与一切特征函数正交. 例如,设只有两个特征函数 $\varphi_1(s)$ 及 $\varphi_2(s)$,我们建立二次多项式与这两个函数正交. 于是引出有三个未知数 α,β,γ 的两个齐次方程

$$\alpha\int_a^b s^2\varphi_i(s)\mathrm{d}s+\beta\int_a^b s\varphi_i(s)\mathrm{d}s+\gamma\int_a^b \varphi_i(s)\mathrm{d}s=0 \quad (i=1,2)$$

这方程组一定有不等于零的解[III$_1$;10].

26. 特征函数的极值性

对称核的特征值及特征函数具有极值性,它是与代数中关于二次型的特征值的极值性相类似的,且积分(173)起了二次型的作用.

为简单起见,首先设核是正的,亦即它的一切特征值 λ_k 是正的. 考察标准于 1 的连续函数类,亦即满足如下条件

$$\int_a^b p^2(s)\mathrm{d}s = 1 \tag{174}$$

的连续函数类,且将在这类函数中寻求这样一个函数,它使积分(173)有最大值. 我们认为正特征值排列成不减次序,亦即

$$0 < \lambda_1 \leqslant \lambda_2 \leqslant \lambda_3 \leqslant \cdots \tag{175}$$

按照贝塞尔不等式

$$\sum_{k=1}^{\infty} p_k^2 \leqslant 1$$

且注意到(175),我们可写

$$\int_a^b\int_a^b K(s,t)p(s)p(t)\mathrm{d}s\mathrm{d}t \leqslant \frac{1}{\lambda_1}\sum_{k=1}^{\infty} p_k^2$$

亦即在条件(174)下,对于积分(173)我们有以下估计

$$J \geqslant \frac{1}{\lambda_1}$$

若令 $p(s) = \varphi_1(s)$,在这公式中将有等号,因为在这情况下 $p_1 = 1$,而当 $k>1$ 时,$p_k = 0$,亦即在正核的情况,积分(173)的最大值在条件(174)之下等于 $\frac{1}{\lambda_1}$,且当 $p(s) = \varphi_1(s)$ 时达到这最大值.

现在提出下面的极值问题. 在标准于 1 的连续函数 $p(s)$ 且与特征函数 $\varphi_1(s)$ 正交的函数类中,亦即在下列条件下

$$\int_a^b p^2(s)\mathrm{d}s = 1, \int_a^b p(s)\varphi_1(s)\mathrm{d}s = 0 \tag{176}$$

寻求积分(173)的最大值. 由于写出的第二条件我们应认为在公式(172)中 $p_1 = 0$,且和前面的讨论完全一样,可证在正核的情况积分(173)的最大值在条件(176)下等于 $\frac{1}{\lambda_2}$,且当 $p(s) = \varphi_2(s)$ 时达到最大值. 完全相同的我们可证明,在正核的情况,积分(173)的最大值在条件

$$\int_a^b p^2(s)\mathrm{d}s = 1$$

$$\int_a^b p(s)\varphi_1(s)\mathrm{d}s = \int_a^b p(s)\varphi_2(s)\mathrm{d}s = \cdots = \int_a^b p(s)\varphi_{n-1}(s)\mathrm{d}s = 0 \quad (176')$$

之下等于 $\frac{1}{\lambda_n}$，且当 $p(s)=\varphi_n(s)$ 时达到最大值. 于是，我们可以说，正核的特征值的倒数是在函数 $p(s)$ 满足上述条件时积分(173)的一系列最大值. 同时也就确定了使积分(173)达到最大值的那些特征函数.

如果核是负的，那么我们不应讲最大值，而要讲到在条件(176′)下积分(173)的一系列最小值. 如果核的特征值有正有负，那么对于积分的一系列最大值问题导向正特征值的倒数，而对于积分(173)的最小值的问题导向负特征值的倒数. 所讲这极值问题与以前[Ⅲ₁;39]对于二次型的极值问题是完全相类似的. 此处我们得到的不是特征值本身，而是它们的倒数，这是因为参数 λ 在积分方程中所起的作用跟线性代数中的作用不同[2].

对于我们很重要的是极值问题的另一种提法，考察满足下面条件

$$\int_a^b \left[\int_a^b K(s,t)p(t)\mathrm{d}t\right]^2 \mathrm{d}s = 1 \quad (177)$$

的连续函数类 $p(s)$，亦即我们对函数类的要求，不是连续函数本身标准于1，而是它的借助于核 $K(s,t)$ 的变换标准于1. 按照定理17，我们可把变换后的函数展开为绝对且一致收敛的傅里叶级数. 由于级数的一致收敛性，被展函数与它的傅里叶级数的部分和的差的绝对值当傅里叶级数的部分和的项数增至无穷大时趋于零. 平方中值误差亦即这差的平方的积分，更加趋于零，在这情况下我们有完整性公式

$$\int_a^b \left[\int_a^b K(s,t)p(t)\mathrm{d}t\right]^2 \mathrm{d}s = \sum_{k=1}^{\infty} \frac{p_k^2}{\lambda_k^2}$$

因而条件(177)可写作形式

$$\sum_{k=1}^{\infty} \frac{p_k^2}{\lambda_k^2} = 1 \quad (178)$$

以后将假设核是正的，且将公式(172)的右端写作下面的形式

$$\sum_{k=1}^{\infty} \frac{p_k^2}{\lambda_k} = \sum_{k=1}^{\infty} \frac{p_k^2}{\lambda_k^2} \lambda_k$$

将因子 λ_k 代以最小值 λ_1 且利用条件(178)，立即得到对于公式(172)的右端的估计

$$J \geqslant \lambda_1 \quad (179)$$

若令 $p(s)=\lambda_1\varphi_1(s)$，则 $p_1=\lambda_1$，且当 $k>1$ 时 $p_k=0$，因此条件(178)已适合，且在公式(179)中我们有等号. 于是，第一个特征值 λ_1 是积分(173)在条件

(177)下的最小值.若令 $p(s)=\lambda_1\varphi_1(s)$,则这个最小值被达到.与前面所说的完全相同,可以证明,若函数 $p(s)$ 满足下面的条件

$$\int_a^b \left[\int_a^b K(s,t)p(t)\mathrm{d}t\right]^2 \mathrm{d}s = 1, \int_a^b p(s)\varphi_1(s)\mathrm{d}s = 0$$

则特征值 λ_2 是积分(173)的最小值,且若令 $p(s)=\lambda_2\varphi_2(s)$,则这个最小值被达到.

不难看出,所引出的得到特征值及特征函数的极值原理不仅适用于正核,而且也适用于有有限个负特征值的任何核,亦即它的特征值从第一个开始可按不减次序排列的任何核.我们应注意的是,例如,若 $\lambda_1=\lambda_2=\lambda_3<\lambda_4$,则在条件(176′)下积分(173)对 $p(s)=\lambda_1\varphi_1(s)$ 达到最小值,也对 $p(s)=\lambda_1\varphi_2(s)$,对 $p(s)=\lambda_1\varphi_3(s)$ 以及对于系数满足条件 $\dfrac{c_1^2+c_2^2+c_3^2}{\lambda_1^2}=1$ 的任何线性组合 $p(s)=c_1\varphi_1(s)+c_2\varphi_2(s)+c_3\varphi_3(s)$ 积分(173)也都达到最小值.这样就把给出积分的最小值的一切函数 $p(s)$ 都列举无遗.类似的注意对于上面指出的第一个极值问题也适用.

设核有有限个正特征值,且设个数等于 $(n-1)$.在条件(174)及补充的正交条件下,依次确定积分(173)的最大值,最后引到条件(177),并显示出在这些条件下积分也已不能取正值.事实上,在条件(177)下公式(172)的右端只留下负项.这时我们认为 $\lambda_1,\lambda_2,\cdots,\lambda_{n-1}$ 都是正特征值.

27. 麦色定理

前面我们已经提到过,核的傅里叶级数(144)可能是不收敛的.麦色定理肯定的是,若核为正或负,亦即若它的一切特征值有相同符号,则这级数是绝对且一致收敛.因此,若 $K(s,t)$ 是正或负连续核,则有展开式(145),且级数在正方形 k_0 内正规收敛.为确定起见,我们假设核是正的.首先证明,对于任何正核有不等式 $K(s,s) \geqslant 0$.

事实上,若在正方形 k_0 的对角线上存在这样的点 $s=t=c$,在这点处 $K(c,c)<0$,则在提到的点存在这样的邻域 $|s-c|<\varepsilon$ 及 $|t-c|<\varepsilon$,使在这整个邻域内 $K(s,t)<0$.我们可确定这样的连续函数 $p(s)$,它在区间 $c-\varepsilon<s<c+\varepsilon$ 内有正值,且在这区间外的各处都等于零.对于这个函数将有

$$J = \int_a^b\int_a^b K(s,t)p(s)p(t)\mathrm{d}s\mathrm{d}t = \int_{c-\varepsilon}^{c+\varepsilon}\int_{c-\varepsilon}^{c+\varepsilon} K(s,t)p(s)p(t)\mathrm{d}s\mathrm{d}t < 0$$

这与核的正性矛盾.作核

$$K(s,t) - \sum_{k=1}^{n} \frac{\varphi_k(s)\varphi_k(t)}{\lambda_k} \tag{180}$$

它的特征值 $\lambda_{n+1}, \lambda_{n+2}, \cdots$ 都是正的. 应用刚才证明的事实到这个核, 得

$$K(s,s) - \sum_{k=1}^{n} \frac{\varphi_k^2(s)}{\lambda_k} \geqslant 0$$

亦即

$$\sum_{k=1}^{n} \frac{\varphi_k^2(s)}{\lambda_k} \leqslant K(s,s)$$

因此立即推出, 具有正项的级数 $\sum_{k=1}^{\infty} \frac{\varphi_k^2(s)}{\lambda_k}$ 在 s 的任何值都是收敛的, 且对于区间 $[a,b]$ 内任何值 s 它的部分和恒小于正数 M. 应用柯西不等式, 可写出

$$\sum_{k=n}^{n+p} \left| \frac{\varphi_k(s)\varphi_k(t)}{\lambda_k} \right| = \sum_{k=n}^{n+p} \left| \frac{\varphi_k(s)}{\sqrt{\lambda_k}} \right| \cdot \left| \frac{\varphi_k(t)}{\sqrt{\lambda_k}} \right| \leqslant$$

$$\sqrt{\sum_{k=n}^{n+p} \frac{\varphi_k^2(s)}{\lambda_k}} \sqrt{\sum_{k=n}^{n+p} \frac{\varphi_k^2(t)}{\lambda_k}}$$

或

$$\sum_{k=n}^{n+p} \left| \frac{\varphi_k(s)\varphi_k(t)}{\lambda_k} \right| \leqslant \sqrt{\sum_{k=n}^{n+p} \frac{\varphi_k^2(s)}{\lambda_k}} \sqrt{M}$$

由于级数 $\sum_{k=1}^{\infty} \frac{\varphi_k^2(s)}{\lambda_k}$ 的收敛性, 从而立即推出级数 (144) 对于固定值 s 在区间 $[a,b]$ 内关于 t 一致收敛. 从此, 如我们已知道的 [24], 就能推出公式 (145).

利用狄尼定理可以证明所提及的级数在 k_0 内的绝对且一致收敛性, 这正如在 [24] 中对于二次叠核所作的完全一样. 应指出的是, 在定理的证明中只要这个重要事实, 即特征值 λ_k 从某一个起全是正的. 正是这个事实给出核 (180) 的正性. 因此, 当核 $K(s,t)$ 有有限个负特征值时, 证明也保持有效, 且一般地, 当核仅有有限个正特征值或负特征值时, 麦色定理在这情况下仍然是正确的. 我们指出, 核的连续性对于所证定理的成立是十分必要的.

28. 弱极性核的情况

考虑一维弱极性核的情况

$$K(s,t) = \frac{L(s,t)}{|s-t|^\alpha} \quad \left(0 < \alpha < \frac{1}{2}\right) \tag{181}$$

如在 [17] 中一样, 我们引进连续核

$$K_\gamma(s,t)=\begin{cases}K(s,t), & \text{当 } |s-t|\geqslant\gamma \text{ 时}\\ \dfrac{L(s,t)}{\gamma^a}, & \text{当 } |s-t|\leqslant\gamma \text{ 时}\end{cases} \tag{182}$$

则有下面估计

$$|K_\gamma(s,t)|\leqslant|K(s,t)|\leqslant\frac{C}{|s-t|^a} \tag{183}$$

作二次叠核

$$K_2(s,t)=\int_a^b K(s,t_1)K(t_1,t)\mathrm{d}t_1 \tag{184}$$

由于(181),对于在$[a,b]$内的任何位置s及t,积分有意义,因为在s及t重合的最不利的情况时,对于积分号下的函数有下面估计

$$|K(s,t_1)K(t_1,s)|\leqslant\frac{C^2}{|s-t_1|^{2a}}$$

我们将证明$K_2(s,t)$在正方形k_0内是连续函数.

作函数

$$K_2^{(\gamma)}(s,t)=\int_a^b K_\gamma(s,t_1)K_\gamma(t_1,t)\mathrm{d}t_1 \tag{184'}$$

它在k_0内是连续的. 只需证明,当$\gamma\to 0$时$K_2^{(\gamma)}(s,t)$在k_0内一致地趋于$K_2(s,t)$. 我们有

$$K_2(s,t)-K_2^{(\gamma)}(s,t)=\int_a^b[K(s,t_1)K(t_1,t)-\\K_\gamma(s,t_1)K_\gamma(t_1,t)]\mathrm{d}t_1$$

若$|s-t_1|\geqslant\gamma$及$|t-t_1|\geqslant\gamma$,则右端的差等于零.注意估计(183),可写出

$$|K_2(s,t)-K_2^{(\gamma)}(s,t)|\leqslant\\2C^2\left[\int_{s-\gamma}^{s+\gamma}\frac{\mathrm{d}t_1}{|t_1-s|^a|t_1-t|^a}+\int_{t-\gamma}^{t+\gamma}\frac{\mathrm{d}t_1}{|t_1-s|^a|t_1-t|^a}\right] \tag{185}$$

若$|s-t|\geqslant 2\gamma$,则区域$[s-\gamma,s+\gamma]$及区间$[t-\gamma,t+\gamma]$彼此不覆盖,且我们得

$$\int_{s-\gamma}^{s+\gamma}\frac{\mathrm{d}t_1}{|t_1-s|^a|t_1-t|^a}\leqslant\int_{s-\gamma}^{s+\gamma}\frac{\mathrm{d}t_1}{|t_1-s|^a\gamma^a}\leqslant\\ \frac{1}{\gamma^a}\left[\int_s^{s+\gamma}\frac{\mathrm{d}t_1}{(t_1-s)^a}+\int_{s-\gamma}^s\frac{\mathrm{d}t_1}{(s-t_1)^a}\right]$$

亦即

$$\int_{s-\gamma}^{s+\gamma}\frac{\mathrm{d}t_1}{|t_1-s|^a|t_1-t|^a}\leqslant\frac{2\gamma^{1-2a}}{1-\alpha}$$

因此

$$|K_2(s,t) - K_2^{(\gamma)}(s,t)| \leqslant \frac{4C^2\gamma^{1-\alpha}}{1-\alpha} \quad (|s-t| \geqslant 2\gamma) \qquad (186)$$

现在假定 $|s-t| < 2\gamma$. 这时区间 $[s-\gamma, s+\gamma]$ 及区间 $[t-\gamma, t+\gamma]$ 彼此覆盖且这两个区间皆包含在以 s 或 t 作中心长度为 6γ 的区间内. 利用不等式 $ab \leqslant \frac{1}{2}(a^2 + b^2)$, 得

$$\frac{1}{|t_1 - s|^\alpha |t_1 - t|^\alpha} \leqslant \frac{1}{2} \left| \frac{1}{|t_1 - s|^{2\alpha}} + \frac{1}{|t_1 - t|^{2\alpha}} \right|$$

因此

$$\int_{s-\gamma}^{s+\gamma} \frac{dt_1}{|t_1-s|^\alpha |t_1-t|^\alpha} \leqslant \frac{1}{2} \int_{s-3\gamma}^{s+3\gamma} \frac{dt_1}{|t_1-s|^{2\alpha}} +$$

$$\frac{1}{2} \int_{t-3\gamma}^{t+3\gamma} \frac{dt_1}{|t_1-t|^{2\alpha}} \leqslant \frac{1}{1-2\alpha}(3\gamma)^{1-2\alpha}$$

且类似地, 有

$$\int_{t-\gamma}^{t+\gamma} \frac{dt_1}{|t_1-s|^\alpha |t_1-t|^\alpha} \leqslant \frac{1}{1-2\alpha}(3\gamma)^{1-2\alpha}$$

从而, 由于 (185), 得

$$|K_2(s,t) - K_2^{(\gamma)}(s,t)| \leqslant \frac{4C^2}{1-2\alpha}(3\gamma)^{1-2\alpha} \quad (|s-t| < 2\gamma) \qquad (187)$$

把这与 (186) 相对照, 我们看出, $K_2^{(\gamma)}(s,t)$ 在 k_0 内一致地趋于 $K_2(s,t)$, 因而 $K_2(s,t)$ 在 k_0 内是连续函数.

由公式 (158) 确定的 $K_3(s,t)$ 及其余核的连续性的证明还要更简单些.

其次不难证明积分次序交换的可能性

$$\int_a^b \left[\int_a^b K(t_1, t) u(t) dt \right] K(s, t_1) dt_1 =$$

$$\int_a^b \left[\int_a^b K(s, t_1) K(t_1, t) dt_1 \right] u(t) dt \qquad (188)$$

其中 $u(t)$ 是连续函数.

事实上, 在正数 γ_1 及 γ_2 时有对于连续核的类似公式

$$\int_a^b \left[\int_a^b K_{\gamma_1}(t_1, t) u(t) dt \right] K_{\gamma_2}(s, t_1) dt_1 =$$

$$\int_a^b \left[\int_a^b K_{\gamma_2}(s, t_1) K_{\gamma_1}(t_1, t) dt_1 \right] u(t) dt \qquad (189)$$

当 γ_1 趋于零时左端的内积分关于 t_1 一致收敛于积分[17]

$$\int_a^b K(t_1, t) u(t) dt$$

且右端的内积分一致收敛于积分

$$\int_a^b K_{\gamma_1}(s,t_1)K(t_1,t)\mathrm{d}t_1$$

这可从这样的事实推出,即[17]中的公式(111)确定的 $v_\gamma(M)$ 一致收敛于 $v(M)$. 当 $\gamma_1 \to 0$ 时,在公式(189)中取极限,得

$$\int_a^b \left[\int_a^b K(t_1,t)u(t)\mathrm{d}t\right] K_{\gamma_2}(s,t_1)\mathrm{d}t_1 = \int_a^b \left[\int_a^b K_{\gamma_2}(s,t_1)K(t_1,t)\mathrm{d}t_1\right] u(t)\mathrm{d}t \tag{190}$$

当 $\gamma_2 \to 0$ 时,按前面指出的理由左端的二重积分趋于(188)的左端. 公式(190)的右端的内积分关于 t 也一致收敛于公式(188)的右端的内积分. 如我们在前面对于积分(184')所作过的完全一样,可证明这个事实. 在公式(190)中取极限得到(188).

回到[22],公式(156)中在 $t_1 = t$ 时有弱极性($\alpha < \frac{1}{2}$)的函数 $K(t_1,t)$ 起了 $h(t_1)$ 的作用,这个函数依赖于参数 t. 由于核的弱极性,系数的平方 h_k^2 的和作成收敛级数,而在证明[22]的定理 16 时只应用这个事实. 于是可断言对于在区间 $[a,b]$ 内的任何 t,级数(157)关于 s 正规收敛. 特别地有

$$\sum_k \frac{[\varphi_k(s)]^2}{\lambda_k^2} = K_2(s,s) \quad (a \leqslant s \leqslant b)$$

并且我们已经见到右端是连续函数. 按照狄尼定理,写出的级数一致收敛,且从不等式

$$|\varphi(s)\varphi(t)| \leqslant \frac{1}{2}\{[\varphi(s)]^2 + [\varphi(t)]^2\}$$

推得,若点 (s,t) 属于 k_0,则级数(157)正规收敛.

前面提到的定理 14 及定理 17 对于弱极性核也将给以证明.

当 $n \geqslant 3$ 时,在公式(158)中起 $h(t_1)$ 的作用的函数 $K_{n-1}(t_1,t)$ 已经是连续的. 因此,公式(159)及对应级数的正规收敛性对于弱极性核也是成立的.

完全和前面一样,可以证明在重积分(170)中积分次序的变换是正确的,且因此在[22]和[24]及[25]中的所有结论对于弱极性核都保持有效.

所有结论可以立即推广到多个变量的情形.

29. 非齐次方程

现在考察具有连续或弱极性的对称核的非齐次方程

$$\varphi(s) = f(s) + \lambda \int_a^b K(s,t)\varphi(t)\mathrm{d}t \tag{191}$$

且首先设 λ 不是特征值,亦即不同于一切 λ_k,这时方程(191)有唯一解. 我们将用特征函数 $\varphi_k(s)$ 来表达它. 可写为

$$\varphi(s) = f(s) + g(s) \tag{192}$$

其中

$$g(s) = \lambda \int_a^b K(s,t)\varphi(t)\mathrm{d}t \tag{193}$$

按照定理 17,函数 $g(s)$ 可展为关于核的特征函数的绝对且一致收敛级数

$$g(s) = \sum_{k=1}^{\infty} g_k \varphi_k(s)$$

确定这个展开式的系数,我们不能直接从公式(193)得到它们,因为在这公式中积分号下有待求函数 $\varphi(t)$. 按照(192),以和 $f(t)+g(t)$ 代替它,可写成

$$g(s) = \lambda \int_a^b K(s,t)[f(t) + g(t)]\mathrm{d}t \tag{194}$$

设 f_k 是已给函数 $f(s)$ 的傅里叶系数. 和 $f(t)+g(t)$ 有傅里叶系数 (f_k+g_k),因此按照(152),位于公式(194)的右端可通过积分用核来表示的那个函数有傅里叶系数 $(f_k+g_k):\lambda_k$,且由于(194),我们有

$$g_k = \frac{\lambda(f_k + g_k)}{\lambda_k} \tag{195}$$

从这公式可确定系数 g_k 为

$$g_k = \frac{\lambda f_k}{\lambda_k - \lambda} \tag{196}$$

因此,按照(192),方程(191)的解应是下面形式

$$\varphi(s) = f(s) + \lambda \sum_{k=1}^{\infty} \frac{f_k \varphi_k(s)}{\lambda_k - \lambda} \tag{197}$$

现在设 λ 是特征值,为确定起见,将假设它的秩等于 3,且有 $\lambda = \lambda_1 = \lambda_2 = \lambda_3$.

由于核的对称性,转置方程与方程(191)相同,因而使这个方程可解的必要且充分条件是,使得 $f(s)$ 与 $\varphi_1(s),\varphi_2(s)$ 及 $\varphi_3(s)$ 正交,亦即必要且充分条件是 $f_1=f_2=f_3=0$. 假定这条件满足,和前面一样来讨论,按照(196),公式(195)给出确定从 g_4 起的一切 g_k 的可能性.

当 $k=1,2,3$ 时,公式(195)变为恒等式,因为在 $k=1,2,3$ 时,$\lambda=\lambda_k$ 及 $f_k=0$. 这与我们可把特征函数 $\varphi_1(s),\varphi_2(s),\varphi_3(s)$ 的任何线性组合添加到方程(191)的解上的那个事实是相适应的.

于是,在所考察的情况,方程(191)的通解有形式

$$\varphi(s) = f(s) + \lambda \sum_{k=4}^{\infty} \frac{f_k \varphi_k(s)}{\lambda_k - \lambda} + c_1 \varphi_1(s) + c_2 \varphi_2(s) + c_3 \varphi_3(s) \quad (198)$$

其中 c_1, c_2, c_3 都是任意常数.

30. 在对称核情况的弗雷德霍姆工具

应用前面的弗雷德霍姆工具的叙述到对称连续核的情况.

在这情况下,弗雷德霍姆分子(53)及解核也都是对称函数.从前我们曾有叠核的展开式[24],将这些展开式代入公式(45),且假设 λ 满足条件(40),因而 $|\lambda| < |\lambda_1|$,并有

$$R(s,t;\lambda) = K(s,t) + \lambda \sum_{n=1}^{\infty} \frac{\varphi_n(s)\varphi_n(t)}{\lambda_n^2} +$$

$$\lambda^2 \sum_{n=1}^{\infty} \frac{\varphi_n(s)\varphi_n(t)}{\lambda_n^3} + \cdots \quad (199)$$

不难看出,若在这级数中以它们的绝对值来代替它们的一切值,则得到的有正项的二重级数收敛. 事实上,将含 $|\varphi_n(s)||\varphi_n(t)|$ 的各项合并起来,得到级数

$$|K(s,t)| + |\varphi_1(s)||\varphi_1(t)| \sum_{k=1}^{\infty} \frac{|\lambda|^k}{|\lambda_1|^{k+1}} +$$

$$|\varphi_2(s)||\varphi_2(t)| \sum_{k=1}^{\infty} \frac{|\lambda|^k}{|\lambda_2|^{k+1}} + \cdots =$$

$$|K(s,t)| + \sum_{n=1}^{\infty} |\varphi_n(s)||\varphi_n(t)| \frac{|\lambda|}{|\lambda_n|(|\lambda_n| - |\lambda|)}$$

但把这级数与一致收敛级数

$$\sum_{n=1}^{\infty} \frac{|\varphi_n(s)||\varphi_n(t)|}{|\lambda_n|^2} \quad (200)$$

比较,我们看出,它们的一般项的比值 $\frac{|\lambda||\lambda_n|^2}{|\lambda_n|(|\lambda_n|-|\lambda|)}$ 不依赖于变量 (s,t) 且趋于 $|\lambda|$,从而显示出二重级数(199)的绝对收敛性. 因此,在这级数中可合并含有 $\varphi_n(s)\varphi_n(t)$ 的各项为一项. 于是,我们得到解核关于特征函数的展开式

$$R(s,t;\lambda) = K(s,t) + \lambda \sum_{n=1}^{\infty} \frac{\varphi_n(s)\varphi_n(t)}{\lambda_n(\lambda_n - \lambda)} \quad (201)$$

严格地说,我们在 λ 满足条件(40)的假设下引出这个展开式. 但在级数(201)中以它们的绝对值代替它的一切项,且和上面一样将所得级数与级数(200)比较,可确信级数(201)对于任何异于 λ_n 的 λ 关于 (s,t) 绝对且一致收敛.

更进一步来说，这级数在平面 λ 的任何有限区域内关于 λ 是一致收敛. 只要在这级数中去掉在这区域内有极点的前面一些项. 于是，公式(201) 的右端是分函数的简单分式展开式，且完全和公式(57)一样，它给出解核在整个平面上的解析延拓. 特别从公式(201) 推出，在对称核的情况每个特征值是解核的简单极点. 要指出，若将展开式(201) 代入公式(46)，则得到公式(197)，它给出解决关于特征函数的展开式.

在公式(201) 中令 $t=s$ 且对 s 积分，得

$$\int_a^b R(s,s;\lambda)\mathrm{d}s = \int_a^b K(s,s)\mathrm{d}s + \lambda \sum_{n=1}^{\infty} \frac{1}{\lambda_n(\lambda_n - \lambda)}$$

但将公式(59) 的两端除以 $D(\lambda)$，得

$$\int_a^b R(s,s;\lambda)\mathrm{d}s = -\frac{D'(\lambda)}{D(\lambda)}$$

因此，前一公式可写作形式

$$\frac{D'(\lambda)}{D(\lambda)} = -\int_a^b K(s,s)\mathrm{d}s + \lambda \sum_{n=1}^{\infty} \frac{1}{\lambda_n(\lambda - \lambda_n)}$$

设 λ_0 是 $D(\lambda)$ 的 r 级零点. 我们知道[Ⅲ$_2$;21]，对于上面公式的左端 $\lambda = \lambda_0$ 是有留数 r 的单极点，在这公式的右端有某几个数 λ_n 与 λ_0 相等. 每一个对应分式可写作形式

$$\frac{\lambda}{\lambda_n(\lambda - \lambda_n)} = \frac{1}{\lambda - \lambda_n} + \frac{1}{\lambda_n}$$

也就是，每一个这样的分式给出在极点 $\lambda = \lambda_0$ 的留数等于 1，因此，在 λ_n 中应有 r 个等于 λ_0. 于是我们有下面的定理：在对称核的情况，若 λ_0 是 $D(\lambda)$ 的 r 级零点，则对应于这个特征值恰好有 r 个线性无关的特征函数，亦即在对称核的情况，$D(\lambda)$ 的零点的级等于对应特征值的秩.

我们在前面已经看过，核 $K(s,t)$ 有它自己的关于特征函数系 $\varphi_n(t)$ 的傅里叶级数(144). 在公式(201) 的右端以这级数代替 $K(s,t)$，我们确信解核有下面傅里叶级数

$$\sum_{n=1}^{\infty} \frac{\varphi_n(s)\varphi_n(t)}{\lambda_n - \lambda} \tag{202}$$

若注意到在公式(201) 的右端的级数是一致收敛的，则我们可断言，级数(202) 的一致收敛性与级数(144) 的一致收敛性是同时发生的，且如果这情况发生，那么与公式(145) 同时，我们也有公式

$$R(s,t;\lambda) = \sum_{n=1}^{\infty} \frac{\varphi_n(s)\varphi_n(t)}{\lambda_n - \lambda} \tag{203}$$

将(201)的两端乘以 $\varphi_n(t)$ 且对 t 积分也容易直接得到函数 $R(s,t;\lambda)$ 的傅里叶系数. 若注意到 $\varphi_n(t)$ 是核 $K(s,t)$ 的特征函数且 $\varphi_n(t)$ 是正交且标准的, 则我们就得到级数(202)的系数

$$\int_a^b R(s,t;\lambda)\varphi_n(t)\mathrm{d}t = \frac{1}{\lambda_n - \lambda}\varphi_n(s)$$

这等式表明函数 $\varphi_n(s)$ 都是核 $R(s,t;\lambda)$ 的特征函数, 对应于特征值 $(\lambda_n - \lambda)$, 此处实值 λ 是可任意固定的. 不难看出, 这是实对称核 $R(s,t;\lambda)$ 的一切特征函数的完全系. 事实上, 设还存在任何特征函数 $\varphi_0(s)$. 若它对应的特征值不同于一切特征值 $\lambda_n - \lambda$, 则它应与一切 $\varphi_k(s)$ 正交. 若 $\varphi_0(s)$ 对应于某特征值 $\lambda_0 - \lambda$, 则因 $\varphi_0(s)$ 为新特征函数, 故它应与 $\varphi_k(s)$ 中对应于同一特征值的各函数线性无关. 把与提到的特征值对应的特征函数 $\varphi_k(s)$ 的线性组合加到 $\varphi_0(s)$ 上, 我们可这样选择这个线性组合的系数, 使得到的特征函数与刚才提到的一切 $\varphi_k(s)$ 正交. 由在[21]中已证过的定理知, 这个新特征函数与对应于其他特征值的一切 $\varphi_k(s)$ 正交. 于是, 我们可简单地认为新特征函数 $\varphi_0(s)$ 与一切函数 $\varphi_k(s)$ 正交. 因此它也与核 $K(s,t)$ 正交[24]. 将(201)的两端乘以 $\varphi_0(t)$ 且对 t 积分, 得

$$\int_a^b R(s,t;\lambda)\varphi_0(t)\mathrm{d}t = 0$$

从而推出 $\varphi_0(s)$ 不是核 $R(s,t;\lambda)$ 的特征函数. 因此, 各函数 $\varphi_k(s)$ 不构成核 $R(s,t;\lambda)$ 的特征函数完全系的假设是荒谬的.

于是我们可以断定, 若取函数 $R(s,t;\lambda)$ 作为新核, 则这核有与基本核相同的特征函数 $\varphi_n(s)$ 的全体, 对应的特征值是 $(\lambda_n - \lambda)$. 应用公式(201)到核 $R(s,t;\lambda)$, 且用 μ 记作参数, 我们确信这个核的解核是

$$\widetilde{R}(s,t,\lambda;\mu) = R(s,t;\lambda) + \mu \sum_{n=1}^{\infty} \frac{\varphi_n(s)\varphi_n(t)}{(\lambda_n - \lambda)(\lambda_n - \lambda - \mu)}$$

而按公式(201)展开 $R(s,t;\lambda)$ 且经简单运算, 我们不难求得

$$\widetilde{R}(s,t,\lambda;\mu) = K(s,t) + (\lambda + \mu) \sum_{n=1}^{\infty} \frac{\varphi_n(s)\varphi_n(t)}{\lambda_n[\lambda_n - (\lambda + \mu)]} =$$
$$R(s,t,\lambda + \mu)$$

亦即若采用 $R(s,t;\lambda)$ 作为新核, 则它的解核是函数 $R(s,t;\lambda + \mu)$.

我们指出, 因为对于弱极性对称核我们曾得到叠核的展开式且已证明级数(200)的一致收敛性, 对于这样的核也有展开式(201). 当 λ 逼近于零时, 级数(45)的收敛性可很简单地证明, 例如, 利用公式

$$K_n(s,t) = \int_a^b K_{n-2}(s,t_1)K_2(t_1,t)\mathrm{d}t_1$$

及当 $p \geqslant 2$ 时核 $K_p(s,t)$ 的连续性. 若 λ 不等于 λ_n, 则公式(46)也是正确的.

31. 埃尔米特核

我们曾定义对称核是这样的实核, 当交换两个变量时它不变. 这样的核与线性代数中的对称矩阵相似. 对称矩阵是元素满足条件 $a_{ki} = \overline{a_{ik}}$ 的埃尔米特矩阵的特殊情况[Ⅲ₁;40]. 完全相似地, 对称核是埃尔米特核的特殊情况, 这核是由这样的性质来定义的, 当交换两个变量时它变作自己的共轭值. 在一维情况下, 有

$$K(t,s) = \overline{K(s,t)} \tag{204}$$

对于这样的核在它们的连续性或弱极性的假设下可以引出前面提过的一切定理, 定理14也仍然正确. 一切特征值是实的, 但特征函数却也可能是复的, 因而函数系(139)是正交标准复函数系

$$\int_a^b \varphi_p(s)\overline{\varphi_q(s)}\,\mathrm{d}s = \begin{cases} 0, \text{当 } p \neq q \text{ 时} \\ 1, \text{当 } p = q \text{ 时} \end{cases}$$

级数(144)有形式

$$\sum_k \frac{\varphi_k(s)\overline{\varphi_k(t)}}{\lambda_k} \tag{144'}$$

这是看作 s 的函数 $K(s,t)$ 关于函数 $\varphi_k(s)$ 的傅里叶级数. 它也可看作确定在 k_0 内的函数 $K(s,t)$ 关于函数 $\varphi_k(s)\overline{\varphi_l(t)}\,(k,l=1,2,\cdots)$ 的傅里叶级数, 而这些函数在 k_0 内成为正交标准系(参阅[22]).

当它在 k_0 内一致收敛时, 有公式

$$K(s,t) = \sum_k \frac{\varphi_k(s)\overline{\varphi_k(t)}}{\lambda_k} \tag{145'}$$

定理16及公式(152)都保持有效, 定理17也仍是正确的. 对于叠核得到展开式

$$K_n(s,t) = \sum_k \frac{\varphi_k(s)\overline{\varphi_k(t)}}{\lambda_k^n} \quad (n=2,3,\cdots) \tag{159'}$$

它们在 k_0 内正规收敛. 代替(161)我们有

$$\sum_k \frac{1}{\lambda_k^2} = \int_a^b \int_a^b |K(s,t)|^2 \mathrm{d}s\mathrm{d}t \tag{161'}$$

且代替(162)的是

$$\lim_{n\to\infty}\int_a^b \left|K(s,t) - \sum_{k=1}^n \frac{\varphi_k(s)\overline{\varphi_k(t)}}{\lambda_k}\right|^2 \mathrm{d}t = 0 \tag{162'}$$

在与核正交的旧定义(168)下, 定理19完全保持正确. 公式(172)被下面的代替

$$\int_a^b\int_a^b K(s,t)\overline{p(s)}p(t)\mathrm{d}s\mathrm{d}t = \sum_k \frac{|p_k|^2}{\lambda_k} \tag{172'}$$

且此外有关核的分类,有关特征值的极值性质的讨论以及[30]中的工具等讨论在适当地把特征函数代以它的对应共轭函数时都保持有效.一切理论自然也可推广到弱极性埃尔米特核.非齐次方程(191)仍旧有解(197).

具有埃尔米特核的积分方程与具有所谓斜对称核的积分方程[18]有直接关系.如果实核 $K(s,t)$ 满足条件

$$K(t,s) = -K(s,t) \tag{205}$$

那么把它叫作斜对称核.显然,若 $K(s,t)$ 是斜对称核,则 $iK(s,t)$ 是埃尔米特核.于是,若有斜对称核的积分方程

$$\varphi(s) = f(s) + \lambda \int_a^b K(s,t)\varphi(t)\mathrm{d}t$$

则以 λi 代替 λ,则得埃尔米特核的积分方程

$$\varphi(s) = f(s) + \lambda \int_a^b iK(s,t)\varphi(t)\mathrm{d}t$$

由此推知斜对称核的方程一定有特征值,且所有这些特征值都是纯虚数.

32. 可对称化的方程

现在我们指出在应用上经常遇到的一类方程,它经简单变换可归结到具有对称核的方程.这方程有形式

$$\varphi(s) = f(s) + \lambda \int_a^b K(s,t)p(t)\varphi(t)\mathrm{d}t \tag{206}$$

其中 $K(s,t)$ 是实对称核,且在区间 $[a,b]$ 内 $p(t) > 0$.将两端乘以 $\sqrt{p(s)}$ 且代替 $\varphi(s)$ 引用新的待求函数 $\psi(s) = \sqrt{p(s)}\varphi(s)$,就导出积分方程

$$\psi(s) = f(s)\sqrt{p(s)} + \lambda \int_a^b L(s,t)\psi(t)\mathrm{d}t$$

它具有对称核

$$L(s,t) = K(s,t)\sqrt{p(s)p(t)}$$

设 λ_k 及 $\psi_k(s)$ 是对应的齐次方程的特征值及特征函数.照例,我们可假设函数 $\psi_k(s)$ 是正交且标准的,亦即

$$\int_a^b \psi_p(s)\psi_q(s)\mathrm{d}s = \begin{cases} 0, & \text{当 } p \neq q \text{ 时} \\ 1, & \text{当 } p = q \text{ 时} \end{cases}$$

利用公式

$$\psi_k(s) = \varphi_k(s)\sqrt{p(s)}$$

则得到齐次方程

$$\varphi(s) = \lambda \int_a^b K(s,t) p(t) \varphi(t) \mathrm{d}t$$

的特征函数具有带权 $p(s)$ 的正交性及标准性

$$\int_a^b p(s) \varphi_p(s) \varphi_q(s) \mathrm{d}s = \begin{cases} 0, & \text{当 } p \neq q \text{ 时} \\ 1, & \text{当 } p = q \text{ 时} \end{cases}$$

对于二次叠核

$$L_2(s,t) = \int_a^b K(s,t_1) K(t_1,t) p(t_1) \sqrt{p(s) p(t)} \, \mathrm{d}t_1$$

有展开式

$$L_2(s,t) = \sum_{k=1}^\infty \frac{\psi_k(s) \psi_k(t)}{\lambda_k^2}$$

从而,约去因子 $\sqrt{p(s) p(t)}$ 后,得到由等式

$$H_2(s,t) = \int_a^b K(s,t_1) K(t_1,t) p(t_1) \mathrm{d}t_1$$

所确定的函数的展开式

$$H_2(s,t) = \sum_{k=1}^\infty \frac{\varphi_k(s) \varphi_k(t)}{\lambda_k^2}$$

同样地,应用完全归纳法,得到函数

$$H_p(s,t) = \int_a^b H_{p-1}(s,t_1) K(t_1,t) p(t_1) \mathrm{d}t_1$$

的展开式为

$$H_p(s,t) = \sum_{k=1}^\infty \frac{\varphi_k(s) \varphi_k(t)}{\lambda_k^p}$$

除此以外,有公式

$$K(s,t) = \sum_{k=1}^\infty \frac{\varphi_k(s) \varphi_k(t)}{\lambda_k}$$

只要右端的级数在固定任何一个变量时关于另一变量是一致收敛的.

假定函数 $f(s)$ 是可用核 $L(s,t)$ 表示的,亦即

$$f(s) = \int_a^b L(s,t) h(t) \mathrm{d}t \tag{207}$$

那么

$$f(s) = \sum_{k=1}^\infty f_k \psi_k(s) \tag{208}$$

其中

$$f_k = \int_a^b f(s)\psi_k(s)\,ds = \int_a^b f(s)\sqrt{p(s)}\,\varphi_k(s)\,ds$$

约去(207)及(208)两端的 $\sqrt{p(s)}$,我们得到函数

$$F(s) = \frac{f(s)}{\sqrt{p(s)}} = \int_a^b K(s,t)\sqrt{p(t)}\,h(t)\,dt$$

的绝对且一致收敛的级数展开式

$$F(s) = \sum_{k=1}^{\infty} F_k \varphi_k(s) \tag{209}$$

其中系数按照带权的通常的傅里叶法则确定如下

$$F_k = \int_a^b p(s)F(s)\varphi_k(s)\,ds$$

我们可直接把方程(206)导到具有对称核的方程,只要引用代替 s 及 t 的新变数 x 及 y,即

$$x = \int_a^s p(u)\,du,\ y = \int_a^t p(u)\,du$$

且由于 $p(u) > 0$,因此当旧变量增加时新变量也增加. 代换变量后得到新函数 $f_1(x) = f(s), \omega(x) = \varphi(s)$ 及新对称核 $K_1(x,y) = K(s,t)$,而方程(206)可写作形式

$$\omega(x) = f_1(x) + \lambda \int_0^l K_1(x,y)\omega(y)\,dy \quad \left(l = \int_a^b p(u)\,du\right)$$

33. 例

1. 考察[1]中的核,且为简单起见,令 $l=1$,亦即

$$K(s,t) = \begin{cases} s(1-t), & \text{当 } s \leqslant t \text{ 时} & (0 \leqslant s \leqslant 1) \\ t(1-s), & \text{当 } s \geqslant t \text{ 时} & (0 \leqslant t \leqslant 1) \end{cases} \tag{210}$$

在所给情况下可找到有限形式的一切特征值及特征函数. 在齐次积分方程

$$\varphi(s) = \lambda \int_0^1 K(s,t)\varphi(t)\,dt \tag{211}$$

中,当从 $t=0$ 到 $t=s$ 积分时,亦即当 $t \leqslant s$ 时,我们应当用到表达式(210)中的第二个公式,而当从 $t=s$ 到 $t=1$ 积分时,用表达式的第一个公式,方程可重写为形式

$$\varphi(s) = \lambda \int_0^s t(1-s)\varphi(t)\,dt + \lambda \int_s^1 s(1-t)\varphi(t)\,dt$$

将两端对 s 求导数,得

$$\varphi'(s) = -\lambda \int_0^s t\varphi(t)\,dt + \lambda s(1-s)\varphi(s) +$$

$$\lambda \int_s^1 (1-t)\varphi(t)\mathrm{d}t - \lambda s(1-s)\varphi(s)$$

积分号外的两项彼此消去后,再对 s 求一次导数,得
$$\varphi''(s) + \lambda\varphi(s) = 0 \tag{212}$$

核(210)显然满足条件 $K(0,t) = K(1,t) = 0$,因而公式(211)给出 $\varphi(0) = \varphi(1) = 0$,亦即我们只取方程(212)这样的解,它满足边界条件:$\varphi(0) = \varphi(1) = 0$. 方程(212)可用初等函数积分得到,且我们知道 $[Ⅱ;167]$,仅当 $\lambda_n = n^2\pi^2$ 时,对这方程提出的边界问题方可有不等于零的解,并且这些解是
$$\varphi_n(s) = \sqrt{2}\sin n\pi s$$

直接代入方程(211)中,不难验证,所提到的数及函数确实是方程(211)的特征值及特征函数. 并且,如果注意到当具备着提及的边界条件时,按上面指出的对于方程的两端进行微分运算,并没有引入其他解,那么也就可以相信上述这些数及函数确实是方程(211)的特征值及特征函数. 当考察两端固定弦的振动问题时 $[Ⅱ;167]$ 我们也已得出过上述特征值及特征函数. 这个事实与我们在[1]中指出过的事实,即核(210)给出在集中力时弦的静力弯曲有直接联系. 以后将对于广泛一类的数学物理问题推广这个观念. 对于所考察的例子,级数(144)是一致收敛的,因此有下面公式
$$\frac{2}{\pi^2}\sum_{k=1}^{\infty}\frac{\sin k\pi s \sin k\pi t}{k^2} = \begin{cases} s(1-t), & \text{当 } s \leqslant t \text{ 时} \quad (0 \leqslant s \leqslant 1) \\ t(1-s), & \text{当 } s \geqslant t \text{ 时} \quad (0 \leqslant t \leqslant 1) \end{cases} \tag{213}$$

设某函数 $f(s)$ 有到二阶的连续导数且满足边界条件 $f(0) = f(1) = 0$. 对于这样的函数,我们有用核表示的式子如下
$$f(s) = -\int_0^1 K(s,t)f''(t)\mathrm{d}t =$$
$$-\int_0^s t(1-s)f''(t)\mathrm{d}t - \int_s^1 s(1-t)f''(t)\mathrm{d}t$$

应用分部积分法不难验证这个公式,且这个公式也可从[1]中关于在连续分布荷重下来确定弯曲时所说过的一切推出来,在这情况应认为荷重等于 $f''(t)$. 于是,定理17指出,满足上面所指条件的任何函数 $f(s)$ 在区间[0,1]内可展为关于函数 $\sqrt{2}\sin k\pi s$ 的绝对且一致收敛的傅里叶级数. 以后我们将看到加于函数 $f(s)$ 身上的条件可大大地减轻. 我们注意,公式(213)也表示了它的右端的傅里叶级数的展开式.

这级数可看作,当右端作为 s 的函数(t 是参数)时该函数关于函数 $\sqrt{2}\sin k\pi s$ ($k=1,2,3,\cdots$)的傅里叶级数,或者看作是确定在正方形($0 \leqslant s \leqslant 1, 0 \leqslant t \leqslant 1$)

内的右端函数关于函数 $2\sin k\pi s\sin l\pi t(k,l=1,2,\cdots)$ 的傅里叶级数,而这些函数在所提及的正方形内成为正交标准系. 和前面类似地可考察如下形式的核
$$K(s,t)=\begin{cases}ast+bs+ct+d, &\text{当 }s\leqslant t\\ ast+bt+cs+d, &\text{当 }s\geqslant t\end{cases}$$
(参考 И. И. 普里瓦洛夫,《积分方程》,1935,第 102 页).

2. 考察核 $K(s,t)$ 是差 $s-t$ 的函数
$$K(s,t)=\omega(s-t)$$
其中 $\omega(x)$ 是连续偶函数,且有周期 2π. 由于函数 $\omega(x)$ 的偶性,这核是对称核. 引入所考察的函数 $\omega(x)$ 的傅里叶系数
$$c_k=\frac{1}{\pi}\int_{-\pi}^{+\pi}\omega(x)\cos kx\,\mathrm{d}x\quad(k=0,1,2,\cdots)$$
这时由于偶性,得
$$\int_{-\pi}^{+\pi}\omega(x)\sin kx\,\mathrm{d}x=0$$

现在考察下面积分
$$\int_{-\pi}^{+\pi}\omega(s-t)\cos kt\,\mathrm{d}t$$
作变数代换 $s-t=x$ 且利用 $\omega(x)$ 的偶性,得
$$\int_{-\pi}^{+\pi}\omega(s-t)\cos kt\,\mathrm{d}t=\cos ks\int_{s-\pi}^{s+\pi}\omega(x)\cos kx\,\mathrm{d}x$$
或者注意积分区间的长度等于 2π,最后有
$$\int_{-\pi}^{+\pi}\omega(s-t)\cos kt\,\mathrm{d}t=xc_k\cos ks$$
同样,得
$$\int_{-\pi}^{+\pi}\omega(s-t)\sin kt\,\mathrm{d}t=xc_k\sin ks$$

考察齐次积分方程
$$\varphi(s)=\lambda\int_{-\pi}^{+\pi}\omega(s-t)\varphi(t)\,\mathrm{d}t$$
若函数 $\omega(x)$ 的一切傅里叶系数都不等于零,则从前面的计算推出,这方程有特征值
$$\lambda_k=\frac{1}{\pi c_k}\quad(k=0,1,2,\cdots)$$
它们对应于下面的正交标准特征函数系
$$\frac{1}{\sqrt{2\pi}},\frac{1}{\sqrt{\pi}}\cos s,\frac{1}{\sqrt{\pi}}\cos 2s,\cdots$$

$$\frac{1}{\sqrt{\pi}}\sin s, \frac{1}{\sqrt{\pi}}\sin 2s, \cdots$$

我们的核没有其他特征函数,所以指出的函数成为完整系[Ⅱ;155]. 当 $k \geqslant 1$ 时,特征值 λ_k 对应于两个特征函数. 例如,若 $c_1 = 0$,而其余的 c_k 不等于零,则在特征函数系中消失了两个函数: $\frac{1}{\sqrt{\pi}}\cos s$ 及 $\frac{1}{\sqrt{\pi}}\sin s$,核就不再是完全的了.

在关于系数 c_n 的任意假设下,级数(144) 在这情况有形式

$$\frac{1}{2}c_0 + \sum_{k=1}^{\infty} c_k(\cos ks\cos kt + \sin ks\sin kt) = \frac{1}{2}c_0 + \sum_{k=1}^{\infty} c_k \cos k(s-t)$$

亦即这是函数 $\omega(s-t)$ 的傅里叶级数. 在一般情况下,不能肯定它是收敛的. 但如果傅里叶系数 c_k 满足条件 $c_k \geqslant 0$,则从麦色定理立即推出它是绝对且一致收敛,并且给出 $\omega(s-t)$. 若在系数 c_k 中仅有限个是正的或负的,则也有相同的结论.

34. 依赖于参数的核

在积分方程理论的叙述中所引入的参数 λ 只是考虑作为核的因子来考虑的. 在[30]中我们曾考察有核 $R(s,t;\lambda)$ 的积分方程,而这个核是参数的解析(半纯)函数.

在考察具有参数 λ 的解析函数的核的积分方程时,我们所碰到的规律将与以前叙述的一般理论中的规律有重大的出入. 作为最简单的例子我们考察这样的齐次方程,它的核是 λ 的一次多项式,即

$$\varphi(s) = \int_a^b [K_0(s,t) + K_1(s,t)\lambda]\varphi(t)\mathrm{d}t$$

其中

$$K_0(s,t) = \rho(s)\rho(t), K_1(s,t) = \sigma(s)\rho(t)$$

且

$$\int_a^b [\rho(s)]^2 \mathrm{d}s = 1, \int_a^b \rho(s)\sigma(s)\mathrm{d}s = 0$$

不难验证写出的齐次方程对于任何 λ 有解,即

$$\varphi(s) = \rho(s) + \sigma(s)\lambda$$

现在考察一般情况,核 $K(s,t;\lambda)$ 满足下面的条件:(1) 当 (s,t) 属于正方形 k_0 及 λ 在复变数 λ 平面上某区域 B 内时,$K(s,t;\lambda)$ 是 s,t,λ 的连续函数;(2) 对于在提到的正方形内的一切 (s,t),$K(s,t;\lambda)$ 是 B 的内部的正则函数.

在积分号前引入补助参数 μ,我们写积分方程为

$$\varphi(s) = f(s) + \mu \int_a^b K(s,t;\lambda)\varphi(t)\mathrm{d}t$$

我们可以重复[5]及[7]的一切讨论,而将这几段的公式中的 λ 代以 μ. 于是,我们导出方程的解核

$$R(s,t;\mu) = \frac{D(s,t,\lambda;\mu)}{D(\lambda;\mu)}$$

这分式中的分子及分母都是关于变数 μ 的幂级数,且这些级数的系数都是 B 的内部的正则函数. 若 λ 含在任何闭区域 B_1 内,而 B_1 在 B 的内部,则提到的级数对于任何 μ 关于 λ 绝对且一致收敛[7],因此这些级数的和在 B 的内部都是 λ 的正则函数 $[Ⅲ_2;12]$. 令 $\mu = 1$,得到方程

$$\varphi(s) = f(s) + \int_a^b K(s,t;\lambda)\varphi(t)\mathrm{d}t \tag{214}$$

这时有两种可能情况:(1) 在 B 的内部为正则的函数 $D(\lambda;1)$ 不恒等于零;(2) $D(\lambda;1) \equiv 0$. 在第一种情况,对于不同于 $D(\lambda;1)$ 的零点的一切 λ 方程(214)有解核

$$R_1(s,t;\lambda) = \frac{D(s,t,\lambda;1)}{D(\lambda;1)}$$

且在含于 B 的内部的任何闭区域 B_1 内只含有有限个这样的零点. 显然,解核满足方程

$$\begin{aligned} R_1(s,t;\lambda) &= K(s,t;\lambda) + \int_a^b K(s,t_1;\lambda)R_1(t_1,t;\lambda)\mathrm{d}t_1 \\ R_1(s,t;\lambda) &= K(s,t;\lambda) + \int_a^b K(t_1,t;\lambda)R_1(s,t_1;\lambda)\mathrm{d}t_1 \end{aligned} \tag{215}$$

且若 λ 不是 $D(\lambda;1)$ 的零点,则对于任何 $f(s)$ 方程(214)有唯一解

$$\varphi(s) = f(s) + \int_a^b R_1(s,t;\lambda)f(t)\mathrm{d}t$$

若 $\lambda = \lambda_0$ 是 $D(\lambda;1)$ 的零点,则立即推出整函数 $D(\lambda_0;\mu)$ 有零点 $\mu = 1$,且从[8]中的结果推知,齐次方程

$$\varphi(s) = \int_a^b K(s,t;\lambda)\varphi(t)\mathrm{d}t \tag{216}$$

在 $\lambda = \lambda_0$ 时有不为零的解. 从而附带推出 $\lambda = \lambda_0$ 是 $R_1(s,t;\lambda)$ 的极点. 事实上,在相反情况下,对于任何 (s,t),解核 $R_1(s,t;\lambda)$ 在点 $\lambda = \lambda_0$ 是正则的且满足方程(215). 因方程(215)对于接近 λ_0 的一些 λ 值成立,故可让这些 λ 值连续趋近于点 $\lambda = \lambda_0$,就不难验证这个结论. 但如果在 $\lambda = \lambda_0$ 时方程(215)成立,那么方程(214)对于任何 $f(s)$ 有唯一解[6],且因此齐次方程(216)只有零解. 在 $D(\lambda;1) \equiv$

0 的情况对于含在 B 的内部的任何 λ，方程(216)都显然有解，且非齐次方程(214)不是对于任何自由项都可解的.

从前面的讨论推知，在关于核 $K(s,t;\lambda)$ 所作的假设下且 $D(\lambda;1)\not\equiv 0$ 时，特征值在 B 的内部没有极限点，亦即在含于 B 的内部的任何闭区域 B_1 内只有有限个特征值. 若代替核的正则性，我们设它可有不依赖于 s 及 t 的极点，则在每一个这样极点的任何小邻域内可以找到无穷个特征值. 例如，若具有连续对称核的方程

$$\varphi(s)=f(s)+\lambda\int_a^b K(s,t)\varphi(t)\mathrm{d}t$$

有无穷多个特征值 λ_n，则 $|\lambda_n|\to+\infty$，因而在有极点 $\lambda=0$ 的核 $K(s,t;\lambda)$ 的方程

$$\varphi(s)=f(s)+\frac{1}{\lambda}\int_a^b K(s,t)\varphi(t)\mathrm{d}t$$

里，特征值 λ_n^{-1} 在 $n\to\infty$ 时趋于 $\lambda=0$.

但可发生这样的事情，对于有极点的核的解核根本没有奇点. 例如，设 $R(s,t;\lambda)$ 是具有对称核的某积分方程的解核. 我们知道，它是 λ 的半纯函数，它的极点不依赖于 s 及 t. 作积分方程

$$\varphi(s)=f(s)-\lambda\int_a^b R(s,t;\lambda)\varphi(t)\mathrm{d}t$$

它具有核 $R(s,t;\lambda)$ 且参数 $\mu=-\lambda$. 由于在[30]中所说的，这方程的解核等于

$$R(s,t;\lambda+\mu)\Big|_{\mu=-\lambda}=R(s,t;0)=K(s,t)$$

因而它不依赖于 λ.

具有解析地依赖于参数的核的方程，已有一些著作予以研究，特别见于下列各论文中：米朗达(Circolo Matem. di Palermo t. ,608,1937)，伊格里希(Mathem. Annal. ,Bd. 117,1939)及 З. И. 哈利洛夫(苏联科学院报告, т. 54, No. 7,1946). 在这些论文中也指出了这个问题的参考文献.

35. 连续函数空间

最后，我们转到定理 14 及 17 的证明，这些定理曾在[21]及[22]中叙述且在具有对称核的积分方程理论的叙述时利用过它们. 在证明这些定理的时我们要利用现代泛函分析中的思想、概念及符号. 在卷五中我们将详细地叙述相应的材料，而现在只限于叙述与连续函数有关的那些部分. 这是因为我们所讲的积分方程的全部理论都是对连续函数来讲的，并且只基于寻常的积分概念(不

用勒贝格积分).我们开始叙述泛函分析中关于连续函数类或所谓连续函数空间的基础概念和结果.

考虑一切实函数的集合,它们在已给有限区间$[a,b]$上都是连续的.这个集合叫作F空间.任何在$[a,b]$上连续的一个给定的实函数叫作这空间的元素.以后将用末尾几个希腊字母来记这些元素,更简单地说,也就是,代替$\sigma(s)$,$\tau(s),\varphi(s),\psi(s),\cdots$将写为$\sigma,\tau,\varphi,\psi,\cdots$.恒等于零的函数叫作零元素,这种函数我们将用数零来记,并将以开头几个拉丁字母$a,b,c,\cdots$来记实数.若$\varphi_k(s)$是连续实函数及c_k是实数,则含有限项的和$c_1\varphi_1(s)+c_2\varphi_2(s)+\cdots+c_m\varphi_m(s)$也是连续实函数.因而,空间$F$的元素可乘以实数且相加,并且结果仍然得到$F$的元素.$F$中一些元素的线性无关性归结到所对应函数的线性无关性[3].元素$(-\varphi)$对应于函数$-\varphi(s)$.

两个元素的乘积的积分叫作它们的纯量积,且引用对于纯量积的通常记号

$$(\varphi,\psi)=\int_a^b\varphi(s)\psi(s)\mathrm{d}s \tag{217}$$

于是,两个元素的纯量积是一个数.从积分的初等性质立即可推出纯量积的下面性质

$$(c\varphi,d\psi)=cd(\varphi,\psi) \tag{218}$$

$$(\varphi_1+\varphi_2,\psi_1+\psi_2)=(\varphi_1,\psi_1)+(\varphi_2,\psi_1)+(\varphi_1,\psi_2)+(\varphi_2,\psi_2) \tag{218'}$$

此外,显然地

$$(\varphi,\psi)=(\psi,\varphi) \tag{219}$$

其次

$$(\varphi,\varphi)=\int_a^b[\varphi(s)]^2\mathrm{d}s \tag{220}$$

由此可见,$(\varphi,\varphi)\geqslant 0$,并且等号仅对于零元素成立.

(φ,φ)的平方根的算术值叫作元素φ的范数.对于范数采用记号$\|\varphi\|$,即有

$$\|\varphi\|=\sqrt{(\varphi,\varphi)}=\sqrt{\int_a^b[\varphi(s)]^2\mathrm{d}s} \tag{221}$$

我们有$\|\varphi\|\geqslant 0$,并且等号仅对于零元素成立.其次,从(218)当$c=d$及$\psi=\varphi$时得出

$$\|c\varphi\|=|c|\cdot\|\varphi\| \tag{222}$$

应用布尼亚科夫斯基不等式到积分(217),得

$$|(\varphi,\psi)|\leqslant\|\varphi\|\cdot\|\psi\| \tag{223}$$

从(221)得出

$$\|\psi-\varphi\| = \|\varphi-\psi\| \tag{224}$$

其次,由于(218′)及(219),有
$$\|\varphi+\psi\|^2 = (\varphi+\psi,\varphi+\psi) = (\varphi,\varphi) + (\psi,\psi) + 2(\varphi,\psi) \leqslant$$
$$\|\varphi\|^2 + \|\psi\|^2 + 2\|\varphi\| \cdot \|\psi\|$$

从而得到三角不等式
$$\|\varphi+\psi\| \leqslant \|\varphi\| + \|\psi\| \tag{225}$$

若两元素 φ 及 ψ 的纯量积等于零,则称这两元素相互正交或简称正交. 设元素 $\psi_1,\psi_2,\cdots,\psi_m$ 是两两正交的. 利用(218′)及(221)的定义,得到毕达哥拉斯定理
$$\|\psi_1+\psi_2+\cdots+\psi_m\|^2 = \|\psi_1\|^2 + \|\psi_2\|^2 + \cdots + \|\psi_m\|^2 \tag{226}$$

利用范数的概念,引出极限概念. 若当下标 n 无限增大时, $\|\varphi-\varphi_n\| \to 0$,或换句话说,若 $\|\varphi-\varphi_n\|^2 \to 0$,则把 φ 叫作元素列 φ_n 的极限. 这时写作 $\varphi_n \Rightarrow \varphi$. 这与下面
$$\|\varphi-\varphi_n\|^2 = \int_a^b [\varphi(s)-\varphi_n(s)]^2 \mathrm{d}s \to 0 \tag{227}$$

相对等,亦即收敛性 $\varphi_n \Rightarrow \varphi$ 定义为平均收敛性. 对于数我们保持从前极限的记号,即 $a_n \to a$. 不难证明,平均收敛只可有一个极限. 事实上,设 $\varphi_n \Rightarrow \varphi$ 及 $\varphi_n \Rightarrow \psi$,可写
$$\varphi - \psi = (\varphi - \varphi_n) + (\varphi_n - \psi)$$

从而由于(225),得
$$\|\varphi-\psi\| \leqslant \|\varphi-\varphi_n\| + \|\varphi_n-\psi\|$$

当 n 无限增加时右端趋于零,而左端不依赖于 n,故 $\|\varphi-\psi\|=0$,亦即 $\varphi-\psi$ 是零元素,因此连续函数 $\varphi(s)$ 及 $\psi(s)$ 是恒等的,亦即元素 φ 及 ψ 重合.

还应指出的是,若序列 φ_n 有极限,则当 m 及 n 无限增加时 $\|\varphi_m-\varphi_n\| \to 0$. 事实上,从公式
$$\varphi_m - \varphi_n = (\varphi_m - \varphi) + (\varphi - \varphi_n) \quad (\varphi_n \Rightarrow \varphi)$$

得出
$$\|\varphi_m - \varphi_n\| \leqslant \|\varphi_m - \varphi\| + \|\varphi - \varphi_n\| \quad (\varphi_n \Rightarrow \varphi)$$

且当 m 及 n 无限增加时右端趋于零. 现在证明下述定理:

定理20 表示式 $c\varphi, \varphi+\psi$ 及 (φ,ψ) 连续地依赖于数 c 及元素 φ 和 ψ,亦即,若 $c_n \to c, \varphi_n \Rightarrow \varphi$ 及 $\psi_n \Rightarrow \psi$,则
$$c_n\varphi_n \Rightarrow c\varphi, \varphi_n+\psi_n \Rightarrow \varphi+\psi, (\varphi_n,\psi_n) \to (\varphi,\psi)$$

写出显明的等式

$$c\varphi - c_n\varphi_n = (c\varphi - c_n\varphi) + (c_n\varphi - c_n\varphi_n)$$

且应用三角不等式到右端的和，得

$$\|c\varphi - c_n\varphi_n\| \leqslant |c - c_n| \cdot \|\varphi\| + |c_n| \cdot \|\varphi - \varphi_n\|$$

从而推出

$$c_n\varphi_n \Rightarrow c\varphi$$

其次有

$$(\varphi + \psi) - (\varphi_n + \psi_n) = (\varphi - \varphi_n) + (\psi - \psi_n)$$

从而

$$\|(\varphi + \psi) - (\varphi_n + \psi_n)\| \leqslant \|\varphi - \varphi_n\| + \|\psi - \psi_n\|$$

因此

$$\|(\varphi + \psi) - (\varphi_n + \psi_n)\| \to 0$$

亦即

$$\varphi_n + \psi_n \Rightarrow \varphi + \psi$$

最后转到纯量积连续性的证明。需要证明的是 $(\varphi_n, \psi_n) \to (\varphi, \psi)$。我们写作 "$\to$"，因为此处极限的过程不是对于 F 的元素，而是对于数的。令 $\varphi_n - \varphi = \sigma_n$ 及 $\psi_n - \psi = \tau_n$。因 $\varphi_n \Rightarrow \varphi$ 及 $\psi_n \Rightarrow \psi$，故范数 $\|\sigma_n\|$ 及范数 $\|\tau_n\|$ 趋于零。

我们有

$$(\varphi, \psi) - (\varphi_n, \psi_n) = (\varphi, \psi) - (\varphi + \sigma_n, \psi + \tau_n) = \\ -(\varphi, \tau_n) - (\sigma_n, \psi) - (\sigma_n, \tau_n)$$

从而，由于(223)，得

$$|(\varphi, \psi) - (\varphi_n, \psi_n)| < \|\varphi\| \cdot \|\tau_n\| + \|\sigma_n\| \cdot \|\psi\| + \|\sigma_n\| \cdot \|\tau_n\|$$

当 n 无限增加时右端趋于零，因此，$(\varphi_n, \psi_n) \to (\varphi, \psi)$。

推论 若 $\varphi_n \Rightarrow \varphi$，则 $\|\varphi_n\| \to \|\varphi\|$。事实上，有

$$\|\varphi_n\| = \sqrt{(\varphi_n, \varphi_n)} \to \sqrt{(\varphi, \varphi)} = \|\varphi\|$$

设元素 $\varphi_k (k=1, 2, \cdots, n)$ 是两两正交且标准的，亦即

$$(\varphi_p, \varphi_q) = \begin{cases} 0, & \text{当 } p \neq q \text{ 时} \\ 1, & \text{当 } p = q \text{ 时} \end{cases} \tag{228}$$

且设 φ 是 F 的任意元素。和

$$\sum_{k=1}^{n} (\varphi, \varphi_k) \varphi_k$$

也是 F 中的元素，且它是元素 φ 关于元素 $\varphi_k (k=1, 2, \cdots, n)$ 的傅里叶级数。这时容易验证下面的差

$$\varphi - \sum_{k=1}^{n}(\varphi,\varphi_k)\varphi_k \qquad (229)$$

与所有 $\varphi_k(k=1,2,\cdots,n)$ 正交.

还要指出的是,若函数列 $\omega_n(s)$ 在 $[a,b]$ 上一致收敛于 $\omega(s)$,则在积分 (227) 内可在积分号下取极限,因而我们有 $\omega_n \Rightarrow \omega$. 反之,从 $\omega_n \Rightarrow \omega$,不能推出 $\omega_n(s)$ 一致收敛于 $\omega(s)$[Ⅱ;148].

空间 F 的建立与在线性代数中空间 R_n 的建立是十分相似的. 此处我们仅限于实函数,没有什么困难就可推广到复函数,迟些时将给出这个推广.

有了在空间 F 中的极限的定义,自然也可考察无穷级数

$$\sum_{k=1}^{\infty}\psi_k$$

其中 ψ_k 是 F 中的元素. 若当 n 无限增加时

$$\sigma_n = \sum_{k=1}^{n}\psi_k \Rightarrow \psi$$

则称上面写出的级数收敛且它的和是 ψ. 按照这里所说的,我们也可考察傅里叶无穷级数

$$\sum_{k=1}^{\infty}(\varphi,\varphi_k)\varphi_k$$

但后面我们没有用到它.

上面定义的级数的收敛性是平均收敛性,亦即,无穷级数 $\sum_{k=1}^{\infty}\psi_k$ 收敛于 ψ 应当理解为

$$\int_a^b \left[\psi(s) - \sum_{k=1}^{\infty}\psi_k(s)\right]^2 \mathrm{d}s \to 0$$

36. 线性算子

按照任何的确定规律,从 F 中的任意元素 φ 对应一个也在 F 中的确定元素,则称这样的规律为在 F 中的算子. 对于算子引用记号 $A,B,\cdots$,于是符号 $A\varphi,B\varphi,\cdots$ 记作那样的元素,它们是用算子 $A,B,\cdots$ 对应于元素 φ 的元素.

算子的分配性由下列公式定义

$$A(c_1\varphi_1 + c_2\varphi_2 + \cdots + c_m\varphi_m) = c_1 A\varphi_1 + c_2 A\varphi_2 + \cdots + c_m A\varphi_m \qquad (230)$$

若存在这样的数 N,使对于任何元素 φ 有不等式

$$\|A\varphi\| \leqslant N\|\varphi\| \qquad (231)$$

则称 A 为有界算子.

分配的且有界的算子称为线性算子. 对于实连续核或弱极性核的积分算子可作为线性算子的例子,有

$$A\varphi = \int_a^b K(s,t)\varphi(t)\,dt \tag{232}$$

从积分的初等性质显示出分配性,而有界性则得自布尼亚科夫斯基不等式

$$\left[\int_a^b K(s,t)\varphi(t)\,dt\right]^2 \leqslant \int_a^b [K(s,t)]^2\,dt \cdot \int_a^b [\varphi(t)]^2\,dt$$

若其中右端第一个因子对于任何 s 不大于某确定数,即

$$\int_a^b [K(s,t)]^2\,dt \leqslant N_1$$

而这对于连续核及弱极性核是成立的. 将不等式

$$\left[\int_a^b K(s,t)\varphi(t)\,dt\right]^2 \leqslant N_1 \int_a^b [\varphi(t)]^2\,dt$$

的两端对 s 积分,得

$$\|A\varphi\|^2 \leqslant (b-a)N_1 \|\varphi\|^2$$

取 $N = \sqrt{(b-a)N_1}$ 就是不等式(231).

如果对应任何连续函数的还是这个函数,那么这种算子也是线性算子的例子. 用通常记恒等变换的符号 $\mathscr{E}$ 来记这样的算子,就是 $\mathscr{E}\varphi = \varphi$. 对于这个算子在公式(231)中可取 $N=1$.

还考察线性算子 A,它将任何元素 φ 变为乘以某定数 a,亦即 $A\varphi = a\varphi$. 在这情况下在公式(231)中可取 $N=|a|$. 若 $a=0$,则算子 A 变任何元素 φ 为零元素,亦即将任何函数 $\varphi(s)$ 乘以零,这个算子将叫作消去算子. 消去算子的特征是有这样一件事实,即在公式(231)中 $N=0$. 事实上,若 $N=0$,则从(231)推知,对于任何 φ,$\|A\varphi\|=0$,亦即对于任何 φ,$A\varphi$ 是零元素,因为只在零元素时范数等于零. 于是,对于不同于消去算子的任何其他算子,在公式(231)中 N 必是正数.

以后我们只讨论线性算子,且说到算子时经常指的线性算子.

若 ω 是零元素(亦即 $\omega(s) \equiv 0$),则可写成 $\omega = 0\varphi$,其中 φ 是任意元素,从而,由于(230),得 $A\omega = A(0\varphi) = 0, A\varphi = \omega$,亦即任何算子变零元素为零元素.

回到不等式(231). 若 ω 是零元素,则 $A\omega$ 也是零元素,亦即 $\|A\omega\| = \|\omega\| = 0$. 这时(231)对于任意选择的 N 都是正确的.

于是,在考察(231)时可以认为 $\|\varphi\| > 0$. 设 φ 是标准元素,亦即 $\|\varphi\| = 1$. 这时(231)可写作如下形式

$$\|A\varphi\| \leqslant N \quad (\|\varphi\|=1) \tag{233}$$

不难看出，从(233)推得(231)，反之也是一样. 事实上，设 φ 是任意元素，且不同于零元素. 这时，由(222)知，$\frac{1}{\|\varphi\|}\varphi$ 是标准元素，且公式(233)给出

$$\left\| A\left(\frac{1}{\|\varphi\|}\varphi\right) \right\| \leqslant N$$

从而，由于(230)，得

$$\left\| \frac{1}{\|\varphi\|} A\varphi \right\| \leqslant N, \text{或} \frac{1}{\|\varphi\|} \|A\varphi\| \leqslant N, \text{或} \|A\varphi\| \leqslant N\|\varphi\|$$

亦即从(233)确实推出(231). 于是，可考察(233)来代替(231)，反之也是一样.

若(231)(或(233))对于某 N 可以实现，则它对于一切大于 N 的值更加可以实现. 自然我们要寻求可能小的值 N.

若 φ 是 F 中任何标准元素，则 $\|A\varphi\|$ 将是非负数的集合，且这集合中的一切数不大于 N. 这集合有上确界[Ⅰ;42]，我们将用 n_A 来记这个上确界，即

$$n_A = \sup_{\|\varphi\|=1} \|A\varphi\| \tag{234}$$

这时，按照上确界的定义，在 $\|\varphi\|=1$ 时 $\|A\varphi\| \leqslant n_A$，但对于任何正数 ε，存在这样的标准元素 φ，使 $\|A\varphi\| > n_A - \varepsilon$. 因此，$n_A$ 是在公式(231)及(233)中的可能值 N 中的最小值，得

$$\|A\varphi\| < n_A \quad (\|\varphi\|=1) \tag{235}$$

或

$$\|A\varphi\| \leqslant n_A \|\varphi\| \tag{236}$$

代替公式(234)，我们显然可由下列公式确定 n_A，即

$$n_A = \sup \frac{\|A\varphi\|}{\varphi} = \sup \left\| A \frac{1}{\|\varphi\|}\varphi \right\| \tag{237}$$

其中 φ 是任何异于零的元素.

数 n_A 通常称作算子 A 的范数. 消去算子的这个范数等于零，而任何其他算子的这个范数是正数，这是前面已经可以看到的. 我们将给范数以另一定义.

定理 21 范数 n_A 是当 $\|\varphi\| = \|\psi\| = 1$ 时 $|(A\varphi,\psi)|$ 的上确界，亦即

$$n_A = \sup |(A\varphi,\psi)| \quad (\text{当} \|\varphi\| = \|\psi\| = 1 \text{时}) \tag{238}$$

若 A 是消去算子，则对于任何 φ 及 ψ，$(A\varphi,\psi)=0$，因而定理是显然成立的，因为在这情况下，$n_A=0$. 设 A 不是消去算子. 从不等式

$$|(A\varphi,\psi)| \leqslant \|A\varphi\| \cdot \|\psi\| \leqslant n_A \|\varphi\| \cdot \|\psi\| \tag{239}$$

由此得出

$$|(A\varphi,\psi)| \leqslant n_A \quad (\text{当} \|\varphi\| = \|\psi\| = 1 \text{时}) \tag{240}$$

另一方面,若在纯量积$(A\varphi,\psi)$中,代替ψ以标准元素$\dfrac{1}{\|A\varphi\|}A\varphi$,其中$A\varphi$不是零元素,则得$(A\varphi,\psi)=\|A\varphi\|$.由于(234)可能选取这样的标准元素,使$\|A\varphi\|$亦即$|(A\varphi,\psi)|$任意接近于$n_A$.这个断言与(240)一起给出(238).应注意的是,在积分算子(232)的情况,纯量积$(A\varphi,\psi)$由下列公式表达

$$(A\varphi,\psi)=\int_a^b\left[\int_a^b K(s,t)\varphi(t)\mathrm{d}t\right]\psi(s)\mathrm{d}s$$

交换积分次序,这对于连续核或弱极性核是可能的,得

$$(A\varphi,\psi)=\int_a^b\left[\int_a^b K(s,t)\psi(s)\mathrm{d}s\right]\varphi(t)\mathrm{d}t \tag{241}$$

若与算子(232)同时引入具有转置核的算子A^*,有

$$A^*\psi=\int_a^b K(s,t)\psi(s)\mathrm{d}s \tag{242}$$

则公式(241)记作形式

$$(A\varphi,\psi)=(\varphi,A^*\psi) \tag{243}$$

在对称核的情况,算子A^*与算子A相同,因而公式(243)这时采取形式

$$(A\varphi,\psi)=(\varphi,A\psi) \tag{244}$$

定义 5 若对于任何两元素φ及ψ有(244)成立,则算子A称为自共轭的.

不仅具有对称核的积分算子是自共轭的.例如,容易验证,乘以数的算子也是自共轭的.现在证明对以后很重要的定理:

定理 22 自共轭算子的范数是$|(A\varphi,\varphi)|$对于一切可能标准元素φ所取数值的上确界.

设

$$d=\sup_{\|\varphi\|=1}|(A\varphi,\varphi)| \tag{245}$$

我们应该证明的是,$d=n_A$.若φ是任何异于零的元素,则我们也可写

$$d=\sup\left|\left(A\dfrac{1}{\|\varphi\|}\varphi,\dfrac{1}{\|\varphi\|}\varphi\right)\right|=\sup\dfrac{|(A\varphi,\varphi)|}{\|\varphi\|^2}$$

从而

$$|(A\varphi,\varphi)|\leqslant d\|\varphi\|^2 \tag{246}$$

对于零元素φ这关系式是明显的.写出下式

$$(A(\varphi+\psi),\varphi+\psi)-(A(\varphi-\psi),\varphi-\psi)=4(A\varphi,\psi) \tag{247}$$

这式可以应用公式(218′)(219)(230)及(244)到它的左端而得到.另一方面,注意(246),得

$$|(A(\varphi+\psi),\varphi+\psi) - (A(\varphi-\psi),\varphi-\psi)| \leqslant$$
$$|(A(\varphi+\psi),\varphi+\psi)| + |(A(\varphi-\psi),\varphi-\psi)| \leqslant$$
$$d(\varphi+\psi,\varphi+\psi) + d(\varphi-\psi,\varphi-\psi) =$$
$$2d(\|\varphi\|^2 + \|\psi\|^2)$$

从而,由于(247)得
$$2|(A\varphi,\psi)| \leqslant d(\|\varphi\|^2 + \|\psi\|^2) \tag{248}$$

因而
$$|(A\varphi,\psi)| \leqslant d \quad (\text{当} \|\varphi\| = \|\psi\| = 1 \text{时})$$

从另一方面,由于定理21, n_A 是最后不等式左端的上确界,因而 $d \geqslant n_A$. 为了定理的证明,余下要证明的是, $d \leqslant n_A$.

按照(238),我们有,当 $\|\varphi\| = 1$ 时 $|(A\varphi,\varphi)| \leqslant n_A$. 但由定义(245)知 d 是不等式的左端当 $\|\varphi\| = 1$ 时的上确界,从而也推出 $d \leqslant n_A$. 因此对于自共轭算子,有

$$n_A = \sup_{\|\varphi\|=1} |(A\varphi,\varphi)| = \sup \frac{|(A\varphi,\varphi)|}{\|\varphi\|^2} \tag{249}$$

数值 $(A\varphi,\psi)$ 及 $(A\varphi,\varphi)$ 与线性代数中的双线性型及二次型相似[Ⅲ$_1$;40]. 它们有时也称为对应于算子 A 的双线性泛函及二次泛函. 我们在[25]中曾对于具有对称核的积分算子讨论过这些值. 对于积分算子(232)二次泛函有形式

$$(A\varphi,\varphi) = \int_a^b \int_a^b K(s,t)\varphi(s)\varphi(t) \mathrm{d}s \mathrm{d}t \tag{250}$$

并且在连续核或弱极性核的情况右端积分的次序是可以变换的.

基本定理的证明与二次泛函(250)的极值的讨论有联系.

利用定理14及17,我们曾在[26]中建立这种观点. 此处我们将直接讨论这些极值,而不借助于前面叙述的有对称核的积分方程理论的结果. 我们可以只对于某类线性自共轭算子来得到定理14及17的证明,并且就要单独考察这一类线性算子.

首先我们注意任意线性算子的一个性质. 设 $\varphi_n \Rightarrow \varphi$, 亦即 $\|\varphi - \varphi_n\| \to 0$. 我们有

$$\|A\varphi - A\varphi_n\| = \|A(\varphi - \varphi_n)\| \leqslant n_A \|\varphi - \varphi_n\|$$

因而 $\|A\varphi - A\varphi_n\| \to 0$, 亦即 $A\varphi_n \Rightarrow A\varphi$. 因此,从 $\varphi_n \Rightarrow \varphi$, 推出 $A\varphi_n \Rightarrow A\varphi$, 亦即任何线性算子都是连续的.

现在引入某些新概念. 设 G 是元素 φ 的集合,若存在这样的数 C, 使对于 G 中一切元素 φ, 有

$$\|\varphi\| = \sqrt{\int_a^b [\varphi(s)]^2 \mathrm{d}s} \leqslant C \tag{251}$$

则 G 称作关于范数有界的,或简称为有界的. 其次,若从属于 G 的任何元素序列可选出有平均收敛意义的极限的子序列,则 G 称作在平均收敛意义下的致密集合,或简称为致密集合.

与关于范数有界的集合同时也可考虑元素 φ 的集合 G,它是关于绝对值有界的. 对于这样的集合应存在这样的数 C,使 G 中的一切函数 $\varphi(s)$ 的绝对值不大于 C,亦即代替(251)以

$$|\varphi(s)| \leqslant C \tag{252}$$

完全相类似地,若从属于 G 的任何元素序列可选出有一致收敛意义的极限的子序列,则元素 φ 的集合 G 称作在一致收敛意义下的致密集合. 在一致收敛意义下的致密集合也是在平均收敛意义下致密的,因为从一致收敛性就能推出平均收敛性.

在[16]中证明的定理可陈述成如下形式:

定理 23 若 G 中一切元素满足条件(252)且等度连续,则集合 G 在一致收敛意义下是致密的.

现在定义一类线性算子,它是我们以后将要研究的.

定义 6 若线性算子 A 使任何关于范数有界的集合变为在平均收敛意义下的致密集合,则 A 称作全连续算子.

换句话说,若元素 φ 对于固定值 C 满足条件(251),则元素集合 $A\varphi$ 应在平均收敛意义下是致密的.

若发现集合 $A\varphi$ 在一致收敛意义下是致密的,则它更是在平均收敛意义下的致密集合. 具有这性质的算子称为加强全连续的.

定义 7 若线性算子 A 使任何关于范数有界的集合变为在一致收敛意义下的致密集合,则 A 称作加强全连续算子.

如刚才指出的,任何加强全连续算子也是全连续算子.

在下节中我们将对于任何全连续自共轭算子来证明基本定理. 但在考察积分算子且确定它们是全连续算子的条件时,我们必须利用以前指出的[16]节中的定理,且因而证明相应的算子是加强全连续算子. 在平均收敛意义下的致密性的条件与实变数函数及勒贝格积分理论有联系,我们将于卷五中指出. 在那里将在更广泛且更自然的基础上来叙述积分方程理论.

37. 特征值的存在性

考察全连续自共轭算子 A(它不同于消去算子) 及具有参数 μ 的齐次方程

$$A\varphi = \mu\varphi \tag{253}$$

它相当于如下形式的积分方程(参阅[2])

$$\int_a^b K(s,t)\varphi(t)\mathrm{d}t = \mu\varphi(s) \tag{254}$$

这样一来,方程(253)的特征值就是在积分方程理论的叙述中所谈到的特征值的倒数.由(249)知,存在这样标准元素列 $\psi_n(n=1,2,\cdots)$,使

$$|(A\psi_n,\psi_n)| \to n_A \quad (\|\psi_n\|=1) \tag{255}$$

因为 $n_A > 0$(因 A 不是消去算子),当 n 充分大时,$(A\psi_n,\psi_n)$ 不等于零,因而在它们中间或者有无穷多个正数或者有无穷多个负数,或者既有无穷多个正数又有无穷多个负数.在任何情况下从元素列 ψ_n 可选取这样的子序列,若保持原来的下标,就可写为

$$(A\psi_n,\psi_n) \to \mu_1 \tag{256}$$

其中

$$\mu_1 = n_A \tag{257}$$

或

$$\mu_1 = -n_A \tag{258}$$

作元素

$$\tau_n = \mu_1\psi_n - A\psi_n \tag{259}$$

且确定它的范数的平方为

$$\|\tau_n\|^2 = (\mu_1\psi_n - A\psi_n, \mu_1\psi_n - A\psi_n) = \\ \mu_1^2(\psi_n,\psi_n) - 2\mu_1(A\psi_n,\psi_n) + (A\psi_n,A\psi_n) \tag{260}$$

或注意到 $\|\psi_n\|=1$ 及 $\|A\psi_n\|^2 \leqslant n_A^2 = \mu_1^2$,得

$$\|\tau_n\|^2 \leqslant 2\mu_1[\mu_1 - (A\psi_n,\psi_n)] \tag{261}$$

由于(256),当 $n \to \infty$ 时右端趋于零,因此也有 $\|\tau_n\| \to 0$,亦即

$$\mu_1\psi_n - A\psi_n \Rightarrow 0 \tag{262}$$

到现在为止,我们没有用到 A 是全连续算子这个事实,此刻就要用到它.

元素 ψ_n 既然是标准的,那么它们的集合是有界的,因而序列 $A\psi_n$ 是致密的.从这个序列可选取有极限元素的子序列.若保持原来的下标,即可认为序列 $A\psi_n$ 有极限元素.可是在这样情况下从(262)就可推出序列 ψ_n 也有极限元素 ($\mu_1 \neq 0$).设 $\psi_n \Rightarrow \varphi_1$.极限元素 φ_1 也和 ψ_n 一样是标准的,这可从[35]中定理20

得知.在(262)中取极限,且注意到算子 A 的连续性,得 $\mu_1\varphi_1 - A\varphi_1 = 0$,亦即
$$A\varphi_1 = \mu_1\varphi_1 \tag{263}$$
这样一来,方程(253)有特征值 μ_1 及对应标准特征元素 φ_1.从(263)推出
$$(A\varphi_1, \varphi_1) = \mu_1 \tag{264}$$
由上面的讨论引出下面的特征值存在定理:

定理 24 若 A 是在空间 F 中的全连续自共轭算子,且不是消去算子,则方程(253)有不等于零的特征值 μ_1,它的绝对值等于 n_A.

38. 特征值列及展开定理

现在不考察一切连续函数的集合 F 而来考察集合 F_2,它的元素 φ 与 φ_1 正交(我们设 $F_1 = F$).亦即考察那些实连续函数 $\varphi(s)$ 的集合,它满足条件
$$(\varphi, \varphi_1) = \int_a^b \varphi(s)\varphi_1(s)\mathrm{d}s = 0 \tag{265}$$
我们指出关于 F_2 的一个重要事实.如果作 F_2 中元素的线性组合,结果仍旧得到 F_2 中的元素.事实上,若 $(\omega_1, \varphi_1) = (\omega_2, \varphi_2) = 0$,则也有
$$(c_1\omega_1 + c_2\omega_2, \varphi_1) = c_1(\omega_1, \varphi_1) + c_2(\omega_2, \varphi_1) = 0$$
其次,若 ω_n 属于 F_2,且 $\omega_n \Rightarrow \omega_0$,则 ω_0 也属于 F_2.事实上,从 $(\omega_n, \varphi_1) = 0$ 取极限得 $(\omega_0, \varphi_1) = 0$.还要证明,若元素 τ 属于 F_2,则 $A\tau$ 也属于 F_2.事实上,按照条件 $(\tau, \varphi_1) = 0$,我们也有
$$(A\tau, \varphi_1) = (\tau, A\varphi_1) = (\tau, \mu_1\varphi_1) = \mu_1(\tau, \varphi_1) = 0$$
这样一来,我们可把算子 A 看作是确定在 F_2 上的自共轭全连续算子.它使 F_2 中的元素仍旧变为 F_2 中的元素.在[35]和[36]及[37]各段中的一切讨论以 F_2 代替 F 时都保持有效.

产生了对于算子 A 在 F_2 中的范数的问题.我们用 v_2 来记这个范数($v_1 = n_A$).

按照[36]中的定理 22,这个范数确定为
$$v_2 = \sup_{\|\varphi\|=1} |(A\varphi, \varphi)| \tag{266}$$
在较广泛空间 F 中,同一算子的范数 n_A 是由相似的公式(249)确定的,其中 φ 不是取自 F_2 而是取自 F 的.这样一来,v_2 是较狭小的数集合的上确界,因而可肯定 $v_2 \leqslant n_A$.在特殊情况下,可能出现 $v_2 = 0$,亦即可能出现 A 是在 F_2 中的消去算子.假设没有这种情形.重复[37]中的讨论,我们相信,如果把方程(253)看作是在 F_2 中的方程,那么这时它有特征值 μ_2,且对应于 F_2 中的特征标准元素 φ_2,即 $A\varphi_2 = \mu_2\varphi_2$.这时 $|\mu_2| = v_2$ 且 $(A\varphi_2, \varphi_2) = \mu_2$.从 $v_2 \leqslant n_A$ 得到

$|\mu_1| \geqslant |\mu_2|$.

现在作出 F 中的元素集合 F_3，它的元素满足两条件，即
$$(\varphi, \varphi_1) = (\varphi, \varphi_2) = 0 \tag{267}$$
关于 F_3 可如前面关于 F_2 那样作相同的肯定，于是可把 A 看作是确定在 F_3 中的自共轭全连续算子．若这不是消去算子，则如前面一样得到特征值 μ_3 及 F_3 中的标准特征元素 φ_3．这时 $|\mu_3| = v_3$，其中 v_3 是在 F_3 中的算子 A 的范数．这时 $|\mu_1| \geqslant |\mu_2| \geqslant |\mu_3|$．

照这样继续进行，得到特征值 $\mu_1, \mu_2, \cdots, \mu_n$ 及对应的两两正交且标准的元素 $\varphi_1, \varphi_2, \cdots, \varphi_n$，且
$$|\mu_1| \geqslant |\mu_2| \geqslant \cdots \geqslant |\mu_n| \tag{268}$$
而 $|\mu_k|$ 是在 F_k 中的算子 A 的范数，于是，若
$$(\varphi, \varphi_1) = (\varphi, \varphi_2) = \cdots = (\varphi, \varphi_{k-1}) = 0$$
则从而
$$|(A\varphi, \varphi)| \leqslant |\mu_k| \cdot \|\varphi\|^2 \tag{269}$$

假设在构造下一个特征值时，上面的方法不能继续进行，也就是在由条件
$$(\varphi, \varphi_1) = (\varphi, \varphi_2) = \cdots = (\varphi, \varphi_n) = 0 \tag{270}$$
确定的集合 F_{n+1} 中，算子 A 是消去算子．

设 ω 是 F 中任何元素．作满足条件(270)的下面一个元素
$$\varphi = \omega - \sum_{k=1}^{n} (\omega, \varphi_k) \varphi_k \tag{271}$$
亦即这元素属于 F_{n+1}．照条件我们有
$$A\left[\omega - \sum_{k=1}^{n} (\omega, \varphi_k) \varphi_k\right] = 0$$
或展开括号且注意 $A\varphi_k = \mu_k \varphi_k (k = 1, 2, \cdots, n)$，得
$$A\omega = \sum_{k=1}^{n} (\omega, \varphi_k) \mu_k \varphi_k$$
亦即任何形如 $A\omega$ 的元素可关于特征元素 φ_k 展开．不难验证 $(\omega, \varphi_k) \mu_k$ 都是元素 $A\omega$ 的傅里叶系数，即
$$(A\omega, \varphi_k) = (\omega, A\varphi_k) = (\omega, \mu_k \varphi_k) = \mu_k (\omega, \varphi_k)$$

现在设前面指出构造不等于零的特征值 μ_s 的方法可继续至无穷次．首先证明特征值序列 μ_s 趋于零．作相反的假设，设不增正数列 μ_s^2 有大于零的极限 c．因为一切特征元素 φ_s 的范数等于1，所以序列 $A\varphi_s$ 应该是致密的．另一方面，注意 φ_s 是两两正交的，由毕达哥拉斯定理，得

$$\| A\varphi_m - A\varphi_n \|^2 = \| \mu_m \varphi_m - \mu_n \varphi_n \|^2 = \mu_m^2 + \mu_n^2$$

且当 m 及 n 无限增加时，最后的和有大于零的极限 $2a$，从而得出 $A\varphi_s$ 不是致密的。得到的矛盾证明了 $\mu_s \to 0$。

仍旧考察(271)中的元素，它是属于 F_{n+1} 的。在 F_{n+1} 中的算子 A 的范数等于 μ_{n+1}，因此

$$\left\| A\left(\omega - \sum_{k=1}^{n}(\omega,\varphi_k)\varphi_k\right) \right\|^2 \leqslant \mu_{n+1}^2 \left\| \omega - \sum_{k=1}^{n}(\omega,\varphi_k)\varphi_k \right\|^2 \tag{272}$$

但容易验证(参阅[3])

$$\left\| \omega - \sum_{k=1}^{n}(\omega,\varphi_k)\varphi_k \right\|^2 = \| \omega \|^2 - \sum_{k=1}^{n}[(\omega,\varphi_k)]^2 \leqslant \| \omega \|^2$$

因而从(272)得出

$$\left\| A\left(\omega - \sum_{k=1}^{n}(\omega,\varphi_k)\varphi_k\right) \right\|^2 \leqslant \mu_{n+1}^2 \| \omega \|^2$$

且当 $n \to \infty$ 时右端趋于零，从而

$$A\left[\omega - \sum_{k=1}^{n}(\omega,\varphi_k)\varphi_k\right] = A\omega - \sum_{k=1}^{n}(\omega,\varphi_k)\mu_k\varphi_k \Rightarrow 0$$

亦即

$$A\omega = \sum_{k=1}^{n}(\omega,\varphi_k)\mu_k\varphi_k \tag{273}$$

并且无穷级数的收敛性应该理解为这级数的部分和平均收敛于 $A\omega$。

最后，证明 φ_k 是算子 A 的所有线性无关的特征元素，它们是分别与不等于零的特征值对应的。

对应于不同特征值的特征元素是相互正交的。事实上，若 $\mu' \neq \mu''$ 且

$$A\varphi' = \mu'\varphi', A\varphi'' = \mu''\varphi''$$

则从第一方程作与 φ'' 的纯量积减去第二方程与 φ' 的纯量积，得

$$(\mu' - \mu'')(\varphi',\varphi'') = (A\varphi',\varphi'') - (\varphi',A\varphi'') =$$
$$(A\varphi',\varphi'') - (A\varphi',\varphi'') = 0$$

亦即 $(\varphi',\varphi'') = 0$。对应于同一个特征值的特征元素可以正交化。于是，若存在特征元素 τ 与 φ_s 是线性无关的，且设它对应于不等于零的特征值 μ，则可认为这个元素 τ 与一切 φ_k 正交(参阅[21])，亦即 $(\tau,\varphi_k) = 0$。

在公式(273)中令 $\omega = \tau$，且注意 $A\tau = \mu\tau$，得 $\mu\tau = 0$，亦即 τ 是零元素($\mu \neq 0$)，这是荒谬的，因为按照条件 τ 是特征元素。这样一来，φ_k 给出线性无关的特征元素完全系，它们对应于不等于零的特征值。公式(273)给出形如 $A\omega$ 的任何元素关于特征元素 φ_k 的展开式。这样一来，对于自共轭全连续的积分算子，我们得

到可用核表示的任何元素

$$F(s) = \int_a^b K(s,t)h(t)\mathrm{d}t$$

关于特征函数 $\varphi_n(s)$ 的展开式,而收敛性认为是按平均收敛意义的. 但我们已看到, $F(s)$ 关于 $\varphi_n(s)$ 的傅里叶级数对于连续核及弱极性核而言在 $[a,b]$ 内是一致收敛的,设 $\Phi(s)$ 是它的和(连续函数).

从一致收敛性得出平均收敛性,亦即函数 $F(s)$ 关于 $\varphi_n(s)$ 的傅里叶级数也平均收敛于 $\Phi(s)$. 但平均收敛的极限是唯一的,而我们在前面已证过 $F(s)$ 的傅里叶级数平均收敛于 $F(s)$. 因此, $\Phi(s)$ 与 $F(s)$ 一致,亦即 $F(s)$ 关于 $\varphi_n(s)$ 的傅里叶级数一致收敛于 $F(s)$. 这就证明了[22]中的定理 17.

在积分方程的理论中代替(253)我们曾用过 $\varphi = \lambda A\varphi$,亦即 $\lambda = \dfrac{1}{\mu}$. 由于证明了 $\mu_n \to 0$,故也有 $\lambda_n = \dfrac{1}{\mu_n} \to \infty$,这是我们从前看到过的.

本段的结果可表述为下面的形式:

定理 25 设 A 是全连续自共轭算子,且不是消去算子,则算子 A 的一切特征值有有限秩且在任何区间 $[-\varepsilon, +\varepsilon]$ 的外面有有限个特征值. 任何形如 $A\omega$ 的元素可展为关于特征元素 φ_k 的傅里叶级数,而收敛性是按平均收敛意义的.

39. 复连续函数空间

我们可把从[35]起的一切理论也引到复连续函数上去. 设 H 是复函数 $\omega(s) = \omega_1(s) + \omega_2(s)\mathrm{i}$ 空间,且在 $[a,b]$ 上是连续的. 这时当作函数的线性组合时可采用任意复系数. 纯量积由下面公式来确定

$$(\varphi, \psi) = \int_a^b \varphi(s)\overline{\psi(s)}\mathrm{d}s \tag{217'}$$

代替(218′) 有

$$(c\varphi, d\psi) = c\bar{d}(\varphi, \psi)$$

而代替(219) 的是

$$(\psi, \varphi) = \overline{(\varphi, \psi)} \tag{219'}$$

范数由下面等式来确定

$$\|\varphi\| = \sqrt{(\varphi, \varphi)} = \sqrt{\int_a^b |\varphi(s)|^2 \mathrm{d}s} \tag{221'}$$

算子的自共轭性仍旧被公式(244) 定义着. 对于自共轭算子来说 $(A\varphi, \varphi)$ 的值总是实数,因为 $(A\varphi, \varphi) = (\varphi, A\varphi) = \overline{(A\varphi, \varphi)}$,而等于它本身的共轭数的数

是实的.自共轭算子只有实特征值,因为从 $A\varphi = \mu\varphi$ 推出 $(A\varphi, \varphi) = \mu\|\varphi\|^2$,这式给出 μ 的实性.

我们指出在[36]节定理 22 的证明中必须引起的改变.代替(248)的将是
$$2|R(A\varphi, \psi)| \leqslant d[\|\varphi\|^2 + \|\psi\|^2] \tag{248'}$$
其中 R 是实部符号.我们证明,由此推得对于 $(A\varphi, \psi)$ 的范数也有同样不等式,亦即
$$2|(A\varphi, \psi)| \leqslant d[\|\varphi\|^2 + \|\psi\|^2]$$
设 $(A\varphi, \psi) = re^{i\beta}$,其中 r 及 β 是 $(A\varphi, \psi)$ 的模及辐角.

在不等式(248′)中元素 φ 是任意的,因而可用 $e^{-i\beta}\varphi$ 来代替它.得
$$2|Re^{-i\beta}(A\varphi, \psi)| \leqslant d[\|e^{-i\beta}\varphi\|^2 + \|\psi\|^2]$$
如果注意到,$|e^{-i\beta}| = 1$ 且 $(A\varphi, \psi) = re^{i\beta}$,则上面的不等式可写作
$$2|Rr| \leqslant d[\|\varphi\|^2 + \|\psi\|^2]$$
但 r 的实部是 r 本身,亦即
$$2r \leqslant d[\|\varphi\|^2 + \|\psi\|^2]$$
或
$$2|(A\varphi, \psi)| \leqslant d[\|\varphi\|^2 + \|\psi\|^2]$$
这就是要求证明的.其余的一切讨论与前面相同.

和上面一样,在复连续函数空间中的全连续自共轭算子的这个理论给出具有埃尔米特核的积分方程的特征值存在定理及展开定理.

40. 积分全连续算子

考察积分算子
$$\psi(s) = \int_a^b K(s,t)\varphi(t)\,dt \tag{274}$$
且探求在空间 F 中它是加强全连续算子的条件.首先必须写出的积分对于任意选择的连续函数 $\varphi(t)$ 有意义,而且要求 $\psi(s)$ 也是连续函数.如果 $K(s,t)$ 是连续的或弱极性[17],那么这要求一定会达到.

作差
$$\psi(s+h) - \psi(s) = \int_a^b [K(s+h,t) - K(s,t)]\varphi(t)\,dt$$
且应用布尼亚科夫斯基不等式
$$|\psi(s+h) - \psi(s)|^2 \leqslant$$
$$\int_a^b |K(s+h,t) - K(s,t)|^2\,dt \cdot \int_a^b |\varphi(t)|^2\,dt$$

且类似地,从(274)得

$$|\psi(s)|^2 \leqslant \int_a^b |K(s,t)|^2 dt \cdot \int_a^b |\varphi(t)|^2 dt$$

设有关于范数有界的函数集合 $\varphi(t)$,亦即

$$\int_a^b |\varphi(t)|^2 dt \leqslant C^2 \qquad (275)$$

由于上面不等式,从而

$$|\psi(s)|^2 \leqslant C^2 \int_a^b |K(s,t)|^2 dt \qquad (276)$$

$$|\psi(s+h) - \psi(s)|^2 \leqslant C^2 \int_a^b |K(s+h,t) - K(s,t)|^2 dt \qquad (277)$$

现在假定核 $K(s,t)$ 满足下面两个条件:

(1) 存在这样的数 M^2,使

$$\int_a^b |K(s,t)|^2 dt \leqslant M^2 \quad (a \leqslant s \leqslant b) \qquad (278)$$

(2) 对于任意已给正数 ε,存在这样的正数 η,当 $|h| \leqslant \eta$ 时,使

$$\int_a^b |K(s+h,t) - K(s,t)|^2 dt \leqslant \varepsilon \qquad (279)$$

这时,由于(276)及(277),函数集合 $\psi(s)$ 是关于模有界的且等度连续的,亦即在一致收敛意义下是致密集合,而算子(274)是加强全连续的.

显然,条件(278)及(279)的核是连续时可实现. 条件(278)对于弱极性核也可实现[28]. 不难证明,条件(279)对于弱极性核也可实现. 为了确信这件事,只需重复对于在[17]中引用的积分(106)的讨论,且代替不等式

$$|K(s+h,t) - K(s,t)| \leqslant |K(s+h,t)| + |K(s,t)|$$

必须用以下不等式

$$|K(s+h,t) - K(s,t)|^2 \leqslant \frac{1}{2}[|K(s+h,t)|^2 + |K(s,t)|^2]$$

这样一来,具有连续核及弱极性核的积分算子都是在 F 中的加强全连续算子.

此外,若核是埃尔米特的(或实对称的),则算子是自共轭的,因而前面所述的一切理论都可以应用.

还要证明,若在[17]中指出的连续核或极性核在 k_0 内不恒等于零,则算子(274)不是消去算子.

设连续核 $K(s,t)$ 是实的且在某点 (s_0, t_0) 不等于零.

设 $K(s_0, t_0) > 0$. 由于核的连续性,存在这样的正数 δ,当 $|t - t_0| \leqslant \delta$ 时,

$K(s_0,t) > 0$. 其次,设有连续函数 $\varphi(t)$,当 $|t-t_0| < \delta$ 时它是正的,且当 $|t-t_0| \geqslant \delta$ 时它等于零. 将这函数代入(274)且令 $s=s_0$,得

$$\psi(s_0) = \int_a^b K(s_0,t)\varphi(t)\mathrm{d}t = \int_{|t-t_0|\leqslant\delta} K(s_0,t)\varphi(t)\mathrm{d}t > 0$$

且因此连续函数 $\psi(s)$ 不恒等于零,而算子(274)不是消去算子. 若注意 $L(s,t)$ 的连续性,对于极性核也可同样讨论,对于复核的讨论也是完全相似的.

利用勒贝格积分概念,可以证明积分

$$\int_a^b \int_a^b |K(s,t)|^2 \mathrm{d}s\mathrm{d}t$$

的有限性是使算子(274)为全连续的充分条件.

41. 正规算子

设 A_1 及 A_2 是在空间 H 中的两个线性算子. 若 φ 是任意元素,则运用算子 A_2 到元素 $A_1\varphi$ 上,得到元素 $A_2(A_1\varphi)$,因而相继应用算子 A_1 及 A_2 的结果也是某个算子,通常记它为 A_2A_1(参阅[Ⅲ$_1$;21]),有

$$(A_2A_1)\varphi = A_2(A_1\varphi) \tag{280}$$

不难看出, A_2A_1 是线性算子.

从 A_1 及 A_2 的分配性立即得出 A_2A_1 的分配性,而从 A_1 及 A_2 的有界性推出 A_2A_1 的有界性,得

$$\|A_2(A_1\varphi)\| \leqslant n_{A_2} \|A_1\varphi\| \leqslant n_{A_2} n_{A_1} \|\varphi\|$$

也可以定义算子 A_1A_2,它是相继地先应用算子 A_2 然后应用算子 A_1 得来的,从而有

$$(A_1A_2)\varphi = A_1(A_2\varphi) \tag{281}$$

这时,一般地说线性算子 A_1A_2 不同于 A_2A_1.

设 A_1 及 A_2 是积分算子,则有

$$\psi(s) = \int_a^b K_1(s,t)\varphi(t)\mathrm{d}t \quad (A_1)$$

$$\psi(s) = \int_a^b K_2(s,t)\varphi(t)\mathrm{d}t \quad (A_2)$$

对于算子 A_2A_1 及 A_1A_2 我们得到下面表达式

$$\psi(s) = \int_a^b K_2(s,t_1)\left[\int_a^b K_1(t_1,t)\varphi(t)\mathrm{d}t\right]\mathrm{d}t_1 \quad (A_2A_1)$$

$$\psi(s) = \int_a^b K_1(s,t_1)\left[\int_a^b K_2(t_1,t)\varphi(t)\mathrm{d}t\right]\mathrm{d}t_1 \quad (A_1A_2)$$

或如果积分次序可交换,那么有

$$\psi(s) = \int_a^b \left[\int_a^b K_2(s,t_1) K_1(t_1,t) \mathrm{d}t_1 \right] \varphi(t) \mathrm{d}t \quad (A_2 A_1)$$

$$\psi(s) = \int_a^b \left[\int_a^b K_1(s,t_1) K_2(t_1,t) \mathrm{d}t_1 \right] \varphi(t) \mathrm{d}t \quad (A_1 A_2)$$

就是说,算子 $A_2 A_1$ 及 $A_1 A_2$ 是具有下面这种核的积分算子

$$K_{21}(s,t) = \int_a^b K_2(s,t_1) K_1(t_1,t) \mathrm{d}t_1 \quad (\text{对于 } A_2 A_1 \text{ 的核})$$

$$K_{12}(s,t) = \int_a^b K_1(s,t_1) K_2(t_1,t) \mathrm{d}t_1 \quad (\text{对于 } A_1 A_2 \text{ 的核})$$

若算子 $A_2 A_1$ 及 $A_1 A_2$ 是相同的,则称算子 A_1 及 A_2 是可交换的.在积分算子的情况,如果上面指出的积分次序的交换为可能,那么核 $K_{21}(s,t)$ 及 $K_{12}(s,t)$ 的一致保证了算子 A_1 及 A_2 的可交换性(可以证明,这也是对于连续核或极性核具有可交换性的必要条件).

若 c_1 及 c_2 是常数,就能够定义 $c_1 A_1$ 及 $c_1 A_1 + c_2 A_2$ 有如下公式,即

$$(c_1 A_1)\varphi = c_1(A_1 \varphi), (c_1 A_1 + c_2 A_2)\varphi = c_1 A_1 \varphi + c_2 A_2 \varphi$$

在积分算子的情况,算子 $c_1 A_1 + c_2 A_2$ 是具有核 $c_1 K_1(s,t) + c_2 K_2(s,t)$ 的积分算子.

取具有连续核或弱极性核的积分算子

$$\psi(s) = \int_a^b K(s,t) \varphi(t) \mathrm{d}t \quad (A)$$

且建立具有也是连续的或弱极性的核 $K^*(s,t) = \overline{K(t,s)}$ 的所谓共轭算子 A^*,有

$$\psi(s) = \int_a^b \overline{K(t,s)} \varphi(t) \mathrm{d}t \quad (A^*)$$

对于任意元素 φ 及 ψ,我们有(参阅[36])

$$(A\varphi, \psi) = (\varphi, A^* \psi) \tag{282}$$

建立算子

$$A_1 = \frac{1}{2} A + \frac{1}{2} A^*, A_2 = \frac{1}{2\mathrm{i}} A - \frac{1}{2\mathrm{i}} A^* \tag{283}$$

这是具有如下形式的连续核或弱极性核

$$\frac{1}{2}[K(s,t) + \overline{K(t,s)}] \text{ 及 } \frac{1}{2\mathrm{i}}[K(s,t) - \overline{K(t,s)}]$$

的积分算子.不难看出,它们都是埃尔米特核,因此 A_1 及 A_2 是在复连续函数空间 H 中的自共轭加强全连续算子.算子 A 及 A^* 可按下列公式用 A_1 及 A_2 来表达

$$A = A_1 + \mathrm{i}A_2, A^* = A_1 - \mathrm{i}A_2 \tag{284}$$

现在区别出某一类算子,对于这样一类的算子来说,我们能进行以前自共轭全连续算子的理论的叙述.

定义 8 设积分算子 A 与 A^* 可交换,亦即若 $A^*A = AA^*$,则 A 称作正规算子.

利用前面所说的,我们可写出积分算子的正规性的条件(充分的)为

$$\int_a^b K(s,t_1) \overline{K(t,t_1)} \mathrm{d}t_1 = \int_a^b \overline{K(t_1,s)} K(t_1,t) \mathrm{d}t_1 \tag{285}$$

这时自然要认为在作成算子 AA^* 及 A^*A 时可能交换积分的次序. 若核是连续的或弱极性的,则这交换就是可能的.

若 A 与 A^* 可交换,则从(283)立即得出 A_1 及 A_2 也可交换的. 设核 $K(s,t)$ 是这样的核,使 A 及 A^* 都是全连续算子且 A 与 A^* 可交换,亦即 A 是正规算子. 在以后的叙述中我们将不利用 A 是积分算子这一事实. 对于我们很重要的只是对于任意 φ 及 ψ 等式(282)成立,A 及 A^* 是可交换的以及这两个算子都是全连续的. 这时从(283)可推出自共轭算子 A_1 及 A_2 也是可交换的.

只要利用(282),我们就可以证明,例如 A_1 的自共轭性,从(282)推出 $(A^*\varphi,\psi) = (\varphi,A\psi)$. 其次,有

$$(A_1\varphi,\psi) = (\frac{1}{2}A\varphi + \frac{1}{2}A^*\varphi,\psi) =$$

$$\frac{1}{2}(A\varphi,\psi) + \frac{1}{2}(A^*\varphi,\psi) =$$

$$\frac{1}{2}(\varphi,A^*\psi) + \frac{1}{2}(\varphi,A\psi) =$$

$$(\varphi,\frac{1}{2}A^*\psi + \frac{1}{2}A\psi) = (\varphi,A_1\psi)$$

亦即 $(A_1\varphi,\psi) = (\varphi,A_1\psi)$,从而得到 A_1 的自共轭性.

设 μ_k 及 φ_k 是自共轭全连续算子 A_1 的特征值及两两正交的标准特征元素,有

$$A_1\varphi_k = \mu_k\varphi_k \tag{286}$$

对两端应用算子 A_2 且注意 A_1 及 A_2 是可交换的,得

$$A_1(A_2\varphi_k) = \mu_k(A_2\varphi_k)$$

从而可看出元素 $A_2\varphi_k$ 是算子 A_1 的特征元素,它对应于特征值 μ_k,或 $A_2\varphi_k$ 是零元素.

设 μ_k 是秩等于 h 的特征值,且设 $\mu_k = \mu_{k+1} = \cdots = \mu_{k+h-1}$. 这时,由于前面所

述，必须有
$$A_2\varphi_p = \sum_{q=k}^{k+h-1} c_{pq}\varphi_q \quad (p=k, k+1, \cdots, k+h-1)$$
且
$$c_{pq} = (A_2\varphi_p, \varphi_q) = (\varphi_p, A_2\varphi_q) = \overline{(A_2\varphi_q, \varphi_p)} = \overline{c_{qp}}$$
亦即 c_{pq} 成为埃尔米特矩阵.

我们可以在 $\varphi_p (p=k, k+1, \cdots, k+h-1)$ 上作任何 U 变换 [III$_1$; 28]，仍旧得到算子 A_1 的正交且标准的特征元素系，它们对应于特征值 $\mu = \mu_k$. 其次，我们可选取这个 U 变换，使埃尔米特矩阵 c_{pq} 化为对角线形式.

设 $v_k, v_{k+1}, \cdots, v_{k+h-1}$ 是这个对角矩阵的对角线元素（它们是实的）. 这样一来，如果保持以前的特征元素的记号，我们就有
$$A_1\varphi_p = \mu_p\varphi_p, \quad A_2\varphi_p = v_p\varphi_p$$
$$(p=k, k+1, \cdots, k+h-1, \mu_k = \mu_{k+1} = \cdots = \mu_{k+h-1})$$
并且在数 v_p 中某几个或甚至这些数的全体可能等于零. 对于所有不等于零的特征值进行这个过程. 在这以后我们也许不能获得算子 A_2 的一切不等于零的特征值. 取算子 A_2 的这些没有获得的不等于零的特征值，且实行从 A_2 出发的类似过程并过渡到 A_1. 最后我们得到的有限个或无穷个元素 $\varphi_k (k=1, 2, \cdots)$，它们是两两正交且标准的，使
$$A_1\varphi_k = \mu_k^{(1)}\varphi_k, \quad A_2\varphi_k = \mu_k^{(2)}\varphi_k \tag{287}$$
并且两实数 $\mu_k^{(1)}$ 及 $\mu_k^{(2)}$ 中至少有一个不为零，而对应于不等于零的特征值的 A_1 的任何特征元素用有限个 φ_k 线性表出，对于 A_2 也有类似情况. 从(287)及(283)立即得出
$$A\varphi_k = (\mu_k^{(1)} + \mu_k^{(2)} i)\varphi_k, \quad A^*\varphi_k = (\mu_k^{(1)} - \mu_k^{(2)} i)\varphi_k \quad (k=1, 2, \cdots)$$
亦即复数 $\sigma_k = \mu_k^{(1)} + \mu_k^{(2)} i$ 都是正规算子 A 的特征值，且 φ_k 是对应的特征元素.

对于正规算子 A 也不难获得展开定理，在[38]中对于自共轭全连续算子已经证过了. 由于那一段中的最后定理，对于任意选择的元素 ω，我们有
$$A_1\omega = \sum_k (\omega, \varphi_k)\mu_k^{(1)}\varphi_k, \quad A_2\omega = \sum_k (\omega, \varphi_k)\mu_k^{(2)}\varphi_k \tag{288}$$
因而从(284)得到
$$A\omega = \sum_k (\omega, \varphi_k)(\mu_k^{(1)} + \mu_k^{(2)} i)\varphi_k \tag{289}$$
并且收敛性应认为是平均收敛意义的. 如同在[38]中一样，可验证这级数的系数都是 $A\omega$ 的傅里叶系数. 应注意的是，若某一个 $\mu_m^{(1)} = 0$，则在 $A_1\omega$ 的展开式中自然不出现有 φ_m 的项，对于 $A_2\omega$ 也有类似情况.

这样一来,对于正规算子也证明了特征值存在定理及展开定理.

如在[38]已经看过的,在关于核 $K(s,t)$ 的所作假设下(连续的或弱极性的),级数(273)在 $[a,b]$ 内绝对且一致收敛.因此,关于级数(289)也有一样的论断,因而同[38]中一样,可肯定这级数的和等于 $A\omega$.

考察下面由核表示的函数

$$\int_a^b K(s,t_1)\overline{K(t,t_1)}dt_1$$

它关于函数系 $\varphi_k(s)$ 的傅里叶系数等于 $(\sigma_k)^2\overline{\varphi_k(t)}$,因此有

$$\int_a^b K(s,t_1)\overline{K(t,t_1)}dt_1 = \sum_k |\sigma_k|^2 \varphi_k(s)\overline{\varphi_k(t)}$$

并且级数在 $[a,b]$ 内一致收敛.令 $t=s$ 且对 s 积分,得

$$\sum_k |\sigma_k|^2 = \int_a^b\int_a^b |K(s,t)|^2 dtds$$

或者照以前的记号,有

$$\sum_k \frac{1}{|\lambda_k|^2} = \int_a^b\int_a^b |K(s,t)|^2 dtds \tag{290}$$

这样一来,对于正规核也证明了与(161)类似的公式.可以证明,若核不是正规核,则公式(290)就不能成立(И.А.哥尔德法伊,莫斯科大学学报,1946).我们指出,埃尔米特核是正规核的特殊情形,因为对于它 $A^*=A$,且 A 及 A^* 的可交换性是很明显的.

42. 多变量的函数的情况

我们曾定义空间 F 为在有限区间 $[a,b]$ 上是连续的实或复函数的集合.完全相似地我们可定义空间 F 为函数 $\varphi(M)$ 的集合,而 $\varphi(M)$ 在平面上、曲面上或三维空间内某有限区域 B 内是连续的.前面的一切叙述在这情况也可适用.各处的积分应该对这区域 B 进行.也像一个独立变量的情况一样,具有连续核或弱极性核的积分算子在 F 中是加强全连续算子.

43. 沃尔泰拉方程

转到讨论在一维情况的沃尔泰拉的第二种方程

$$\varphi(s) = f(s) + \lambda \int_a^s K(s,t)\varphi(t)dt \tag{291}$$

以前已经指出,这方程是弗雷德霍姆方程的特殊情况,也就是设在 $t>s$ 时, $K(s,t)=0$ 的情况,亦即核在正方形 k_0 的对角线 $s=t$ 的一边的半个正方形

内等于零时的情况. 我们假设, 自由项 $f(s)$ 在某区间 $a \leqslant s \leqslant b$ 内是连续函数, 且 $K(s,t)$ 在 $a \leqslant s \leqslant b, a \leqslant t \leqslant s$ 时是连续函数, 且当 $t > s$ 时, $K(s,t) = 0$. 这样一来, 若 $K(s,s) \neq 0$, 则核在对角线 $s = t$ 上有第一种不连续点. 在 [5—11] 各段中的基本定理及工具皆完全保持有效[14].

和从前一样, 我们写它的解为级数形式

$$\varphi(s) = \varphi_0(s) + \varphi_1(s)\lambda + \varphi_2(s)\lambda^2 + \cdots \qquad (292)$$

对于函数 $\varphi_n(s)$ 得到下面公式

$$\varphi_0(s) = f(s)$$

$$\varphi_n(s) = \int_a^s K(s,t)\varphi_{n-1}(t)\mathrm{d}t \quad (n=1,2,\cdots)$$

设在有限区域或正方形上对连续函数有如下估计, 即

$$|f(s)| \leqslant m, \quad |K(s,t)| \leqslant M$$

从而进行 $\varphi_n(s)$ 的估计, 相继地得到

$$|\varphi_0(s)| \leqslant m$$

$$|\varphi_1(s)| \leqslant \int_a^s |K(s,t)||\varphi_0(t)|\mathrm{d}t \leqslant mM(s-a)$$

$$|\varphi_2(s)| \leqslant \int_a^s |K(s,t)||\varphi_1(t)|\mathrm{d}t \leqslant$$

$$mM^2 \int_a^s (t-a)\mathrm{d}t = mM^2 \frac{(s-a)^2}{2!}$$

且一般地, 有

$$|\varphi_n(s)| \leqslant m \frac{[M(s-a)]^n}{n!}$$

当变量 s 在有限区间 $[a,b]$ 上时, 级数 (292) 的项的模不大于正数

$$m \frac{[|\lambda|M(b-a)]^n}{n!}$$

对于任何 λ, 用这正数作成的级数是收敛的, 因此级数 (292) 在 $[a,b]$ 上绝对且一致收敛, 而它的和 $\varphi(s)$ 是连续函数且满足方程 (291).

完全和 [5] 中一样, 可以作出解核

$$R(s,t;\lambda) = \sum_{n=0}^{\infty} K_{n+1}(s,t)\lambda^n \qquad (293)$$

其中

$$K_1(s,t) = K(s,t)$$

$$K_n(s,t) = \int_a^s K_{n-1}(s,t_1)K(t_1,t)\mathrm{d}t_1 \quad (n=2,3,\cdots) \qquad (294)$$

且从这些公式得出,当 $t>s$ 时 $K_n(s,t)=0$. 事实上,若 $t>s$,则 $t_1<t$ 且 $K(t_1,t)=0$.

和前面一样,可证明级数(293)对于一切值 λ 的绝对且一致收敛性. 这样一来,沃尔泰拉方程(291)的解核是整函数,且对于任何 λ 这方程有唯一解,它被下列公式确定[6],即

$$\varphi(s)=f(s)+\lambda\int_a^s R(s,t;\lambda)f(t)\mathrm{d}t \qquad (295)$$

因而可以肯定沃尔泰拉方程没有特征值,亦即齐次方程

$$\varphi(s)=\lambda\int_a^s K(s,t)\varphi(t)\mathrm{d}t$$

对于任何 λ 只有零解. 因此,若作方程(291)的弗雷德霍姆分母 $D(\lambda)$,则可发现它根本没有任何零点[8].

可以证明,若核有形式

$$K(s,t)=\frac{L(s,t)}{(s-t)^\alpha} \quad (s>t)$$

其中 $L(s,t)$ 是连续函数,且 $0<\alpha<1$,则方程(291)仍旧有唯一解,且这个解可由前面指出的逐次逼近法获得,这时核 $K_n(s,t)$ 从某值 n 开始是连续的. 当 $\alpha<\frac{1}{2}$ 时,核 $K_2(s,t)$ 也是连续的[28].

正是一样地,逐次逼近法也可应用到方程组

$$\varphi_i(s)=f_i(s)+\lambda\sum_{k=1}^m\int_a^s K_{ik}(s,t)\varphi_k(t)\mathrm{d}t \qquad (296)$$

在所作的假设下,沃尔泰拉方程的特征是这个事实,由逐次逼近法获得的级数对于在提过的区间内对一切值 λ 是收敛的. 若对于一切 $s\geqslant a$ 保持连续性条件,则得到对于一切 $s\geqslant a$ 的解.

考察具有两个变限的方程

$$\varphi(s)=f(s)+\lambda\int_{\omega(s)}^s K(s,t)\varphi(t)\mathrm{d}t \qquad (297)$$

或方程

$$\varphi(s)=f(s)+\lambda\int_a^{\omega(s)} K(s,t)\varphi(t)\mathrm{d}t \qquad (298)$$

令 s 在某区间 $[a,b]$ 内变动,且使 $f(s)$ 及 $K(s,t)$ 保持通常连续性条件,且除此以外,设在所指区间内,有 $a\leqslant\omega(s)\leqslant s$. 显然,存在这样的正数 N 及 M,使得当 $a\leqslant s,t\leqslant b$ 时,有

$$|f(s)|\leqslant N,\ |K(s,t)|\leqslant M$$

在方程(297)或(298)中代替 $f(s)$ 及 $K(s,t)$ 以较大的正数 N 及 M，且代替 $(\omega(s),s)$ 或 $(a,\omega(s))$ 以较大区间 (a,s)，则有

$$\varphi(s) = N + \lambda M \int_a^s \varphi(t)\mathrm{d}t \qquad (299)$$

应用逐次逼近法到后一方程，容易证明，归结到关于 λ 的幂级数，而这幂级数的系数都是正的，且不小于解方程(297)或(298)时获得的幂级数的系数的绝对值。方程(299)具有寻常的形式，且当 $t \leqslant s$ 时，常数 M 起着 $K(s,t)$ 的作用，且对应的幂级数对于任何 λ 在区间 $[a,b]$ 内关于 s 一致收敛。关于解方程(297)及(298)所得的级数更可同样地肯定，且这级数给出方程的解。我们看出，方程(299)的解被表达为有限形式，亦即

$$\varphi(s) = N\mathrm{e}^{\lambda M(s-a)}$$

也要注意到，例如，方程(297)可写为寻常形式(291)，只要设核服从条件：当 $t < \omega(s)$ 时，$K(s,t) = 0$。

在方程(291)的积分中，我们可交换积分的上下限，同时也改变核的符号。这样一来，变量是积分的上限这件事情，在理论上不是很重要的。正是一样的可代替不等式 $s \geqslant a$ 以规定的条件 $s \leqslant a$。当用简单变换 $s' = -s$ 及 $t' = -t$ 时可从一个情况变为另一情况。按类似方式，例如，在方程(297)中，可代替上面指出的对于 $\omega(s)R$ 的不等式以规定的不等式 $s \leqslant \omega(s) \leqslant b$。

还考察方程

$$\varphi(s) = f(s) + \lambda \int_{-s}^{+s} K(s,t)\varphi(t)\mathrm{d}t \qquad (300)$$

其中 $f(s)$ 当 $-b \leqslant s \leqslant +b$ 时确定且连续，且核 $K(s,t)$ 确定在 $-b \leqslant s \leqslant +b$，$-b \leqslant t \leqslant +b$。将积分区间分作两部分 $(-s,0)$ 及 $(0,+s)$，且在第一种情况代替积分变量 t 以 $(-t)$，得

$$\varphi(s) = f(s) + \lambda \int_0^s K(s,-t)\varphi(-t)\mathrm{d}t + \lambda \int_0^s K(s,t)\varphi(t)\mathrm{d}t$$

代替 s 以 $(-s)$ 且 t 以 $(-t)$，得

$$\varphi(-s) = f(-s) - \lambda \int_0^s K(-s,t)\varphi(t)\mathrm{d}t -$$
$$\lambda \int_0^s K(-s,-t)\varphi(-t)\mathrm{d}t$$

设 $0 \leqslant s \leqslant b$ 及 $0 \leqslant t \leqslant b$，我们令

$$\varphi(s) = \varphi_1(s), \varphi(-s) = \varphi_2(s), f(s) = f_1(s), f(-s) = f_2(s)$$
$$K(s,t) = K_{11}(s,t), K(s,-t) = K_{12}(s,t)$$

$$K(-s,t) = -K_{21}(s,t), K(-s,-t) = -K_{22}(s,t)$$

我们就将积分方程(300)导向寻常形式的方程组,有

$$\varphi_1(s) = f_1(s) + \lambda \int_0^s K_{11}(s,t)\varphi_1(t)\mathrm{d}t + \lambda \int_0^s K_{12}(s,t)\varphi_2(t)\mathrm{d}t$$

$$\varphi_2(s) = f_2(s) + \lambda \int_0^s K_{21}(s,t)\varphi_1(t)\mathrm{d}t + \lambda \int_0^s K_{22}(s,t)\varphi_2(t)\mathrm{d}t$$

若我们解这方程组,则得到两个函数 $\varphi_1(s)$ 及 $\varphi_2(s)$,在区间 $0 \leqslant s \leqslant b$ 内是连续的. 现在按照以下公式我们就得到方程(300)的解 $\varphi(s)$:当 $0 \leqslant s \leqslant b$ 时, $\varphi(s) = \varphi_1(s)$;当 $-b \leqslant s \leqslant 0$ 时, $\varphi(s) = \varphi_2(-s)$. 当 $s=0$ 时采用这两式中任何一个,因为 $\varphi_1(0) = f_1(0) = f(0)$ 及 $\varphi_2(0) = f_2(0) = f(0)$. 这里附带证明了这样得到的方程(300)的解 $\varphi(s)$ 在点 $s=0$ 也是连续的.

前面所指的逐次逼近法对于多个自变量的情况也可应用. 例如在两个自变量的情况有方程

$$\varphi(x,y) = f(x,y) + \lambda \int_0^x \int_0^y K(x,y;s,t)\varphi(s,t)\mathrm{d}s\mathrm{d}t$$

对于它可应用前面所说的一切. 对于更一般形式的方程,即右端除二重积分外也有单积分的那种方程,有

$$\varphi(x,y) = f(x,y) + \lambda \int_a^x K_1(x,y;s)\varphi(s,y)\mathrm{d}s +$$

$$\int_c^y K_2(x,y;s)\varphi(x,s)\mathrm{d}s +$$

$$\lambda^2 \int_a^x \int_c^y K_3(x,y;s,t)\varphi(s,t)\mathrm{d}s\mathrm{d}t$$

也可以对参数 λ 展开,且使展开式对任意 λ 值是收敛的,此处参数 λ 的引入只是为了便于逐次逼近法的进行. 完全和前面一样,可以证明方程

$$\varphi(x,y) = f(x,y) + \lambda \int_{\omega_1(x)}^x \int_{\omega_2(x)}^y K(x,y;s,t)\varphi(s,t)\mathrm{d}s\mathrm{d}t$$

的解的存在性及唯一性,其中 $a \leqslant \omega_1(x) \leqslant x$ 及 $c \leqslant \omega_2(y) \leqslant y$.

我们也可以假定函数 ω_2 依赖于 x 而不依赖于 y,且函数 ω_1 依赖于 y. 也不难证明方程(297)及(298)的解的唯一性.

44. 拉普拉斯变换

以后我们将专致力于这样特殊情况的沃尔泰拉方程,它的核 $K(s,t)$ 只是依赖于差 $(s-t)$. 这时必须预先研究一种积分变换,它是和傅里叶变换有密切联系的,即所谓拉普拉斯变换. 它不仅对于具有依赖于差的核的沃尔泰拉方程

的研究是必需的,而且对于某些数学物理问题的解决也是很重要的.

我们回忆,若函数 $f(x)$ 确定在区间 $-\infty < x < +\infty$ 上,服从我们曾在 [Ⅱ;160] 中所指的某些条件,特别地,若下面积分

$$\int_{-\infty}^{+\infty} |f(x)| \, dx \tag{301}$$

存在,则函数

$$f_1(\alpha) = \frac{1}{\sqrt{2\pi}} \int_{-\infty}^{+\infty} f(x) e^{\alpha x i} \, dx \tag{302}$$

称作函数 $f(x)$ 的傅里叶变换,且有下面与傅里叶公式等价的反演公式,即

$$f(x) = \frac{1}{\sqrt{2\pi}} \int_{-\infty}^{+\infty} f_1(\alpha) e^{-\alpha x i} \, d\alpha \tag{303}$$

并且这后一积分应理解为在主值意义下的积分,亦即

$$f(x) = \frac{1}{\sqrt{2\pi}} \lim_{M \to +\infty} \int_{-M}^{+M} f_1(\alpha) e^{-\alpha x i} \, d\alpha$$

设不仅积分(301)存在,而且积分

$$\int_{-\infty}^{+\infty} e^{-\beta x} |f(x)| \, dx \tag{304}$$

在 $-m < \beta < +m$ 时也有有限值. 这时函数 $f_1(\alpha)$ 不仅对于实数,且也对于满足条件 $-m < \alpha_2 < +m$ 的复数 $\alpha = \alpha_1 + \alpha_2 i$ 由公式(302)确定,因为

$$|f(x) e^{\alpha x i}| = |f(x)| e^{-\alpha_2 x}$$

且按照条件这积分在 $-m < \alpha_2 < +m$ 时有意义. 在拉普拉斯变换中,α 经常代以纯虚值 $\alpha = si$,且此外,略去因子 $\frac{1}{\sqrt{2\pi}}$ 是无关紧要的.

我们转到拉普拉斯变换的详细研究,完全类似地也可引到对于傅里叶变换(302)的研究.

设函数 $\varphi(x)$ 在区间 $(-\infty, +\infty)$ 内除第一种不连续点外是连续的,并且在提到的区间的任何有限部分内这样不连续点的个数是有限的. 其次,设这函数在每一点有导数或有右导数及左导数,并且在不连续点,右导数及左导数理解为下面形式

$$\frac{\varphi(c-h) - \varphi(c-0)}{-h} \; 及 \; \frac{\varphi(c+h) - \varphi(c+0)}{h}$$

当 $h \to +0$ 时的极限.

此外,设积分

$$\int_{-\infty}^{+\infty} e^{-\sigma x} \varphi(x) \, dx \tag{305}$$

绝对收敛，如果 σ 满足不等式
$$\alpha < \sigma < \beta \tag{306}$$
的话，其中 α 及 β 是某两个固定实数，它也可等于 $(-\infty)$ 或 $(+\infty)$. 这时对狄利克雷积分及傅里叶公式适用的寻常极限等式对函数 $e^{-\sigma x}\varphi(x)$ 也适用（参阅 [Ⅱ;152,160]）.

考察由等式
$$f(s) = \int_{-\infty}^{+\infty} e^{-sx}\varphi(x)\,dx \tag{307}$$
确定的复变量 $s=\sigma+\tau i$ 的函数. 在复变量 $s=\sigma+\tau i$ 平面上不等式(306)确定平行于虚轴的长条或半平面（若 α 或 β 之一等于无穷大），或甚至全平面. 设 B 是在长条(306)的内部的某一有限闭区域. 我们可以在(306)的内部取一点 $s_0=\sigma_0+\tau_0 i$, 使它在区域 B 的左面，亦即它是这样的点，对于属于 B 的任何点 $s=\sigma+\tau i$ 有不等式 $\sigma > \sigma_0$, 也取一点 $s_1=\sigma_1+\tau_1 i$ 在区域 B 的右面. 于是，对于 B 中的一切点 s 及对于一切实数 x, 有不等式

$$|e^{-sx}\varphi(x)| \leqslant e^{-\sigma_0 x}|\varphi(x)| \quad \text{（当 } x \geqslant 0 \text{ 时）}$$
$$|e^{-sx}\varphi(x)| \leqslant e^{-\sigma_1 x}|\varphi(x)| \quad \text{（当 } x \leqslant 0 \text{ 时）}$$

但按照条件，在写出的不等式右端的函数沿着区间 $(0,+\infty)$ 及 $(-\infty,0)$ 是可积的. 由此可见，积分(307)在区域 B 内关于 s 绝对且一致收敛，因此，函数 $f(s)$ 在区域 B 内是正则的[Ⅲ$_2$;70], 因而由于 B 的选择的任意性，函数 $f(s)$ 在长条(306)的内部是正则的.

现在证明定理，它给出用变换后的函数 $f(s)$ 来表达原来函数 $\varphi(s)$ 的式子. 一般地，公式(307)是具有上面指出的性质的函数 $\varphi(x)$ 的泛函变换式，并且变换的结果得到在提过的长条内是正则的复变量函数 $f(s)$.

定理 26 在所作关于 $\varphi(x)$ 的假设下有反演公式
$$\varphi(x) = \frac{1}{2\pi i}\int_{\sigma-i\infty}^{\sigma+i\infty} e^{sx}f(s)\,ds \tag{308}$$
在其中积分是沿着与虚轴平行且在长条(306)内部的任何直线上取的，并且积分应当认作是主值意义的.

乘积 $e^{-\sigma x}\varphi(x)$ 满足前面指出的对于 $\varphi(x)$ 的条件，且特别地，积分(305)是绝对收敛的，因而对于函数 $e^{-\sigma x}\varphi(x)$ 可应用傅里叶公式

$$e^{-\sigma x}\varphi(x) = \frac{1}{2\pi}\int_{-\infty}^{+\infty} e^{-\alpha x i}\,d\alpha \int_{-\infty}^{+\infty} e^{-(\sigma-\alpha i)t}\varphi(t)\,dt$$
$$= \frac{1}{2\pi}\int_{-\infty}^{+\infty} e^{-\alpha x i}f(\sigma-\alpha i)\,d\alpha$$

代替 α 引入新的积分变量 $s=\sigma-\alpha\mathrm{i}$,就得到(308).

由公式(307)表示的函数 $f(s)$ 确定在长条(306)的内部,当点 s 在所指的长条的上面或下面变到无穷远时,这函数有确定的变化方式,也就是,利用积分的绝对收敛性,不难证明,在由不等式 $\alpha+\varepsilon<\sigma<\beta-\varepsilon$ 确定的长条 J_ε 内,当点到无穷远时,函数 $f(s)$ 趋于零,此时 ε 是已给正数.反之,所给定的也可以不是 $\varphi(x)$ 而是在长条(306)内部满足某些条件的函数 $f(s)$,因而这时就由公式(308)来建立 $\varphi(x)$.我们将严格叙述关于 $f(s)$ 所作的假设.我们设 $f(s)$ 在(306)的内部是正则的.其次,设对于任何长条 J_ε,存在函数 $\omega(\rho)$,确定在 $\rho>0$,且只取正值,满足当 $\rho\to\infty$ 时 $\omega(\rho)\to 0$ 的条件,使下面积分

$$\int_0^\infty \omega(\rho)\,\mathrm{d}\rho$$

收敛,而且在 J_ε 内有不等式

$$|f(s)|\leqslant \omega(|\tau|)\quad (s=\sigma+\tau\mathrm{i}) \tag{309}$$

现在证明与定理 26 相类似的定理.

定理 27 在所作的假设下,公式(308)给出的函数 $\varphi(x)$ 确定在全部实轴上,它是连续的且不依赖于 σ 的选择.这时原来函数 $f(s)$ 是按公式(307)由变换后函数 $\varphi(x)$ 确定的,并且积分应认作是主值意义的.

在(308)的右端令 $s=\sigma+\tau\mathrm{i}$,得

$$\varphi(x)=\frac{\mathrm{e}^{x\sigma}}{2\pi}\int_{-\infty}^{+\infty} f(\sigma+\tau\mathrm{i})\mathrm{e}^{\tau x\mathrm{i}}\,\mathrm{d}\tau \tag{310}$$

对于任意选择的 x 积分号下函数的模不大于有收敛积分的函数 $\omega(\rho)$,因此,公式(310)中的积分关于 x 绝对且一致收敛.这样一来,我们看出,$\varphi(x)$ 对于任何实 x 是确定的,且是连续函数[Ⅱ;34].

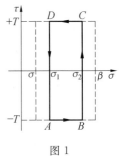

图 1

现在证明,这函数不依赖于 σ 的选择.考察在长条(306)的内部任意矩形 $ABCD$,这矩形是以直线 $\sigma=\sigma_1,\sigma=\sigma_2,t=\pm T$ 作境界的(图 1).由于柯西定理,$f(s)\mathrm{e}^{xs}$ 沿着这矩形的境界的积分等于零.考察这积分沿平行于实轴的边 $t=\pm T$ 上的值.例如,对于边 $t=T$ 有积分

$$\int_{\sigma_2}^{\sigma_1} f(\sigma+\mathrm{i}T)\mathrm{e}^{x(\sigma+\mathrm{i}T)}\,\mathrm{d}\sigma \tag{311}$$

由于(309)对这积分有估计

$$\left|\int_{\sigma_2}^{\sigma_1} f(\sigma+\mathrm{i}T)\mathrm{e}^{x(\sigma+\mathrm{i}T)}\,\mathrm{d}\sigma\right|\leqslant \mathrm{e}^{\max|x\sigma_k|}\omega(T)(\sigma_2-\sigma_1)$$

其中 $k=1$ 或 2. 因此, 由于当 $\rho \to \infty$ 时 $\omega(\rho) \to 0$, 因此就可以看出当 $T \to \infty$ 时积分(311)趋于零. 对于沿边 $t=-T$ 上的积分也得到类似结果. 应用上面提过的柯西定理, 可肯定函数 $f(s)\mathrm{e}^{xs}$ 沿着直线 $\sigma=\sigma_1$ 从上向下的积分与它沿着直线 $\sigma=\sigma_1$ 从下向上的积分只有符号的差别, 或者若两直线都取从下向上, 则这两积分彼此是相等的, 由于直线 $\sigma=\sigma_1$ 及 $\sigma=\sigma_2$ 的选择的任意性, 可肯定函数 $f(s)\mathrm{e}^{xs}$ 沿着直线 $\sigma=\sigma_0$ 的积分对于长条内部任意选择的直线都有相同值, 亦即, 对于任意选择的 σ_0, 只要它满足不等式 $\alpha < \sigma_0 < \beta$, 函数 $f(s)\mathrm{e}^{xs}$ 沿该直线的积分就有相同的值.

剩下还要证明的是, $f(s)$ 是按公式(307)由 $\varphi(x)$ 来表达. 在公式(308)中, 令 $s=\sigma-\tau\mathrm{i}$, 有

$$\mathrm{e}^{-x\sigma}\varphi(x) = \frac{1}{2\pi}\int_{-\infty}^{+\infty} f(\sigma-\tau\mathrm{i})\mathrm{e}^{-\tau x\mathrm{i}}\mathrm{d}\tau$$

将两端乘以 $\mathrm{e}^{xu\mathrm{i}}$ 且对 x 从 $-\infty$ 到 $+\infty$ 积分. 应注意的是, 应用傅里叶公式到函数 $f(\sigma-\tau\mathrm{i})$, 且将这函数看作实变量 τ 的函数, 有

$$f(\sigma-u\mathrm{i}) = \frac{1}{2\pi}\int_{-\infty}^{+\infty}\mathrm{e}^{xu\mathrm{i}}\mathrm{d}x\int_{-\infty}^{+\infty}f(\sigma-\tau\mathrm{i})\mathrm{e}^{-\tau x\mathrm{i}}\mathrm{d}\tau$$

我们得

$$f(\sigma-u\mathrm{i}) = \int_{-\infty}^{+\infty}\varphi(x)\mathrm{e}^{-(\sigma-u\mathrm{i})x}\mathrm{d}x$$

由于 u 的值的任意性, 因此就给出公式(307). 公式(307)及(308)是相互反演的, 这里反演的意义是如同定理 26 及 27 所指出的.

我们证明, 若在定理 27 中 $\beta=+\infty$, 亦即若已知函数 $f(s)$ 在半平面 $\sigma > \alpha$ 内是正则的且在那里满足其余的条件, 则由公式(308)确定的函数 $\varphi(x)$ 当 $x < 0$ 时变为零. 我们看出, 在这情况, 特别是根据所给条件, 对于任意正数 ε, 在半平面 $\sigma \geqslant \alpha+\varepsilon$ 内应存在具备前面所说性质的函数 $\omega(\rho)$. 因此, 我们将证明当 $x < 0$ 时 $\varphi(x) = 0$. 应用不等式(309)来估计积分, 得

$$|\varphi(x)| \leqslant \mathrm{e}^{x\sigma}\frac{1}{\pi}\int_0^\infty \omega(\rho)\mathrm{d}\rho$$

若 x 是固定负数, 则当 $\sigma \to +\infty$ 时, 右端趋于零, 而左端不依赖于 σ 的选择, 因此当 $x < 0$ 时确实有 $\varphi(x) = 0$. 在这情况下, 代替(307)和(308)的反演变换公式有以下形式

$$f(s) = \int_0^\infty \mathrm{e}^{-sx}\varphi(x)\mathrm{d}x \tag{312}$$

反之, 若假设 $\varphi(x)$ 是已知的, 则变换(307)寻常称作双边拉普拉斯变换,

而变换(312)称作单边拉普拉斯变换. 这后一变换显然是前一变换的特殊情况, 且可从前面变换得到, 只要已知函数 $\varphi(x)$ 在负值 x 等于零的话. 在单边拉普拉斯变换的情况, 我们应当对 $\varphi(x)$ 加以这样的条件, 它使积分(312)在某半平面 $\sigma > \alpha$ 上是绝对收敛的. 若 B 是某有限闭区域, 且在这半平面内, 则我们可取直线 $\sigma = \sigma_0 > \alpha$, 它在提过的半平面内, 且在 B 的左面. 按照条件, 积分

$$\int_0^\infty e^{-\sigma_0 x} |\varphi(x)| \, dx$$

是收敛的, 且注意积分变量 $x > 0$, 对于属于 B 的 s, 有

$$|e^{-sx}\varphi(x)| < e^{-\sigma_0 x}|\varphi(x)|$$

亦即积分(312)对于属于 B 的一切 s 是绝对且一致收敛的, 且给出在 B 内为正则的亦即在半平面 $\sigma > \alpha$ 内为正则的函数 $f(s)$.

从引出的估计立即显示出下面的断言: 若积分(312)在点 $s_0 = \sigma_0 + \tau_0 i$ 绝对收敛, 则它在半平面 $\sigma \geqslant \sigma_0$ 内绝对且一致收敛. (312)的反演公式是公式(308). 我们指出, 前面所述的一些定理在关于 $\varphi(x)$ 及 $f(s)$ 的更广泛假设下也可证明. 经常用记号 $L_1(\varphi)$ 及 $L_2(\varphi)$ 来表示(312)及(307)的右端, 即

$$L_1(\varphi) = \int_0^\infty e^{-sx}\varphi(x)dx, \quad L_2(\varphi) = \int_{-\infty}^{+\infty} e^{-sx}\varphi(x)dx$$

变换 $L_1(\varphi)$ 及 $L_2(\varphi)$ 是可分配的, 亦即

$$L_i(c_1\varphi) = c_1 L_i(\varphi), \quad L_i(c_1\varphi_1 + c_2\varphi_2) = c_1 L_i(\varphi_1) + c_2 L_i(\varphi_2)$$

其中 c_1 及 c_2 是任意常数, 且 $\varphi_i(x)$ 是满足前面所指出条件的函数. 若引入新变量 $u = e^{-x}$ 以代替变量 x, 且令 $\varphi(x) = \psi(u)$, 则变换(307)及(308)可写作如下形式

$$f(s) = \int_0^\infty u^{s-1}\psi(u)du, \quad \psi(u) = \frac{1}{2\pi i}\int_{\sigma-i\infty}^{\sigma+i\infty} u^{-s}f(s)ds$$

或对于傅里叶变换(302)引用相应的讨论, 则代替 $f(s)$ 在其内部是正则的直长条, 我们得到对于 $f_1(\alpha)(\alpha = si)$ 在其内部为正则的横长条(平行于实轴的长条). 其余的结果除在积分号前只差一个常数因子外都保持有效.

45. 函数的卷积

设 $\varphi_1(x)$ 及 $\varphi_2(x)$ 是两个连续函数, 确定在 $x \geqslant 0$. 由等式

$$\varphi_3(x) = \int_0^x \varphi_1(t)\varphi_2(x-t)dt \tag{313}$$

确定的 $\varphi_3(x)$ 称作这两函数的卷积.

这函数确定在 $x \geqslant 0$ 且也是连续函数. 引入新积分变量 $\tau = x - t$ 代替 t, 可

将 $\varphi_3(x)$ 表示成下面形式

$$\varphi_3(x) = \int_0^x \varphi_1(x-\tau)\varphi_2(\tau)\mathrm{d}\tau \tag{314}$$

通常用记号

$$\varphi_3 = \varphi_1^* \varphi_2$$

来记卷积,且从(313)及(314)立即显示出卷积与函数的次序无关,亦即 $\varphi_2^* \varphi_1 = \varphi_1^* \varphi_2$. 得到卷积的运算被称作函数的卷.

设运用变换(312)到函数 $\varphi_1(x)$ 及 $\varphi_2(x)$,这变换在某半平面 $\sigma > \alpha$ 内是绝对收敛的. 我们将证明,对于 $\varphi_3(x)$ 变换(312)在所指半平面内也是收敛的,且有下面的公式

$$L_1(\varphi_1^* \varphi_2) = L_1(\varphi_1)L_1(\varphi_2) \tag{315}$$

亦即对函数类 $\varphi_k(x)$ 的卷运算相当于对变换后的函数类

$$f_k(s) = \int_0^\infty \mathrm{e}^{-sx}\varphi_k(x)\mathrm{d}x \tag{316}$$

作简单乘积.

为了证明它,作出公式(315)的右端的乘积为

$$\int_0^\infty \mathrm{e}^{-su}\varphi_1(u)\mathrm{d}u \cdot \int_0^\infty \mathrm{e}^{-sv}\varphi_2(v)\mathrm{d}v \tag{317}$$

并且用 u 及 v 记作积分变量. 我们可将写出的乘积表示为绝对收敛的二重积分形式,这积分是展布在平面 (u,v) 的第一象限内的,则有

$$\int_0^\infty \mathrm{e}^{-su}\varphi_1(u)\mathrm{d}u \cdot \int_0^\infty \mathrm{e}^{-sv}\varphi_2(v)\mathrm{d}v = \int_0^\infty \int_0^\infty \mathrm{e}^{-s(u+v)}\varphi_1(u)\varphi_2(v)\mathrm{d}u\mathrm{d}v$$

乘积(317)之所以能表示为这种二重积分,是因为这乘积中的两个积分都是绝对收敛的. 为了验证这个结论,只需在这些积分中作出对有限区间 $(0,m)$ 的积分,变换这样的乘积为二重积分,然后令 m 趋于无穷大且利用寻常的广义重积分的定义[Ⅱ;86]. 在获得的二重积分中引入新积分变量 $x = u + v$ 及 $t = v$. 我们导出绝对收敛的二重积分

$$\iint_B \mathrm{e}^{-sx}\varphi_1(x-t)\varphi_2(t)\mathrm{d}t\mathrm{d}x$$

对于积分的区域,在旧变量是由不等式 $u \geqslant 0, v \geqslant 0$ 确定的,而现在是由不等式 $t \geqslant 0, x - t \geqslant 0$ 确定的,亦即在平面 (t,x) 上积分区域是第一象限分角线 $t = x$ 上面的部分. 把二重积分变作二次积分,得

$$\int_0^\infty \mathrm{e}^{-su}\varphi_1(u)\mathrm{d}u \cdot \int_0^\infty \mathrm{e}^{-sv}\varphi_2(v)\mathrm{d}v = \int_0^\infty \mathrm{e}^{-sx}\left[\int_0^x \varphi_1(x-t)\varphi_2(t)\mathrm{d}t\right]\mathrm{d}x$$

这就证明了公式(315).

对于函数 $\varphi_3(x)$ 有估值
$$|\varphi_3(x)| \leqslant \int_0^x |\varphi_1(x-t)||\varphi_2(t)|\,\mathrm{d}t$$
由此顺便可推出下面不等式
$$\int_0^m \mathrm{e}^{-\sigma x}|\varphi_3(x)|\,\mathrm{d}x \leqslant \int_0^m \mathrm{d}x \int_0^x \mathrm{e}^{-\sigma x}|\varphi_1(x-t)||\varphi_2(t)|\,\mathrm{d}t$$
或经狄利克雷变换[Ⅱ;79]后,得
$$\int_0^m \mathrm{e}^{-\sigma x}|\varphi_3(x)|\,\mathrm{d}x \leqslant \int_0^m |\varphi_2(t)|\,\mathrm{d}t \int_t^m \mathrm{e}^{-\sigma x}|\varphi_1(x-t)|\,\mathrm{d}x$$
在右端引进新积分变量 $\tau = x - t$ 代替 x,得
$$\int_0^m \mathrm{e}^{-\sigma x}|\varphi_3(x)|\,\mathrm{d}x \leqslant \int_0^m \mathrm{e}^{-\sigma t}|\varphi_2(t)|\,\mathrm{d}t \cdot \int_0^{m-t} \mathrm{e}^{-\sigma \tau}|\varphi_1(\tau)|\,\mathrm{d}\tau$$
或者更有
$$\int_0^m \mathrm{e}^{-\sigma x}|\varphi_3(x)|\,\mathrm{d}x \leqslant \int_0^\infty \mathrm{e}^{-\sigma t}|\varphi_2(t)|\,\mathrm{d}t \cdot \int_0^\infty \mathrm{e}^{-\sigma \tau}|\varphi_1(\tau)|\,\mathrm{d}\tau$$
亦即从积分(317)在半平面 $\sigma > \alpha$ 内绝对收敛推出对于 $\varphi_3(x)$ 的积分也同样绝对收敛. 我们注意, 把展布在象限内的二重积分变为二次积分通常是容易证明的, 首先考察在象限内分角线 $t = x$ 上面的有限部分, 然后取极限. 公式(315)的正确性的断言通常称作卷定理.

和上面完全相类似地, 对于双边拉普拉斯变换也可以引出函数的卷的概念及卷定理的证明, 亦即有下面断言: 若 $\varphi_1(x)$ 及 $\varphi_2(x)$ 是连续函数, 确定在无穷区间 $(-\infty, +\infty)$ 内, 且积分 $L_2(\varphi_1)$ 及 $L_2(\varphi_2)$ 在某长条 $\alpha < \sigma < \beta$ 内绝对收敛, 则积分
$$\varphi_3(x) = \int_{-\infty}^{+\infty} \varphi_1(t)\varphi_2(x-t)\,\mathrm{d}t \tag{318}$$
对于任何实数 x 是绝对收敛的. 对于获得的函数 $\varphi_3(x)$ 的拉普拉斯变换在提过的长条内是绝对收敛的, 且有卷公式
$$L_2(\varphi_3) = L_2(\varphi_1) \cdot L_2(\varphi_2) \tag{319}$$

46. 特殊形式的沃尔泰拉方程

考察具有只依赖于其两个变量之差的核的沃尔泰拉方程
$$\varphi(x) = f(x) + \int_0^x K(x-t)\varphi(t)\,\mathrm{d}t \tag{320}$$
设当 $x \to +\infty$ 时, 连续函数 $f(x)$ 及 $K(x)$ 趋于零, 且对于充分大的值 x 有估值

$$|f(x)| \leqslant Ae^{-ax}, \quad |K(x)| \leqslant Be^{-bx} \tag{321}$$

其中常数 $A>0$ 及 $B>0$，且常数 $a \geqslant 0$ 及 $b \geqslant 0$. 设 f_0 及 K_0 是当 $x \geqslant 0$ 时 $|f(x)|$ 及 $|K(x)|$ 的上确界. 应用逐次逼近法[43]到方程(320)，得到当 $x \geqslant 0$ 时 $\varphi(x)$ 的估计 $|\varphi(x)| \leqslant f_0 e^{K_0 x}$. 由此看出，当 $\sigma > \max(a,b,K_0)$ 时，可应用单边拉普拉斯变换到函数 $\varphi(x), f(x)$ 及 $K(x)$，并且我们得到变换后的函数

$$\Phi(s) = L_1(\varphi), F(s) = L_1(f), L(s) = L_1(K) \tag{322}$$

它们在半平面 $\sigma > K_0$ 内是正则的. 应用单边拉普拉斯变换到(320)的两端，且利用卷公式，将有

$$\Phi(s) = F(s) + L(s)\Phi(s)$$

从而

$$\Phi(s) = \frac{F(s)}{1-L(s)} \tag{323}$$

前面已见过，函数 $\Phi(s)$ 应在半平面 $\sigma > K_0$ 内是正则的. 由于 $L(s)$ 与 $F(s)$ 完全无关，从而推知所写分式的分母在所提到的半平面内不能有零点. 作公式(322)中的第一个公式的反演公式，得到

$$\varphi(x) = \frac{1}{2\pi i} \int_{\sigma-i\infty}^{\sigma+i\infty} \Phi(s) e^{sx} ds \quad (\sigma > K_0) \tag{324}$$

因此，由公式(322)确定了 $F(s)$ 及 $L(s)$ 以及由公式(323)确定了 $\Phi(s)$ 后，我们就用公式(324)得到方程(320)的显形式的解. 我们注意，当函数 $\varphi(x)$ 确定在有限区间 $(0,l)$ 内，按照方程(320)，我们只利用 $f(x)$ 及 $K(x)$ 在上面指出的区间内的值，于是可用任何方式把这些函数延拓到所指区间的外面，且特别地，要它们满足上面所指的条件. 甚至可假设对充分大的正值 x 它们恒等于零.

我们证明，对于方程(320)，一切叠核也只依赖于差 $(x-t)$. 我们有[43]

$$K_2(x,t) = \int_t^x K(x-t_1) K(t_1-t) dt_1$$

引用新积分变量 $\tau = t_1 - t$ 代替 t_1，得

$$K_2(x,t) = \int_0^{x-t} K(x-t-\tau) K(\tau) d\tau$$

从而立即推出 $K_2(x,t)$ 是差 $(x-t)$ 的函数，亦即

$$K_2(x,t) = K_2(x-t)$$

对于其他的叠核也可类似地证明. 这样一来，当 $\lambda=1$ 时，由于公式(293)我们可肯定方程(320)的解核只依赖于上面指出的差. 用 $R(x-t)$ 来记它，应用公式(295)，可写方程(320)的解为如下形式

123

$$\varphi(x) = f(x) + \int_0^x R(x-t) f(t) \, dt \tag{325}$$

应用拉普拉斯变换到这方程的两端,且除(322)外再引入记号

$$M(s) = L_1(R) \tag{326}$$

我们得到

$$\Phi(s) = F(s) + M(s) F(s)$$

利用公式(323),可用已知函数 $L(s)$ 来确定 $M(s)$ 为

$$M(s) = \frac{L(s)}{1 - L(s)} \tag{327}$$

且(326)的反演公式给出解核 $R(x)$,即

$$R(x) = \frac{1}{2\pi i} \int_{\sigma - i\infty}^{\sigma + i\infty} M(s) e^{sx} \, ds \tag{328}$$

代入公式(325),得到解.

上面指出的解方程(320)的方法也可应用到下面形式的沃尔泰拉方程组

$$\varphi_i(x) = f_i(x) + \sum_{k=1}^p \int_0^x K_{ik}(x-t) \varphi_k(t) \, dt \quad (i = 1, 2, \cdots, p)$$

应用拉普拉斯变换到两端,得到

$$\Phi_i(s) = F_i(s) + \sum_{k=1}^p L_{ik}(s) \Phi_k(s) \quad (i = 1, 2, \cdots, p)$$

解出这个确定 $\Phi_i(s)$ 的线性方程组之后,于是方程组的解由以下公式获得

$$\varphi_i(x) = \frac{1}{2\pi i} \int_{\sigma - i\infty}^{\sigma + i\infty} \Phi_i(s) e^{sx} \, ds$$

我们注意,对于核 $K(x)$ 及自由项 $f(x)$ 的条件(321)可以大大地减轻. 只要存在这样的正数 c,使 $f(x) e^{-cx}$ 及 $K(x) e^{-cx}$ 在 $x > 0$ 时的绝对值都是有界的就够了. 这时公式(324)及(328)对于充分大的值 σ 都成立. 为了证明这个断言只需将(320)的两端乘以 e^{-cx} 且引入新的待求函数 $\varphi_1(x) = \varphi(x) e^{-cx}$,新的自由项 $f_1(x) = f(x) e^{-cx}$ 及新的核 $K_1(x) = K(x) e^{-cx}$.

47. 沃尔泰拉第一种方程

到现在为止我们曾专致力于第二种积分方程的探讨. 现在我们将见到在沃尔泰拉方程的情况,在某些附加条件下,第一种方程容易变换为第二种方程. 考察沃尔泰拉第一种方程

$$\int_a^x K(x,t) \varphi(t) \, dt = f(x) \tag{329}$$

且从方程本身的形式立即显示出,已知函数 $f(x)$ 应该满足条件 $f(a) = 0$. 将所

写的方程对 x 求导数且除以 $K(x,x)$，则导出下面的第二种方程

$$\varphi(x)+\int_a^x\frac{K_x(x,t)}{K(x,x)}\varphi(t)\mathrm{d}t=\frac{f'(x)}{K(x,x)} \tag{330}$$

并且认为 $f'(x)$ 是连续的且 $K(x,x)\neq 0$. 一般情况的讨论可在 Γ. 穆尤茨著的《积分方程》书中找到.

注意到条件 $f(a)=0$，我们容易从方程(330)回到方程(329)，亦即这两个方程是等价的，因此，方程(329)有唯一解. 现在考察具有如下形式的核

$$K(x,t)=\frac{H(x,t)}{(x-t)^{1-\alpha}} \quad (0<\alpha<1)$$

的第一种方程，其中 $H(x,t)$ 是连续函数，且有对于 x 的连续导数. 这类型的方程属于前面讨论过的亚贝尔方程. 这样，我们来考察积分方程

$$\int_0^x\frac{H(x,t)}{(x-t)^{1-\alpha}}\varphi(t)\mathrm{d}t=f(x) \tag{331}$$

并且也和亚贝尔方程一样，我们取积分的下限等于零. 将这方程的两端乘以 $(z-x)^{-\alpha}$ 且从 $x=0$ 到 $x=z$ 对 x 积分，且应用狄利克雷公式[Ⅱ;79]，导出下面的积分方程

$$\int_0^z\varphi(t)\mathrm{d}t\int_t^z\frac{H(x,t)}{(z-x)^\alpha(x-t)^{1-\alpha}}\mathrm{d}x=\int_0^z\frac{f(x)}{(z-x)^\alpha}\mathrm{d}x \tag{332}$$

它的核由下列公式确定

$$K_1(z,t)=\int_t^z\frac{H(x,t)}{(z-x)^\alpha(x-t)^{1-\alpha}}\mathrm{d}x$$

这个核也已不是奇性的，这不难利用积分变量的变换来证实，就是说，按下面公式引进新积分变量 θ 代替 x，即

$$x=\frac{z+t}{2}+\frac{z-t}{2}\cos\theta$$

我们得

$$K_1(z,t)=\int_0^\pi\frac{H\left(\frac{z+t}{2}+\frac{z-t}{2}\cos\theta,t\right)\sin\theta}{(1+\cos\theta)^{1-\alpha}(1-\cos\theta)^\alpha}\mathrm{d}\theta \tag{333}$$

从而，注意到核 $H(x,t)$ 的连续性以及所写出的积分对 z 及 t 的一致收敛性，我们可以断定核 $K_1(z,t)$ 是连续核. 利用函数 $\Gamma(z)$ 的理论中的公式[Ⅲ$_2$;71,72]，我们可以写出

$$\int_0^\pi(1+\cos\theta)^{\alpha-1}(1-\cos\theta)^{-\alpha}\sin\theta\mathrm{d}\theta=\frac{\pi}{\sin\pi\alpha}$$

因此公式(333)给出

$$K_1(z,z) = H(z,z)\frac{\pi}{\sin \pi\alpha}$$

这样一来,新连续核 $K_1(z,t)$ 将满足条件 $K_1(z,z) \neq 0$,只要函数 $H(x,t)$ 也满足类似的条件,即 $H(x,x) \neq 0$. 若存在连续导数 $H_x(x,t)$,则从公式(333)也立即得到 $K_1(z,t)$ 对于 z 有连续导数. 同样,当存在连续导数 $f'(x)$,从公式

$$f_1(z) = \int_0^z \frac{f(x)}{(z-x)^\alpha}\mathrm{d}x = \int_0^z \frac{(z-x)^{1-\alpha}f'(x)}{1-\alpha}\mathrm{d}x$$

立即显示出方程(332)的右端有连续导数为

$$f_1'(z) = \int_0^z \frac{f'(x)}{(z-x)^\alpha}\mathrm{d}x$$

因此,在所作的假设下,方程(332)有解 $\varphi(x)$. 剩下要证明的是,这个函数也适合原来的方程(331). 将 $\varphi(x)$ 代入原来的方程且作差,有

$$\omega(x) = f(x) - \int_0^x \frac{H(x,t)}{(x-t)^{1-\alpha}}\varphi(t)\mathrm{d}t$$

将两端乘以 $(z-x)^{-\alpha}$,在 $0 \leqslant x \leqslant z$ 内对 x 积分且应用狄利克雷公式[Ⅱ;79],由于(322),得

$$\int_0^z \frac{\omega(x)}{(z-x)^\alpha}\mathrm{d}x = 0$$

将两端乘以 $(u-z)^{\alpha-1}$,从 $z=0$ 到 $z=u$ 对 z 积分且交换积分的次序,则对于任何 u,有

$$\int_0^u \omega(x)\mathrm{d}x = 0$$

从而立即得出 $\omega(x) \equiv 0$.

现在设在方程(329)中的函数 $K(x,t)$ 只依赖于差 $(x-t)$,亦即考察第一种积分方程

$$\int_0^x K(x-t)\varphi(t)\mathrm{d}t = f(x) \tag{334}$$

将两端乘以 e^{-sx} 且从 $x=0$ 到 $x=\infty$ 对 x 积分,引入对于已知函数 $f(x)$ 及 $K(x)$ 以及待求函数 $\varphi(x)$ 的单边拉普拉斯变换

$$\Phi(s) = L_1(\varphi), F(s) = L_1(f), L(s) = L_1(K) \tag{335}$$

由于卷定理,得

$$L(s)\Phi(s) = F(s) \tag{336}$$

我们假设核 $K(x,t)$ 满足条件 $K(x,x) \neq 0$,这是我们在以前提过的,而在这情况下,它有形式 $K(0) \neq 0$. 这就保证了方程(334)的解的存在. 其次,也和

以前一样，我们假定当正值 x 充分大时 $f(x)$ 及 $K(x)$ 都变为零．如果注意到 $f(x)$ 的任意性，如同在[46]中一样，我们就可断言当值 s 有充分大的实部时 $L(s)$ 不为零．公式(336)给出 $\Phi(s)$，且应用反演公式到(335)中的第一个公式，我们得到方程(334)的有限形式的解为

$$\varphi(t) = \frac{1}{2\pi \mathrm{i}} \int_{\sigma-\mathrm{i}\infty}^{\sigma+\mathrm{i}\infty} \mathrm{e}^{st} \Phi(s) \mathrm{d}s \qquad (337)$$

若 $H(x,t)$ 只依赖于差 $(x-t)$，则上述方法也可应用到方程(331)，并且只要 $0 < \alpha < 1$，我们就不难验证应用拉普拉斯变换及卷定理的合法性．

48. 例

1. 考察方程

$$\varphi(x) = f(x) + \int_0^x (x-t)\varphi(t)\mathrm{d}t \qquad (338)$$

在这情况下 $K(x) = x$，而

$$L(s) = \int_0^\infty \mathrm{e}^{-sx} x \,\mathrm{d}x = \frac{1}{s^2}$$

并且认为 s 的实部是正的．公式(327)给出

$$M(s) = \frac{1}{s^2 - 1}$$

且由于(328)，解核由等式

$$R(x) = \frac{1}{2\pi \mathrm{i}} \int_{\sigma-\mathrm{i}\infty}^{\sigma+\mathrm{i}\infty} \frac{\mathrm{e}^{sx}}{s^2-1} \mathrm{d}s \quad (x>0) \qquad (339)$$

确定，其中 σ 是任何充分大的实数．

考察沿着平面 $s = \sigma + \tau \mathrm{i}$ 上的闭圈道的积分，这圈道是由直线 $\sigma = \sigma_0$ 上的线段(此外 $\sigma_0 > 1$)及以这直线与实轴的交点为心且位于这直线的左边的半圆周作成的．在积分(339)中由公式 $s - \sigma_0 = \mathrm{i}s_1$ 引入新积分变量 s_1 代替 s，我们得到在变量 s_1 的平面上的积分圈道，它是由实轴上的线段及以原点为心的半圆周作成的．利用约当引理[Ⅲ$_2$;60]及 $x > 0$，可确定沿着半圆周的积分当它的半径趋于无穷大时趋于零，且从而立即推得当 $\sigma > 1$ 时积分(339)的值等于积分号下函数在点 $s = \pm 1$ 的留数之和，亦即

$$R(x) = \frac{1}{2}(\mathrm{e}^x - \mathrm{e}^{-x})$$

因而由于(325)，方程(338)的解可写作形式

$$\varphi(x) = f(x) + \frac{1}{2}\mathrm{e}^x \int_0^x \mathrm{e}^{-t} f(t)\mathrm{d}t - \frac{1}{2}\mathrm{e}^{-x} \int_0^x \mathrm{e}^t f(t)\mathrm{d}t$$

2. 对于方程

$$\varphi(x)=f(x)+\int_0^x \mathrm{e}^{x-t}\varphi(t)\mathrm{d}t \qquad (340)$$

我们有 $K(x)=\mathrm{e}^x$，因此

$$L(s)=\int_0^\infty \mathrm{e}^{(1-s)x}\mathrm{d}x=\frac{1}{s-1}$$

从而

$$M(s)=\frac{1}{s-2}$$

且

$$R(x)=\frac{1}{2\pi\mathrm{i}}\int_{\sigma-\mathrm{i}\infty}^{\sigma+\mathrm{i}\infty}\frac{\mathrm{e}^{sx}}{s-2}\mathrm{d}s$$

同上面例子一样，应用留数定理，得

$$R(x)=\mathrm{e}^{2x}$$

因而方程(340)的解是

$$\varphi(x)=f(x)+\mathrm{e}^{2x}\int_0^x \mathrm{e}^{-2t}f(t)\mathrm{d}t$$

3. 我们已有包含贝塞尔函数 $\mathrm{J}_0(x)$ 的下面公式 [Ⅲ$_2$;153]

$$\int_0^\infty \mathrm{e}^{-kz}\mathrm{J}_0(k\rho)\mathrm{d}k=\frac{1}{\sqrt{\rho^2+z^2}}$$

从而有

$$\int_0^\infty \mathrm{e}^{-sx}\mathrm{J}_0(x)\mathrm{d}x=\frac{1}{\sqrt{1+s^2}} \qquad (341)$$

如果注意 [Ⅲ$_2$;113] 中贝塞尔函数的近似估值，我们就可以肯定，若 s 的实部是正的，则公式(341)是正确的.

我们考察积分方程

$$\varphi(x)=f(x)+\lambda\int_0^x \mathrm{J}_0(x-t)\varphi(t)\mathrm{d}t \qquad (342)$$

在这情况下，$K(x)=\lambda\mathrm{J}_0(x)$，由于(341)，有

$$L(s)=\frac{\lambda}{\sqrt{1+s^2}},\ M(s)=\frac{\lambda}{\sqrt{1+s^2}-\lambda}$$

因此解核由下式

$$R(x)=\frac{\lambda}{2\pi\mathrm{i}}\int_{\sigma-\mathrm{i}\infty}^{\sigma+\mathrm{i}\infty}\frac{\mathrm{e}^{sx}}{\sqrt{1+s^2}-\lambda}\mathrm{d}s$$

确定，或

$$R(x) = \frac{\lambda}{2\pi i}\int_{\sigma-i\infty}^{\sigma+i\infty} \frac{\sqrt{1+s^2}-s}{1-\lambda^2+s^2}e^{sx}ds + \frac{\lambda}{2\pi i}\int_{\sigma-i\infty}^{\sigma+i\infty}\frac{s+\lambda}{1-\lambda^2+s^2}e^{sx}ds$$

第二个积分和上面一样可用留数定理来计算. 我们致力于第一积分的变换. 除公式(341)以外, 完全一样地对于正整数 n 可证明以下公式

$$\int_0^\infty e^{-ax}J_n(x)dx = \frac{(\sqrt{1+a^2}-a)^n}{\sqrt{1+a^2}}$$

且将这等式从 $a=s$ 到 $a=+\infty$ 对 a 积分, 得

$$\int_0^\infty e^{-sx}\frac{J_n(x)}{x}dx = \frac{(\sqrt{1+s^2}-s)^n}{n}$$

另一方面, 应用留数定理, 得

$$\frac{1}{2\pi i}\int_{\sigma-i\infty}^{\sigma+i\infty}\frac{1}{1-\lambda^2+s^2}e^{sx}ds = \frac{1}{\sqrt{1-\lambda^2}}\sin(\sqrt{1-\lambda^2}\,x)$$

于是, 我们可写

$$L_1\left(\frac{J_1(x)}{x}\right) = \sqrt{1+s^2}-s,\quad L_1\left[\frac{\sin\sqrt{1-\lambda^2}\,x}{\sqrt{1-\lambda^2}}\right] = \frac{1}{1-\lambda^2+s^2}$$

应用卷定理, 得

$$L_1\left[\frac{\sin\sqrt{1-\lambda^2}\,x}{\sqrt{1-\lambda^2}}\cdot\frac{J_1(x)}{x}\right] = \frac{\sqrt{1+s^2}-s}{1-\lambda^2+s^2}$$

因此, 对于在表达式 $R(x)$ 中引入的积分, 得

$$\frac{1}{2\pi i}\int_{\sigma-i\infty}^{\sigma+i\infty}\frac{\sqrt{1+s^2}-s}{1-\lambda^2+s^2}e^{sx}ds = \frac{1}{\sqrt{1-\lambda^2}}\int_0^x \sin[\sqrt{1-\lambda^2}(x-t)]\cdot\frac{J_1(t)}{t}dt$$

因而方程(342)的解核有表达式

$$R(x) = \frac{\lambda}{\sqrt{1-\lambda^2}}\int_0^x \sin[\sqrt{1-\lambda^2}(x-t)]\cdot\frac{J_1(t)}{t}dt +$$

$$\lambda\cos(\sqrt{1-\lambda^2}\,x) + \frac{\lambda^2}{\sqrt{1-\lambda^2}}\sin(\sqrt{1-\lambda^2}\,x)$$

4. 考察第一种方程

$$\int_0^x e^{x-t}\varphi(t)dt = x \qquad (343)$$

在两端实行单边拉普拉斯变换, 得

$$\frac{\Phi(s)}{s-1} = \frac{1}{s^2}$$

亦即

$$\Phi(s) = \frac{s-1}{s^2}$$

于是

$$\varphi(x) = \frac{1}{2\pi i}\int_{\sigma-i\infty}^{\sigma+i\infty} \frac{s-1}{s^2} e^{sx} ds = 1 - x$$

5. 考察方程

$$\int_0^x J_0(x-t)\varphi(t)dt = \sin x \tag{344}$$

注意到下面关系

$$L_1[J_0(x)] = \frac{1}{\sqrt{s^2+1}}, L_1(\sin x) = \frac{1}{s^2+1} \tag{345}$$

我们得

$$\frac{1}{\sqrt{s^2+1}}\Phi(s) = \frac{1}{s^2+1}$$

亦即

$$\Phi(s) = \frac{1}{\sqrt{s^2+1}}$$

因此

$$\varphi(x) = \frac{1}{2\pi i}\int_{\sigma-i\infty}^{\sigma+i\infty} \frac{e^{sx}}{\sqrt{s^2+1}} ds$$

或者注意(345)的第一个公式,得

$$\varphi(x) = J_0(x)$$

也就是,将这个解代入方程(344)之后,我们得到公式

$$\int_0^x J_0(x-t)J_0(t)dt = \sin x$$

6. 还考察这样的核,当 $t = x$ 时它变为无穷大,即

$$\varphi(x) = f(x) + \lambda \int_0^x \frac{1}{(x-t)^\alpha}\varphi(t)dt \quad (0 < \alpha < 1)$$

且作出与这个核对应的解核,而我们在验证中并不认为上述方法对这个奇性情况是适用的.

计算 $L(s)$ 及 $M(s)$,有

$$L(s) = \lambda\int_0^\infty \frac{e^{-sx}}{x^\alpha}dx = \lambda\Gamma(1-\alpha)s^{\alpha-1}$$

$$M(s) = \frac{\lambda\Gamma(1-\alpha)s^{\alpha-1}}{1-\lambda\Gamma(1-\alpha)s^{\alpha-1}}$$

因而得到解核的表达式

$$R(x) = \frac{1}{2\pi i} \int_{\sigma-i\infty}^{\sigma+i\infty} e^{sx} \frac{\lambda \Gamma(1-\alpha) s^{\alpha-1}}{1 - \lambda \Gamma(1-\alpha) s^{\alpha-1}} ds \quad (x > 0)$$

其中 σ 是充分大的正数.

展为级数,得

$$\frac{\lambda \Gamma(1-\alpha) s^{\alpha-1}}{1 - \lambda \Gamma(1-\alpha) s^{\alpha-1}} = \sum_{n=1}^{\infty} \lambda^n [\Gamma(1-\alpha)]^n s^{n(\alpha-1)}$$

因此一切归结到计算下面积分

$$\frac{1}{2\pi i} \int_{\sigma-i\infty}^{\sigma+i\infty} e^{sx} s^{n(\alpha-1)} ds$$

作代换 $sx = \tau$,将圈道作适当的改变并利用在 [Ⅲ$_2$;74] 中的公式(154),得到

$$\frac{1}{2\pi i} \int_{\sigma-i\infty}^{\sigma+i\infty} e^{sx} s^{n(\alpha-1)} ds = \frac{x^{n(1-\alpha)-1}}{\Gamma[n(1-\alpha)]}$$

从而

$$R(x) = \sum_{n=1}^{\infty} \frac{[\lambda \Gamma(1-\alpha) x^{1-\alpha}]^n}{x \Gamma[n(1-\alpha)]}$$

49. 荷重的积分方程

当叙述具有连续核的积分方程理论时是从寻常积分概念出发的. 如果从其他积分概念出发,可以重复一切理论或它的一部分. 我们在前面已经提到过在勒贝格积分的基础上来建立积分方程理论的可能性. 建立理论的本质就是要使在建立理论时所考察的积分具有一切那些性质,而这些性质正是在建立理论时所需要用到的. 在这一段中,我们将指出积分的新概念,在这概念的基础上,可建立在这一章开始时积分方程理论的一切叙述. 下面结果的引出归功于克内泽尔[①].

我们只讨论最简单情况. 设 $f(x)$ 是在有限区间 $[a,b]$ 内的连续函数,x_p ($p=1,2,\cdots,m$) 是在这区间内的固定点且 a_p 是某些正数. $f(x)$ 对于区间 $[a,b]$ 内的积分定义为寻常积分及函数 $f(x)$ 在点 $x=x_p$ 的值乘以 a_p 的乘积之和. 为了与寻常积分有所区别,将在积分号上面加一横线. 上述的定义给出下面表达式

---

① 克内泽尔(Kneser),Rendiconti del Circolo Mat. di Palermo. 38,1914,克内泽尔(Kneser),Die Integralgleichungen und ihre Anwendung in der mathem. Physik,1922,第 117 页.

$$\overline{\int_a^b} f(x)\mathrm{d}x = \overline{\int_a^b} f(x)\mathrm{d}x + \sum_{p=1}^m a_p f(x_p) \qquad (346)$$

显然立即有下面的寻常积分的性质

$$\overline{\int_a^b}[f_1(x)+f_2(x)]\mathrm{d}x = \overline{\int_a^b}f_1(x)\mathrm{d}x + \overline{\int_a^b}f_2(x)\mathrm{d}x$$

$$\overline{\int_a^b} cf(x)\mathrm{d}x = c\overline{\int_a^b} f(x)\mathrm{d}x$$

其次,当相继的对于区间$[a,b]$取积分,可交换次序,亦即

$$\overline{\int_a^b}\left[\overline{\int_a^b}F(s,t)\mathrm{d}t\right]\mathrm{d}s = \overline{\int_a^b}\left[\overline{\int_a^b}F(s,t)\mathrm{d}s\right]\mathrm{d}t$$

事实上,直接应用定义(346),验证出那个事实,就是所写出的等式的两端都有表达式

$$\int_a^b\int_a^b F(s,t)\mathrm{d}s\mathrm{d}t + \sum_{p=1}^m\int_a^b[F(s,x_p)+F(x_p,s)]\mathrm{d}s + \sum_{p,q=1}^m F(x_p,x_q)$$

到现在为止我们没有利用系数 a_p 的正性,在下面的性质中这对于我们是很重要的. 若 $f(x) \geqslant 0$,则(346)中的积分同样也有非负值,且它只在 $f(x) \equiv 0$ 的情况才等于零. 对于重积分也有完全相同的性质. 由此,如寻常一样,对于新概念的积分显示出布尼亚科夫斯基不等式的正确性. 若 $f(x) \leqslant m$,则存在这样的正数 k,使有不等式

$$\left|\overline{\int_a^b} f(x)\mathrm{d}x\right| \leqslant km$$

当 $a_p > 0$ 时,显然可假设 $k = (b-a) + a_1 + \cdots + a_p$.

从最后性质,和寻常一样[Ⅰ;145],能推出一致收敛级数可按新的积分概念来逐项积分. 利用这个积分概念,可逐字逐句地重复具有连续核的积分方程的一切理论. 若 $K(t,s) = K(s,t)$,则显然有

$$\overline{\int_a^b} K(s,t)\varphi(t)\mathrm{d}t = \overline{\int_a^b} K(t,s)\varphi(t)\mathrm{d}t$$

积分方程

$$\varphi(s) = f(s) + \lambda\overline{\int_a^b} K(s,t)\varphi(t)\mathrm{d}t \qquad (347)$$

显然与下面有寻常积分的方程

$$\varphi(s) = f(s) + \lambda\int_a^b K(s,t)\varphi(t)\mathrm{d}t + \lambda\sum_{p=1}^m a_p K(s,x_p)\varphi(x_p) \qquad (348)$$

等价.

照例,特征值及特征函数将从齐次方程

$$\varphi(s) = \lambda \overline{\int_a^b} K(s,t)\varphi(t)\mathrm{d}t$$

来确定.

在对称核的情况,特征函数可以认为是正交的,即

$$\overline{\int_a^b} \varphi_1(s)\varphi_2(s)\mathrm{d}s = 0$$

或

$$\int_a^b \varphi_1(s)\varphi_2(s)\mathrm{d}s + \sum_{p=1}^m a_p \varphi_1(x_p)\varphi_2(x_p) = 0$$

最后剩下的是希尔伯特—施密特及麦色定理的正确性.形如(347)的方程叫作荷重的积分方程.

考察一个例子.取对称核 $K(s,t)$,当 $s \leqslant t$ 时它等于 s,而当 $s \geqslant t$ 时它等于 t,基本区间是 $[0,1]$.设在公式(346)中 $m=1$,且在右端取在 $x=1$ 时的唯一附加项,亦即

$$\overline{\int_a^b} f(x)\mathrm{d}x = \int_a^b f(x)\mathrm{d}x + af(1) \quad (a > 0)$$

齐次方程

$$\varphi(s) = \lambda \overline{\int_0^1} K(s,t)\varphi(t)\mathrm{d}t$$

可写作形式

$$\varphi(s) = \lambda \int_0^s t\varphi(t)\mathrm{d}t + \lambda s \int_s^1 \varphi(t)\mathrm{d}t + \lambda sa\varphi(1) \tag{349}$$

对 s 求导数,得

$$\varphi'(s) = \lambda \int_s^1 \varphi(t)\mathrm{d}t + \lambda a\varphi(1) \tag{350}$$

且再求一次导数,导出方程

$$\varphi''(s) + \lambda \varphi(s) = 0 \tag{351}$$

从(349)及(350)推出下面两个边界条件:$\varphi(0) = 0$ 及 $\varphi'(1) = \lambda a \varphi(1)$.反之,容易看出,方程(351)满足指出条件的解是积分方程(349)的解.若 $a=0$,则有寻常积分方程,且边界条件 $\varphi(0) = \varphi'(1) = 0$ 不含有参数 λ.令 $\lambda = \mu^2$,由于第一个边界条件,有 $\varphi(s) = C\sin\mu s$,而第二条件给出确定 μ 的方程,也就是 $\cos\mu = a\mu\sin\mu$.

李希登施丹[①]曾讨论过更一般型的方程.设 B 是平面上的某区域且 l 是它

---

① Studia Mathematica, t. Ⅲ, 1931.

的境界. 李希登施丹考察的方程的形式是

$$\varphi(M) + \lambda \iint_B K_1(M,N)\varphi(N)\mathrm{d}\sigma_N + \lambda \int_l K_2(M,N)\varphi(N)\mathrm{d}s_N +$$

$$\lambda \sum_{k=1}^m K_3(M,P_k)\varphi(P_k) = f(M) \quad (352)$$

其中 P_k 是属于闭区域 B 的固定点. 若引用新核及新微分,则这个方程可写作寻常的形式:设 M 属于闭区域 B 且 N 不同于点 P_k. 设

$$K(M,N) = \begin{cases} K_1(M,N), \text{若 } N \text{ 在 } B \text{ 的内部} \\ K_2(M,N), \text{若 } N \text{ 在 } l \text{ 上} \end{cases}$$

$$\mathrm{d}\omega_K = \begin{cases} \mathrm{d}\sigma_N, \text{在 } B \text{ 内} \\ \mathrm{d}s_N, \text{在 } l \text{ 上} \end{cases}$$

且设 N 与 P_k 重合,则有

$$K(M,N) = K_3(M,P_k), \mathrm{d}\omega_N = 1$$

这时方程 (352) 可写作形式

$$\varphi(M) + \lambda \int_{B+l} K(M,N)\varphi(N)\mathrm{d}\omega_N = f(M)$$

因此可重复弗雷德霍姆的一切理论. 我们仅指出,当 $f(M)$ 为连续时,这时转置方程

$$\psi(M) + \lambda \int_{B+l} K(N,M)\psi(N)\mathrm{d}\omega_N = f(M)$$

的解当过渡到境界 l 上及在点 P_k 处时,一般地说是不连续的. 关于齐次转置方程的解也能有同样的说法.

上面的结果在三维空间也是正确的. 荷重的积分方程的研究的另一方法曾在 H. M. 格尤恩特尔的论文中给出[①].

50. 傅里叶积分方程

若在积分方程中的积分区域(在一维情况是积分区间)是无限的或核变为无界的,而不是像我们在 [17] 中讨论过的那种类型的核,则前面所证过的一些基本定理可能不成立. 建立也包括某些这样的奇性积分方程情况在内的更一般的积分方程理论,需要超出连续函数类的范围以外,并要利用更广泛的积分概念,这将在卷五中来做. 此处我们只简略地指出事实方面的材料而不严格叙述

---

① Studia Mathematica, t. Ⅳ, 1932.

最后的定理,这些定理将在卷五中叙述.

我们从对于偶函数的傅里叶变换的情况开始,然后将主要讨论依赖于差的核.

回忆以前曾证明的傅里叶公式[Ⅱ;160]. 若 $f(s)$ 是连续的,且在区间 $0 \leqslant s < \infty$ 内绝对可积,且在这区间的任何有限部分内只有 $f(s)$ 的有限个上升或下降(单调)区间,如果作出函数

$$f_1(s) = \sqrt{\frac{2}{\pi}} \int_0^\infty f(t) \cos st \, dt$$

则可得公式

$$f(s) = \sqrt{\frac{2}{\pi}} \int_0^\infty f_1(t) \cos st \, dt$$

用 $f_1(s)$ 来表示 $f(s)$. 把上面两个公式相加,得

$$f(s) + f_1(s) = \sqrt{\frac{2}{\pi}} \int_0^\infty [f(t) + f_1(t)] \cos st \, dt$$

亦即对于任意选择满足上面条件的函数 $f(s)$,函数 $\varphi(s) = f(s) + f_1(s)$ 是积分方程

$$\varphi(s) = \lambda \int_0^\infty \varphi(t) \cos st \, dt \tag{353}$$

的特征函数,对应于特征值 $\lambda = \sqrt{\frac{2}{\pi}}$.

利用 $f(s)$ 的任意性,可以证明,对于指出的 λ,齐次方程(353)有无穷多个线性无关的特征函数. 写出的积分方程具有这样的特性是因为积分区间 $[0, \infty]$ 是无限的.

我们验证上面的断言. 不难证明,若令 $f(s) = e^{-ps} \, (p > 0)$,则有 $f_1(s) = \sqrt{2} \, p \sqrt{\pi} (s^2 + p^2)$. 在这情况下,当 λ 取指定的值时,我们得到方程(353)的解,这解含有任意参数 p,它可取任何正值. 完全类似地可以讨论在区间 $[0, \infty]$ 上具有核 $\sin st$ 的积分方程.

51. 无穷大区间的情况的方程

利用双边拉普拉斯变换或傅里叶变换,我们可应用在[46]中所指的方法到弗雷德霍姆形式的方程

$$\varphi(x) = f(x) + \int_{-\infty}^{+\infty} K(x-t) \varphi(t) \, dt \tag{354}$$

这时前面的一切公式仍然是正确的,仅需将各处的单边拉普拉斯变换改为双边

的,除此以外,必须检验我们所用这个变换的合法性.除了加到已知函数 $f(x)$ 及 $K(x)$ 的一些条件以外,还必须指出在怎样的函数类中可求得方程(354)的解 $\varphi(x)$.

将设 $f(x)$ 及 $K(x)$ 都是连续函数,且存在下面积分

$$\int_{-\infty}^{+\infty} |K(x)|\,\mathrm{d}x = A \tag{355}$$

我们证明,若常数 A 满足条件 $A<1$,则方程(354)只有一个有界解.若有两个有界解,则齐次方程

$$\psi(x) = \int_{-\infty}^{+\infty} K(x-t)\psi(t)\,\mathrm{d}t \tag{356}$$

应该有异于零的有界解.我们把它引出矛盾来.设 δ 是 $|\psi(x)|$ 在 $-\infty<x<+\infty$ 的上确界.对于已给任意小正数 ε 存在这样的值 x,使 $|\psi(x)|>\delta-\varepsilon$.将这 x 值代入(356),得

$$\delta-\varepsilon < \int_{-\infty}^{+\infty} |K(x-t)||\psi(t)|\,\mathrm{d}t \leqslant \delta\int_{-\infty}^{+\infty} |K(x)|\,\mathrm{d}x = \delta A$$

亦即 $\delta-\varepsilon<\delta A$,而这是与 $A<1$ 及 ε 可取为任意小相矛盾的.若 $f(x)$ 是有界函数,亦即 $|f(x)|\leqslant M$,则利用寻常逐次逼近法,可以证明在 $A<1$ 的条件下存在有界解.若在方程中引用参数

$$\varphi(x) = f(x) + \lambda\int_{-\infty}^{+\infty} K(x-t)\varphi(t)\,\mathrm{d}t$$

则将前面指出的条件($A<1$)写作形式

$$|\lambda| < A^{-1} \tag{357}$$

除了有界解,自然可能存在在区间 $-\infty<x<+\infty$ 上是无界的连续解 $\varphi(x)$.有时以 $|\varphi(x)|$ 或 $|\varphi(x)|^2$ 在无穷区间 $-\infty<x<+\infty$ 上积分存在的条件来代替解的有界性的条件.应用勒贝格积分在这意义下解的存在性及唯一性的条件,例如在迪奇马奇(Titchmarsh)著《傅里叶积分理论导引》一书中(国立技术理论书籍出版局,1948,第 389 页)已经指出了.

现在考察齐次方程

$$\varphi(x) = \int_{-\infty}^{+\infty} K(x-t)\varphi(t)\,\mathrm{d}t \tag{358}$$

且将探求它的形如

$$\varphi(x) = \mathrm{e}^{ax} \tag{359}$$

的解,其中 a 是某常数.代入(358)得

$$\mathrm{e}^{ax} = \int_{-\infty}^{+\infty} K(x-t)\mathrm{e}^{at}\,\mathrm{d}t$$

引用新积分变量 $t_1 = x - t$ 来代替 t. 约去 e^{ax} 且以 t 代替 t_1, 我们得到确定 a 的方程为

$$\int_{-\infty}^{+\infty} K(t) e^{-at} dt = 1 \tag{360}$$

若这方程有某 r 次根,则将这方程对 a 微分,得

$$\int_{-\infty}^{+\infty} K(t) e^{-at} t^k dt = 0 \quad (k = 1, 2, \cdots, r-1) \tag{361}$$

从(360)及(361)显示出在利用上面的变量代换后,不仅函数(359)是方程(358)的解,且函数

$$e^{ax}, x e^{ax}, \cdots, x^{r-1} e^{ax} \tag{362}$$

也是它的解. 这时自然假定 a 是这样的数,它使方程(358)的右端中的积分有意义. 可以说,这些函数完全包括了方程(358)属于确定函数类的一切解. 在提到过的迪奇马奇所著的(第 390 页)叙述了和这相当的结果.

我们注意,当且仅当 a 是纯虚数时解 e^{ax} 在区间 $-\infty < x < +\infty$ 上是有界的.

52. 例

为了阐明前面的叙述,我们引出几个例子.

1. 设在方程(354)中,令

$$f(x) = e^{-|x|}, K(x) = \begin{cases} \lambda e^x, & \text{当 } x \leqslant 0 \\ 0, & \text{当 } x > 0 \end{cases} \tag{363}$$

亦即方程可写作如下形式

$$\varphi(x) = e^{-|x|} + \lambda e^x \int_x^\infty e^{-t} \varphi(t) dt \tag{364}$$

对于函数(363)实行双边拉普拉斯变换

$$F(s) = \int_{-\infty}^{+\infty} e^{-sx} e^{-|x|} dx =$$

$$\int_{-\infty}^0 e^{(1-s)x} dx + \int_0^{+\infty} e^{-(1+s)x} dx =$$

$$\frac{1}{1-s} + \frac{1}{1+s} = \frac{2}{1-s^2}$$

$$L(s) = \lambda \int_{-\infty}^0 e^{(1-s)x} dx = \frac{\lambda}{1-s}$$

在确定 $F(s)$ 时我们设复变量 $s = \sigma + \tau i$ 属于长条 $-1 < \sigma < +1$, 且在确定 $L(s)$ 时必须有不等式 $\sigma < 1$. 按照公式(323),得

$$\Phi(s) = \frac{2}{(1+s)(1-\lambda-s)}$$

因此

$$\varphi(x) = \frac{2}{2\pi i}\int_{\sigma-i\infty}^{\sigma+i\infty} \frac{e^{sx}}{(1+s)(1-\lambda-s)}ds \qquad (365)$$

如果取直线 $\sigma=0$,亦即纯虚轴为积分路线,则从公式(310)或直接估计上面这个积分就可推出我们得到的解是有界的. 这时我们认为点 $(1-\lambda)$ 不落在虚轴上. 设这点落在纯虚轴的右边,亦即 $(1-\lambda)$ 的实部是正的. 当 $x>0$ 时,也和[44]中一样,应用留数定理,并且极点 $s=-1$ 是落在积分直线的左边,有

$$\varphi(x) = \frac{2}{2-\lambda}e^{-x} \quad (x>0) \qquad (366)$$

当 $x<0$ 时,为了要导向约当引理,我们不应取积分直线左边的半圆周,而应取它右边的半圆周(参阅[III$_2$;61]). 确定在点 $s=1-\lambda$ 的留数,得

$$\varphi(x) = \frac{2}{2-\lambda}e^{(1-\lambda)x} \quad (x<0) \qquad (366')$$

若点 $(1-\lambda)$ 落在纯虚轴的左边,则两个极点都落在纯虚轴的左边,因而得到有界解

$$\varphi(x) = \frac{2}{2-\lambda}(e^{-x} - e^{(1-\lambda)x}) \quad (x>0)$$

$$\varphi(x) = 0 \quad (x<0) \qquad (367)$$

这时我们设 $\lambda \neq 2$. 当 $\lambda=2$ 时,(365)中的被积函数有二级极点 $s=-1$,因而我们得到

$$\varphi(x) = \begin{cases} -2xe^{-x}, & x>0 \\ 0, & x<0 \end{cases} \qquad (368)$$

回到方程(364),设

$$\psi(x) = \int_x^\infty e^{-t}\varphi(t)dt$$

从而

$$\psi'(x) = -e^{-x}\varphi(x) \qquad (369)$$

当 $x>0$ 时,方程(364)记作如下形式

$$-\psi'(x) = e^{-2x} + \lambda\psi(x)$$

因此,若 $\lambda \neq 2$,则有

$$\psi(x) = \frac{e^{-2x}}{2-\lambda} + C_1 e^{-\lambda x} \quad (x>0)$$

恰好一样地,当 $x<0$ 时,得

$$\psi(x) = -\frac{1}{\lambda} + C_2 e^{-\lambda x} \quad (x < 0)$$

从 $\psi(x)$ 在 $x=0$ 点的连续性得到

$$C_2 = C_1 + \frac{1}{2-\lambda} + \frac{1}{\lambda}$$

如果注意(369)且令 $C = C_1 \lambda$，则最后得到

$$\begin{aligned} \varphi(x) &= \frac{2}{2-\lambda} e^{-x} + C e^{(1-\lambda)x} \quad (x > 0) \\ \varphi(x) &= \left(\frac{2}{2-\lambda} + C\right) e^{(1-\lambda)x} \quad (x < 0) \end{aligned} \quad (370)$$

其中 C 是任意常数. $\lambda = 2$ 的情况需要单独讨论，我们不停留在这方面. 在 $C = 0$ 时得到解(366)及(366′)，而在 $C = \frac{2}{2-\lambda}$ 时得到解(367). 若 λ 的实部是负数或零，则应在公式(370)中令 $C = 0$，因为在相反情况下，方程(364)中出现的积分失去意义. 若 $(1-\lambda)$ 是纯虚数或零，则解(370)对于任何 C 是有界解. 在这情况下有

$$A = \int_{-\infty}^{0} e^t \, dt = 1$$

且条件(357)有形式 $|\lambda| < 1$. 我们看出，当 $\lambda = 1$ 时也已有无穷多的有界解. 在公式(370)中存在任意常数，这表明只要 λ 的实部是正的话，函数

$$\omega(x) = e^{(1-\lambda)x} \tag{371}$$

应当是齐次方程

$$\omega(x) = \lambda \int_x^\infty e^{x-t} \omega(t) \, dt \tag{372}$$

的解. 在这情况方程(360)有形式

$$\lambda \int_{-\infty}^0 e^{(1-a)t} \, dt = 1$$

亦即

$$\frac{\lambda}{1-a} = 1 \text{ 或 } a = 1 - \lambda$$

从而也得到方程(372)的解(371). 这样一来，我们看出，有正实部的任何值 λ 都是方程(372)的特征值. 对应的特征函数(371)在区间 $(-\infty, +\infty)$ 内将不是有界的，除非 $(1-\lambda)$ 是纯虚数或零的情况. 如同在傅里叶积分方程[50]中一样，积分方程一般理论中所证明的定理之所以不成立是由于这里的积分区间是无限的.

2.考察方程

$$\varphi(x) = f(x) + \lambda \int_{-\infty}^{+\infty} e^{-|x-t|} \varphi(t) dt \tag{373}$$

在这情况下核是对称的.应用双边拉普拉斯变换到函数 $\lambda K(x) = \lambda e^{-|x|}$（参考上例），得

$$L(s) = \lambda \int_{-\infty}^{+\infty} e^{-sx} e^{-|x|} dx = \frac{2\lambda}{1-s^2} \quad (-1 < \sigma < +1)$$

现在按照公式(327)作出 $M(s)$ 为

$$M(s) = \frac{2\lambda}{1 - 2\lambda - s^2}$$

并按照公式(328)构造解核

$$R(x) = \frac{2\lambda}{2\pi i} \int_{-i\infty}^{+i\infty} \frac{e^{sx}}{1 - 2\lambda - s^2} ds \tag{374}$$

在这情况下有

$$A = \int_{-\infty}^{+\infty} e^{-|x|} dx = 2$$

且条件(357)将是

$$|\lambda| < \frac{1}{2} \tag{375}$$

我们将设这条件已实现.这时差 $(1-2\lambda)$ 的实部一定大于零,且用 $\sqrt{1-2\lambda}$ 记作这根式的这样值,它的实部都是正的,从公式(374),得

$$R(x) = \frac{\lambda}{\sqrt{1-2\lambda}} e^{-|x|\sqrt{1-2\lambda}} \tag{376}$$

和上面的例子一样,由留数定理从(374)得出公式(376),并且需要分别地考察 $x < 0$ 及 $x > 0$ 的情况.它也可以按另一个方式得出.只需在公式

$$\int_{-\infty}^{+\infty} e^{-sx} e^{-|x|} dx = \frac{2}{1-s^2}$$

中,令 $x = \sqrt{1-2\lambda}\, y$ 及 $s = \frac{\sigma}{\sqrt{1-2\lambda}}$,给出

$$\int_{-\infty}^{+\infty} e^{-\sigma y} e^{-|y|\sqrt{1-2\lambda}} dy = \frac{2\sqrt{1-2\lambda}}{1-2\lambda-\sigma^2}$$

这个双边拉普拉斯变换的反演公式也立即导出积分(374)的表达式(376).有了解核(376),则仿照着公式(325),有

$$\varphi(x) = f(x) + \frac{\lambda}{\sqrt{1-2\lambda}} \int_{-\infty}^{+\infty} e^{-|x-t|\sqrt{1-2\lambda}} f(t) dt \tag{377}$$

若 $f(x)$ 在区间 $(-\infty, +\infty)$ 内是有界函数,则这公式显然给出方程(373)的有界解. 不仅在条件(375)下是这样的,且对于任何 λ 也都是这样的,但是除了当 $(1-2\lambda)$ 是零或负实数的情形以外,亦即除了 $\lambda \geqslant \dfrac{1}{2}$ 以外.

在这情况下,方程(360)有形式

$$\lambda \int_{-\infty}^{+\infty} \mathrm{e}^{-|t|} \mathrm{e}^{-at} \mathrm{d}t = 1$$

亦即

$$\frac{2\lambda}{1-a^2} = 1 \text{ 或 } a = \pm\sqrt{1-2\lambda}$$

因此齐次方程

$$\omega(x) = \lambda \int_{-\infty}^{+\infty} \mathrm{e}^{-|x-t|} \omega(t) \mathrm{d}t \tag{378}$$

有解

$$\omega(x) = C_1 \mathrm{e}^{\sqrt{1-2\lambda}\,x} + C_2 \mathrm{e}^{-\sqrt{1-2\lambda}\,x} \tag{379}$$

当 $\lambda = \dfrac{1}{2}$ 时,方程关于 a 有重根 $a=0$,且代替(379),有

$$\omega(x) = C_1 + C_2 x$$

当在(378)的右端代入表达式(379)时,为了使积分有意义,必须要求 $\sqrt{1-2\lambda}$ 的正实部小于1或要求这实部等于零. 若 $1-2\lambda < 0$,亦即 $\lambda > \dfrac{1}{2}$,则公式(379)给出方程(378)的有界解. 当 $\lambda = \dfrac{1}{2}$ 时方程(378)的正交解将是任意常数. 在这情况下,一切实值 $\lambda \geqslant \dfrac{1}{2}$ 将是方程(378)的特征值,它们与有界特征函数对应. 按照(379)知,当 $\lambda > \dfrac{1}{2}$ 时,特征函数可写作形式 $\sin\sqrt{2\lambda-1}\,x$ 及 $\cos\sqrt{2\lambda-1}\,x$. 若 $\sqrt{1-2\lambda}$ 的实部是正的且小于1,则对于任意选择的常数 C_1 及 C_2,公式(379)给出方程(378)的无界解.

3. 齐次方程

$$\psi(x) = \lambda \int_0^\infty \frac{\psi(t)}{x+t} \mathrm{d}t \tag{380}$$

借助于代换

$$x = \mathrm{e}^\xi, t = \mathrm{e}^\tau, \mathrm{e}^{\frac{1}{2}\xi}\psi(\mathrm{e}^\xi) = \varphi(\xi) \tag{381}$$

导向下列形式

$$\varphi(\xi) = \lambda \int_{-\infty}^{+\infty} \frac{\varphi(\tau)}{2\cosh\frac{1}{2}(\xi-\tau)} d\tau \qquad (382)$$

对应于它的方程(360)有形式

$$\lambda \int_{-\infty}^{+\infty} \frac{e^{-at}}{2\cosh\frac{1}{2}t} dt = 1 \qquad (383)$$

并且为了积分存在,必须设 a 的实部落在区间 $\left(-\frac{1}{2}, +\frac{1}{2}\right)$ 的内部. 为了计算上面的积分,引入新积分变量 $x = e^t$,于是有

$$\int_{-\infty}^{+\infty} \frac{e^{-at}}{2\cosh\frac{1}{2}t} dt = \int_{-\infty}^{+\infty} \frac{e^{-at}}{e^{\frac{1}{2}t} + e^{-\frac{1}{2}t}} dt = \int_{0}^{\infty} \frac{x^{-(a+\frac{1}{2})}}{1+x} dx$$

设 $-\left(a+\frac{1}{2}\right) = b-1$,亦即 $b = \frac{1}{2} - a$,且利用已知积分 [Ⅲ$_2$;62]

$$\int_{0}^{\infty} \frac{x^{b-1}}{1+x} dx = \frac{\pi}{\sin b\pi} = \frac{\pi}{\cos a\pi}$$

方程(383)可写作如下形式

$$\frac{\pi\lambda}{\cos a\pi} = 1$$

并且我们应这样选择这个方程的根,这些根的实部落在区间 $\left(-\frac{1}{2}, \frac{1}{2}\right)$ 之内.

若 $\lambda = \frac{1}{\pi}$,则所写的方程有重根 $a = 0$. 这时方程(382)有解 $\varphi(\xi) = C_1 + C_2 \xi$. 按照(381),我们得到方程(380)的下面的解

$$\psi(x) = \frac{C_1 + C_2 \lg x}{\sqrt{x}}$$

其中 C_1 及 C_2 是任意常数.

4. 考察第一种积分方程

$$\int_{-\infty}^{+\infty} \frac{\varphi(t)}{2\cosh\frac{1}{2}(x-t)} dt = f(x) \qquad (384)$$

由于上例的结果,核的双边拉普拉斯变换将是

$$\int_{-\infty}^{+\infty} \frac{e^{-sx}}{2\cosh\frac{1}{2}x} dx = \frac{\pi}{\cos s\pi}$$

且应用双边拉普拉斯变换到方程(384),得

$$\frac{\pi}{\cos s\pi}\Phi(s)=F(s)$$

亦即

$$\Phi(s)=\frac{1}{\pi}F(s)\cos s\pi$$

拉普拉斯变换的反演给出

$$\varphi(x)=\frac{1}{2\pi\mathrm{i}}\int_{-\mathrm{i}\infty}^{+\mathrm{i}\infty}\frac{1}{\pi}F(s)\cos s\pi\cdot\mathrm{e}^{sx}\mathrm{d}s=$$

$$\frac{1}{2\pi\mathrm{i}}\int_{-\mathrm{i}\infty}^{+\mathrm{i}\infty}\frac{1}{2\pi}F(s)[\mathrm{e}^{s(x+\pi\mathrm{i})}+\mathrm{e}^{s(x-\pi\mathrm{i})}]\mathrm{d}s$$

将上面的积分分作两项,我们看出,这两项是函数 $\frac{1}{2\pi}F(s)$ 对变量 $(x\pm\pi\mathrm{i})$ 的双边拉普拉斯变换的反演,亦即

$$\varphi(x)=\frac{1}{2\pi}[f(x+\pi\mathrm{i})+f(x-\pi\mathrm{i})] \tag{385}$$

上面关于拉普拉斯变换和它的反演形式上的推导是不严格的. 由于在答案中有自变量为复数的函数值 $f(z)$,自然假设已知函数 $f(z)=f(x+y\mathrm{i})$ 在长条 $-\pi\leqslant y\leqslant+\pi$ 内是正则函数. 对于长条的内部区域来说这个要求可立即从方程(384)本身获得,假如认为这方程有解,且把这方程中的积分看作是依赖于参数 x 的积分[Ⅲ$_2$;70]. 此外,若令积分

$$\int_{-\infty}^{+\infty}|f(x+y\mathrm{i})|^2\mathrm{d}x$$

对于满足条件 $-\pi\leqslant y\leqslant+\pi$ 的一切值 y 有不依赖于 y 的某常数为其上界,且设对于函数(385)来说,积分(384)有意义,则公式(385)确实给出方程(384)的解,且 $\varphi^2(x)$ 在区间 $(-\infty,+\infty)$ 内的积分有意义(迪奇马奇,第 405 页).

53. 半无穷区间的情况

当在具有依赖于差的核的积分方程中,基本区间不是 $(-\infty,+\infty)$ 而是 $(0,+\infty)$ 时,在这情况下双边拉普拉斯变换也已不能采用,因而问题变为更加复杂.

我们将指出解这样方程的方法,它是 B. A. 福克在他的论文《关于数学物理的几个积分方程》中给出的,且叙述他所获得的结果.

考察方程

$$\varphi(x)=f(x)+\int_0^\infty K(x-t)\varphi(t)\mathrm{d}t \tag{386}$$

假设核是对称的，亦即

$$K(-x)=K(x) \tag{387}$$

函数 $f(x)$ 在区间 $0\leqslant x<+\infty$ 上及 $K(x)$ 在区间 $-\infty<x<+\infty$ 上都是已知的，对于这些函数的假设将在下面指出．在区间 $0\leqslant x<+\infty$ 上存在着函数 $\varphi(x)$．如果认为当 $x<0$ 时 $\varphi(x)=0$，那么我们可将它解析延拓到区间 $-\infty<x<0$ 上．

这时当 $x<0$ 时，方程(386)给出

$$f(x)=-\int_0^\infty K(x-t)\varphi(t)\mathrm{d}t \tag{388}$$

因此，假如认为 $x<0$ 时 $\varphi(x)=0$，并注意到(388)，我们可写方程(386)为如下形式

$$\varphi(x)=f(x)+\int_{-\infty}^{+\infty} K(x-t)\varphi(t)\mathrm{d}t \tag{389}$$

和前面一样，记

$$\Phi(s)=L_2(\varphi), F(s)=L_2(f), L(s)=L_2(K)$$

得到方程

$$\Phi(s)=F(s)+L(s)\Phi(s) \tag{390}$$

困难归结于 $F(s)$ 是未知的，因为当 $x<0$ 时 $f(x)$ 是由公式(388)确定的，而在这个公式里面出现了 $\varphi(x)$．对于我们来说，只是下面函数

$$F_1(s)=\int_0^\infty \mathrm{e}^{-sx}f(x)\mathrm{d}x \tag{391}$$

是已知的．我们注意，卷定理及反演公式给出

$$\int_{-\infty}^{+\infty} K(x-t)\varphi(t)\mathrm{d}t=\frac{1}{2\pi\mathrm{i}}\int_{-\mathrm{i}\infty}^{+\mathrm{i}\infty} \mathrm{e}^{xt}L(t)\Phi(t)\mathrm{d}t \tag{392}$$

将(389)的两端乘以 e^{-sx} 且在区间 $0\leqslant x<+\infty$ 上对 x 积分，注意到(392)，我们得

$$\Phi(s)=F_1(s)+\frac{1}{2\pi\mathrm{i}}\int_0^\infty \mathrm{e}^{-sx}\left[\int_{-\mathrm{i}\infty}^{+\mathrm{i}\infty}\mathrm{e}^{xt}L(t)\Phi(t)\mathrm{d}t\right]\mathrm{d}x \tag{393}$$

我们用这关系式代替(390)．

现在陈述关于 $f(x)$ 及 $K(x)$ 的假设．设 $K(x)$ 的连续的，且存在这样的正常数 c，使函数

$$K_1(x)=\mathrm{e}^{-c|x|}K(x) \tag{394}$$

绝对可积且当 $-\infty<x<+\infty$ 时有有限个上升或下降区间．这时当 $x\to\pm\infty$ 时 $K_1(x)\to 0$，且存在这样的常数 M，使

$$|K(x)| \leqslant Me^{-c|x|}$$

也与 $K_1(x)$ 一样，设 $f(x)$ 绝对可积，且当 $-\infty < x < +\infty$ 时有有限个上升或下降区间．在这些假设下，函数 $L(s)$ 在长条

$$-c < Rs < +c \tag{395}$$

的内部将是正则的，且直到长条的境界上是连续的，其中 R 是实部的符号，且 $F_1(s)$ 在 $Rs > 0$ 时是正则的，且直到纯虚轴上是连续的．由于(387)有 $L(-s) = L(s)$．

应用第二中值定理，容易证明，乘积 $sL(s)$ 及 $sF(s)$ 在提及的区域内关于模是有界的．要注意的是，当 $x < 0$ 时 $\varphi(x) = 0$，我们应有

$$\Phi(s) = \int_0^\infty e^{-sx}\varphi(x)\mathrm{d}x \tag{396}$$

于是比如说，若 $\varphi(s)$ 是绝对可积的，则当 $Rs > 0$ 时 $\Phi(s)$ 应是正则的．我们将假设当 $Rs \geqslant 0$ 时 $s\Phi(s)$ 关于模是有界的，因而可应用柯西公式到函数 $\Phi(s)$．由于前面所说的，它也可应用到 $F_1(s)$，因此有

$$\Phi(s) = -\frac{1}{2\pi\mathrm{i}}\int_{-\mathrm{i}\infty}^{+\mathrm{i}\infty}\frac{\Phi(t)}{t-s}\mathrm{d}t,\ F_1(s) = -\frac{1}{2\pi\mathrm{i}}\int_{-\mathrm{i}\infty}^{+\mathrm{i}\infty}\frac{F_1(t)}{t-s}\mathrm{d}t \tag{397}$$

我们将假设在公式(393)中 $Rs > 0$，则在二次积分中可交换积分的次序，得

$$\Phi(s) = F_1(s) - \frac{1}{2\pi\mathrm{i}}\int_{-\mathrm{i}\infty}^{+\mathrm{i}\infty}\frac{L(t)\Phi(t)}{t-s}\mathrm{d}t = 0 \quad (Rs > 0)$$

或者代入(397)，得

$$\frac{1}{2\pi\mathrm{i}}\int_{-\mathrm{i}\infty}^{+\mathrm{i}\infty}\frac{H(t)}{t-s}\mathrm{d}t = 0 \quad (Rs > 0) \tag{398}$$

其中

$$H(t) = \Phi(t)[1 - L(t)] - F_1(t) \tag{399}$$

在以后我们需要下面的引理：

引理 4 若 $G(s)$ 在长条 $a \leqslant Rs \leqslant b$ 的内部是正则的，直到境界上是连续的，且当 $a \leqslant Rs \leqslant b$ 时乘积 $s^\alpha G(s)$ 关于模有界，其中 $\alpha > 0$，则 $G(s)$ 可表示为和的形式

$$G(s) = G_1(s) + G_2(s) \tag{400}$$

其中 $G_1(s)$ 在区域 $Rs > a$ 内是正则的，而 $G_2(s)$ 在区域 $Rs < b$ 内是正则的．

从柯西公式立即得到证明，并且

$$G_1(s) = -\frac{1}{2\pi\mathrm{i}}\int_{a-\mathrm{i}\infty}^{a+\mathrm{i}\infty}\frac{G(t)}{t-s}\mathrm{d}t$$

$$G_2(s) = \frac{1}{2\pi i} \int_{b-i\infty}^{b+i\infty} \frac{G(t)}{t-s} dt$$

回到由公式(399)确定的函数 $H(s)$. 在 $\Phi(s), L(s)$ 及 $F_1(s)$ 是正则的地方,亦即当 $0 < Rs < c$ 时它应是正则的. 应用上面的引理到 $H(s)$,且注意到(398),可断定当 $Rs < c$ 时 $H(s)$ 应是正则的.

这样一来,我们引出下面的结果: $\Phi(s)$ 应在 $Rs > 0$ 内是正则的,而且它使公式(399)确定的 $H(s)$ 在 $Rs < c$ 内是正则的. 函数 $L(s)$ 及 $F_1(s)$ 是已知的,且已在上面指出了它们的性质,考察下面的差

$$1 - L(s) \tag{401}$$

它在长条(395)内是确定的且当 $|s| \to \infty$ 时趋于1,在任何较狭窄的长条 $-c' < Rs < +c'$ ($c' < c$) 内它只有有限个零点. 首先设在 $1-L(s)$ 的零点中没有纯虚的,这时我们可选取 c' 这样逼近于零,使在长条

$$-c' < Rs < +c' \tag{402}$$

内,函数(401)根本没有零点. 引入函数

$$M(s) = -\lg[1 - L(s)] \tag{403}$$

它在长条(402)的内部是正则的. 从等式 $L(-s) = L(s)$ 推出 $M(-s) = M(s)$. 对数的值是这样选定的,要使当 $\mathrm{Im}\, s \to +\infty$ 时, $M(s) \to 0$,此处 $\mathrm{Im}\, s$ 就要是 s 的纯虚部. 这时由于 $M(s)$ 的偶性,将有当 $\mathrm{Im}\, s \to -\infty$ 时 $M(s) \to 0$,且 $sM(s)$ 在长条(402)内关于模是有界的. 应用引理到 $M(s)$,有

$$M(s) = M_1(s) + M_2(s) \tag{404}$$

其中 $M_1(s)$ 在 $Rs > -c'$ 内是正则的,而 $M_2(s)$ 在 $Rs < c'$ 内是正则的.

不难证明, $M_2(s) = M_1(-s)$. 引入函数

$$N_1(s) = e^{M_1(s)}, N_2(s) = e^{M_2(s)} \tag{405}$$

则可以写出

$$\frac{1}{1 - L(s)} = N_1(s) N_2(s) \tag{406}$$

这时当 $Rs > -c'$ 时 $N_1(s)$ 是正则的,且不等于零,而 $N_2(s)$ 当 $Rs < c'$ 时也是这样. 此外, $N_2(s) = N_1(-s)$. 函数 $M_1(s)$ 及 $M_2(s)$ 在无穷远处变为零,而 $N_1(s)$ 及 $N_2(s)$ 则变为1. 将(406)代入(399),得

$$H(s) = \frac{\Phi(s)}{N_1(s) N_2(s)} - F_1(s)$$

从而

$$H(s) N_2(s) = \frac{\Phi(s)}{N_1(s)} - F_1(s) N_2(s) \tag{407}$$

对于长条 $0 < Rs < c'$ 我们可再应用引理 4 到乘积 $F_1(s)N_2(s)$,有

$$F_1(s)N_2(s) = Q_1(s) + Q_2(s) \tag{408}$$

其中 $Q_1(s)$ 在 $Rs > 0$ 内是正则的,而 $Q_2(s)$ 在 $Rs < c'$ 内是正则的,且在无穷远处两个函数都变为零.将 (408) 代入 (407),可写出

$$H(s)N_2(s) + Q_2(s) = \frac{\Phi(s)}{N_1(s)} - Q_1(s)$$

这等式的左端当 $Rs < c'$ 时是正则的,而右端当 $Rs > 0$ 时是正则的,因此两端在整个平面上都是正则的.在无穷远处它们等于零,由于刘维尔定理,两端都恒等于零,亦即有

$$\Phi(s) = N_1(s)Q_1(s) \tag{409}$$

并且函数 $N_1(s)$ 及 $Q_1(s)$ 是以已知函数 $L(s)$ 及 $F_1(s)$ 作为基础而构成的.既知 $\Phi(s)$,可借助于拉普拉斯变换求出 $\varphi(x)$ 为

$$\varphi(x) = \frac{1}{2\pi i}\int_{-i\infty}^{+i\infty} e^{sx}\Phi(s)\mathrm{d}s \tag{410}$$

以上的一切叙述,都可以看作是为准备导出 (410) 而作的.

在提过的 B. A. 福克的论文中曾证明 (410) 中的积分存在,由公式 (410) 确定的函数 $\varphi(x)$ 满足方程 (386) 且在无穷远点变为零,且这解是唯一的.

设 σ_0 是函数 (401) 的最近于纯虚轴的零点的实部.在提过的 B. A. 福克的论文中曾证明,齐次方程

$$\varphi(x) = \int_0^\infty K(x-t)\varphi(t)\mathrm{d}t \tag{411}$$

还有满足条件

$$|\varphi(x)| \leqslant Ce^{\sigma x} \quad (\sigma < \sigma_0) \tag{412}$$

的解.

当函数 (401) 有纯虚零点时,这情况的讨论就更加复杂了.由于 $L(s)$ 的偶性,这样的零点的个数是偶数,记这个数为 $2n$.这时可证明齐次方程 (411) 恰有满足条件 (412) 的 n 个解 $\psi_1(x),\cdots,\psi_n(x)$,且对于方程 (386) 可解性的必要且充分条件是

$$\int_0^\infty \psi_k(x)f(x)\mathrm{d}x = 0 \quad (k=1,2,\cdots,n) \tag{413}$$

如果这些条件已实现,那么方程 (386) 有解,它在无穷远点等于零,且这解是唯一的.而唯一性是由于函数 $\psi_k(x)$ 的任何线性组合在无穷远点处不为零的原故.也可证明函数 $\varphi(x)$ 增加到无穷大的情况不比 x 的某幂增加得更快些.

54. 齐次方程

现在考察齐次方程(411). 这时我们必须认为当 $x>0$ 时 $f(x)=0$,且当 $x<0$ 对 $f(x)$ 是由公式(388)确定的. 我们将只讨论这样的解,它满足条件
$$|\varphi(x)|\leqslant Ce^{ax} \tag{414}$$
其中 C 是某常数且 a 是满足条件 $0<a<C$ 的固定数. 从(414)推出 $\Phi(s)$ 在 $Rs>a$ 内应是正则的且当 $Rs>a+\varepsilon$ 时是有界的,其中 $\varepsilon>0$.

从(388)得出
$$|f(x)|\leqslant \int_0^\infty |K(x-t)||\varphi(t)|dt \leqslant C\int_0^\infty |K(x-t)|e^{at}dt \quad (x<0)$$
取满足条件 $a<b<c$ 的任一数 b,则可写
$$|f(x)|\leqslant C\int_0^\infty |K(x-t)|e^{bt}dt \quad (x<0)$$
或者引入新积分变量 $y=t-x$,得
$$|f(x)|\leqslant Ce^{bx}\int_{-\infty}^\infty |K(-y)|e^{by}dy = Ce^{bx}\int_{-\infty}^x |K(y)|e^{b|y|}dy \quad (x<0)$$
从而,由于 $x<0$,得
$$|f(x)|\leqslant Ce^{bx}\int_{-\infty}^0 |K(y)|e^{b|y|}dy \quad (x<0)$$
亦即对于小于 c 的任何值 b(且充分逼近于 c 的),我们有
$$|f(x)|\leqslant Ce^{bx} \quad (x<0)$$
从这里,由于当 $x>0$ 时 $f(x)=0$,可见当 $Rs<c$ 时 $F(s)$ 是正则的,且当 $Rs<c-\varepsilon(\varepsilon>0)$ 时是有界的.

现在固定一个数 c',使它满足条件 $0<a<c'<c$.

在长条 $(-c'<Rs<c')$ 内差 $1-L(s)$ 只有有限个(偶数)零点. 设 $s_1, s_2,\cdots,s_{2n}$ 是这些零点,其中可能有相同的. 此处我们不作没有纯虚零点的假设. 作函数
$$\omega(s)=[1-L(s)]\frac{(s^2-d)^n}{(s-s_1)(s-s_2)\cdots(s-s_{2n})} \tag{415}$$
(其中 d 是大于 c' 的正数),它在长条 $(-c'<Rs<c')$ 内是正则的,在其中不等于零且在无穷远点等于 1.

从 $L(s)$ 的偶性推知,零点 s_k 关于 $s=0$ 是对称的,因而 $\omega(s)$ 也是偶函数. 和[53]中一样,应用引理到函数 $\lg\omega(s)$.

改变某些记号,我们写

$$\lg \omega(s) = \lg \omega_2(s) - \lg \omega_1(s)$$

且引入新函数

$$L_2(s) = (-1)^n \omega_2(s)(d-s)^{-n}, L_1(s) = \omega_1(s)(d+s)^n$$

这时从(415)得

$$1 - L(s) = \frac{L_2(s)}{L_1(s)}(s-s_1)(s-s_2)\cdots(s-s_{2n}) \tag{416}$$

这时当 $Rs > -c'$ 时 $L_1(s)$ 是正则的且不等于零, 而当 $Rs < c'$ 时 $L_2(s)$ 是一样的, 从而模

$$|L_1(s)s^{-n}|, |L_2(s)s^n|$$

都是有界的.

从方程(390)及(416)推出

$$\frac{F(s)}{L_2(s)} = \frac{\Phi(s)}{L_1(s)}(s-s_1)(s-s_2)\cdots(s-s_{2n}) \tag{417}$$

当 $Rs \leqslant c'$ 时这等式的左端是正则函数, 而当 $Rs \geqslant c'$ 时右端也是正则的, 因此在整个平面上两端都是正则的. 设 $P(s)$ 是对应的整函数. 从上面指出的估计, 则函数 $\frac{P(s)}{s^n}$ 无论当 $Rs \leqslant c'$ 时或当 $Rs \geqslant c'$ 时关于模总是保持有界的. 设

$$\frac{a_0}{s^n} + \frac{a_1}{s^{n-1}} + \cdots + \frac{a_{n-1}}{s}$$

是函数 $\frac{P(s)}{s^n}$ 在极点 $s=0$ 的主要部分. 差

$$\frac{P(s)}{s^n} - \left(\frac{a_0}{s^n} + \frac{a_1}{s^{n-1}} + \cdots + \frac{a_{n-1}}{s}\right)$$

在有限距离内没有奇点且当 $|s| \to \infty$ 时保持有界. 由刘维尔定理知, 这个差是常数. 若注意当纯虚部在对应的半平面内无限增大时 $F(s) \to 0$, 则这时 $\frac{P(s)}{s^n} \to 0$, 从而提到的常数等于零, 亦即

$$P(s) = a_0 + a_1 s + \cdots + a_{n-1} s^{n-1}$$

因此, (417)的两端都是不高于 $(n-1)$ 次的多项式, 因而我们可决定 $\Phi(s)$ 为

$$\Phi(s) = \frac{L_1(s)P(s)}{(s-s_1)(s-s_2)\cdots(s-s_{2n})} \tag{418}$$

从而

$$\varphi(x) = \frac{1}{2\pi i}\int_{\sigma-i\infty}^{\sigma+i\infty} e^{sx}\frac{L_1(s)P(s)}{(s-s_1)(s-s_2)\cdots(s-s_{2n})}ds \tag{419}$$

若取 $P(s)$ 为任意 $(n-1)$ 次多项式, 则这公式给出方程(411)的一切解, 对于任

何正数 ε,它满足条件

$$|\varphi(x)| \leqslant Ce^{(c'+\varepsilon)x} \tag{420}$$

这结果严格的证明及没有对称核的条件(387)的齐次方程的讨论可在维纳及霍普夫的论文中找到(Wiener and Hopf《Ueber eine Klasse singulärer Integralgleichungen》, Preuss. Akad. ,1931).

关于对称核的情况这论文中的主要结果是:若 $1-L(s)$ 在长条(395)内有 $2n$ 个零点,而多重零点按重数计算若干次,则方程(411)恰有 n 个解,它们满足条件(420),且这些解有如下形式

$$\varphi(x) = \sum Q(x)e^{s_0 x} + O(e^{-hx}) \tag{421}$$

其中和的符号是对于提到的一切零点而取的,且 $Q(x)$ 是不高于 $(m-1)$ 次的多项式,其中 m 是零点 s_0 的级. h 是这样的数,即 $c' < h < c$,且在长条 $c' < Rs < h$ 及 $-h < Rs < -c'$ 内函数 $1-L(s)$ 没有零点.

和通常一样[III$_2$;79],记号 $O(e^{-hx})$ 表示一个量,对于它来说,乘积 $e^{hx}O(e^{-hx})$ 当 $x \to +\infty$ 时保持有界.所述结果是借助于公式(419)而获得的.

55. 例

1. 考察对称核

$$K(x) = \lambda e^{-|x|} = \begin{cases} \lambda e^{-x}, & \text{当 } x \geqslant 0 \text{ 时} \\ \lambda e^{x}, & \text{当 } x \leqslant 0 \text{ 时} \end{cases}$$

其中 λ 是实参数.我们可取小于 1 的任何正数作为 c(及 c').函数 $L(s)$ 将是

$$L(s) = \lambda \int_0^\infty e^{-sx} e^{-x} dx + \lambda \int_{-\infty}^0 e^{-sx} e^x dx = \frac{2\lambda}{1-s^2} \tag{422}$$

且

$$1 - L(s) = \frac{s^2 + 2\lambda - 1}{s^2 - 1} \tag{423}$$

这函数的零点是

$$\lambda_{1,2} = \pm\sqrt{1-2\lambda} \tag{424}$$

暂认为 $\lambda < \frac{1}{2}$,且引用正数 μ,有

$$\mu^2 = 1 - 2\lambda$$

因此 $\lambda_{1,2} = \pm\mu$.容易验证分解式(406)将是

$$\frac{1}{1-L(s)} = \frac{s+1}{s+\mu} \cdot \frac{s-1}{s-\mu} = N_1(s) \cdot N_2(s)$$

按照(408),乘积 $F_1(s)N_2(s)$ 必须分作两项,其中 $Q_1(s)$ 当 $Rs>0$ 时是正则的,而 $Q_2(s)$ 当 $Rs<\mu$ 时是正则的,并且两者在无穷远点皆应等于零. 这时必须记起的是,当 $Rs>0$ 时 $F_1(s)$ 是正则的且它在无穷远点等于零. 不难检验待求的分解式有如下形式

$$F_1(s)\frac{s-1}{s-\mu}=\frac{(s-1)F_1(s)-(\mu-1)F_1(\mu)}{s-\mu}+\frac{(\mu-1)F_1(\mu)}{s-\mu}$$

然后按照(409),我们得

$$\Phi(s)=\frac{(s^2-1)F_1(s)-(\mu-1)F_1(\mu)(s+1)}{s^2-\mu^2}$$

且当 $\lambda<\frac{1}{2}$ 时,方程

$$\varphi(x)=f(x)+\lambda\int_0^\infty e^{-|x-t|}\varphi(t)dt$$

的解有如下形式

$$\varphi(x)=\frac{1}{2\pi i}\int_{\sigma-i\infty}^{\sigma+i\infty}e^{sx}\frac{(s^2-1)F_1(s)-(\mu-1)F_1(\mu)(s+1)}{s^2-\mu^2}ds$$
$$(0\leqslant\sigma<\mu) \quad (425)$$

现在讨论齐次方程

$$\varphi(x)=\lambda\int_0^\infty e^{-|x-t|}\varphi(t)dt \quad (426)$$

且采用[54]中的结果. 若 $\lambda<0$,则函数(423)在长条 $-1<Rs<+1$ 的内部没有零点,因而对于在区间 $0<a<1$ 的任何 a 方程(426)没有满足条件(414)的解. 若 $\lambda>0$ 且 $\lambda\neq\frac{1}{2}$,则函数(423)有不相同的零点(424),且按照公式(416),可将函数(423)表示为如下形式

$$1-L(s)=\frac{L_2(s)}{L_1(s)}(s-s_1)(s-s_2) \quad (427)$$

其中

$$L_1(s)=s+1, L_2(s)=\frac{1}{s-1}$$

在这情况下 $n=1$,因而除了一个常数因子不定外,方程(426)的一个解由公式(419)所决定,其中 $P(s)$ 是常数,可认为它等于 1,又有

$$\varphi(x)=\frac{1}{2\pi i}\int_{\sigma-i\infty}^{\sigma+i\infty}e^{sx}\frac{s+1}{s^2+2\lambda-1}ds \quad (428)$$

在这公式中当 $0<\lambda<\frac{1}{2}$ 时应取 $\sigma>\sqrt{1-2\lambda}$,且当 $\lambda>\frac{1}{2}$ 时取 $\sigma>0$. 从积

分直线的左边添加半径很大的半圆周,应用约当引理及留数定理,得到

$$\varphi(x) = \frac{\sqrt{1-2\lambda}+1}{2\sqrt{1-2\lambda}} e^{\sqrt{1-2\lambda}\,x} + \frac{\sqrt{1-2\lambda}-1}{2\sqrt{1-2\lambda}} e^{\sqrt{1-2\lambda}\,x} \qquad (429)$$

若 $\lambda = \frac{1}{2}$,则函数(423)有二级零点 $s=0$,且公式(428)给出

$$\varphi(x) = 1 + x \qquad (430)$$

当 $0 < \lambda < \frac{1}{2}$ 时,解(429)如同 $e^{\sqrt{1-2\lambda}\,x}$ 一样地增大,且 $\sqrt{1-2\lambda}$ 的值就是我们在[53]中曾记作 σ_0 的值. 在这情况下,方程(426)没有满足条件(412)的解. 现在设 $\lambda > \frac{1}{2}$,且记 $v^2 = 2\lambda - 1 (v>0)$. 解(429)可写作形式

$$\varphi(x) = \cos vx + \frac{\sin vx}{v}$$

于是,在这情况下方程(426)有有界解. 当 $\lambda = \frac{1}{2}$ 时解(430)如同 x 的一次幂一样地增加. 当 $\lambda \geqslant \frac{1}{2}$ 时我们有非齐次方程(386)的可解条件,这在[53]中已经谈到过,即

$$\int_0^\infty \left(\cos vx + \frac{\sin vx}{v}\right) f(x) \mathrm{d}x = 0$$

或

$$\int_0^\infty (1+x) f(x) \mathrm{d}x = 0$$

2. 考察齐次方程,它的核是由下列公式(米尔因方程)确定的

$$K(x) = \frac{1}{2} \int_{|x|}^\infty \frac{e^{-t}}{t} \mathrm{d}t$$

当 $x=0$ 时,这函数变为 $\lg x$ 阶的无穷大. 前面方法的采用在这情况下不受影响(参阅维纳及霍普夫的论文).

作函数 $L(s)$,有

$$L(s) = \int_{-\infty}^{+\infty} e^{sx} \left[\frac{1}{2} \int_{|x|}^\infty \frac{e^{-t}}{t} \mathrm{d}t\right] \mathrm{d}x =$$

$$\frac{1}{2} \int_0^{+\infty} e^{sx} \left[\int_x^\infty \frac{e^{-t}}{t} \mathrm{d}t\right] \mathrm{d}x + \frac{1}{2} \int_{-\infty}^0 e^{sx} \left[\int_{-x}^\infty \frac{e^{-t}}{t} \mathrm{d}t\right] \mathrm{d}x$$

在第一项中的二次积分无异于计算一个二重积分,积分区域是平面 (x,t) 上第一象限内实现不等式 $t \geqslant x$ 的部分. 进行积分次序的交换,可将第一项写作形式

$$\frac{1}{2} \int_0^\infty \frac{e^{-t}}{t} \left[\int_0^t e^{sx} \mathrm{d}x\right] \mathrm{d}t = \frac{1}{2s} \int_0^\infty \frac{e^{(s-1)t} - e^{-t}}{t} \mathrm{d}t$$

所写出的积分是可以算出的,例如,对参数 s 求微商,就得到

$$\frac{1}{2s}\int_0^\infty \frac{e^{(s-1)t} - e^{-t}}{t} dt = -\frac{1}{2s}\lg(1-s)$$

其中我们假设 s 的实部小于 1. 完全一样地可计算在 $L(s)$ 的表达式中的第二项,且得到

$$L(s) = \frac{1}{2}\lg\frac{1+s}{1-s} \quad (s = \sigma + i\tau, -1 < \sigma < 1)$$

并且必须取那样的对数值,使当 $s=0$ 时它变为零. 展开对数为幂级数,我们确定方程

$$1 - \frac{1}{2s}\lg\frac{1+s}{1-s} = 0$$

有二重零点 $s=0$.

可以证明,它没有实部包含在区间 $(-1, +1)$ 内部的其他零点. 函数(415)将是

$$\omega(s) = \left(1 - \frac{1}{2s}\lg\frac{1+s}{1-s}\right) \cdot \frac{s^2-1}{s^2}$$

其次,可以确定 $\lg\omega_1(s), L_1(s)$,因而最后按公式(419)就可得到 $\varphi(x)$.

56. 有柯西核的第一种积分方程

现在着手于在一维情况内某些简单的积分方程的叙述,在其中积分应认为是主值意义的[Ⅲ$_2$; 26]. 这时应用以前叙述过的联系着积分的主值及柯西型积分[Ⅲ$_2$; 26, 27, 28] 的结果. 这样的奇性积分方程的基本理论是由博安加雷及希尔伯特所给出的. 至于以后关于这理论的更广泛的发展是由苏联数学家获得的. 在一维情况内全部理论的系统叙述,见于 Н. И. 穆斯赫利什维利所著《奇异积分方程》(莫斯科, 1946) 及 Н. И. 费库娃所著《奇异积分方程组及某些边界问题》(莫斯科, 1950) 两本书中. 对于这个理论的一般介绍还要指出 С. Г. 米赫林的论文《奇异积分方程》(数学科学的进展, Ⅲ, 3(25), 1948).

以后,我们说到的光滑围道是认为它的方程为 $x = x(s), y = y(s)$,其中 s 是弧长且函数 $x(s), y(s)$ 有直到二阶的连续导数.

从具有柯西核的第一种积分方程开始

$$\frac{1}{\pi i}\int_L \frac{\omega(\tau)}{\tau - \xi} d\tau = f(\xi) \tag{431}$$

其中 L 是平滑闭围道,$f(\xi)$ 是已知函数,且在 L 上满足李普希茨条件.

关于待求函数 $\omega(\tau)$,将设它满足李普希茨条件.

以前我们曾有公式[Ⅲ₂;28]
$$\frac{1}{2\pi i}\int_L \frac{1}{\xi-\eta}\left[\frac{1}{2\pi i}\int_L \frac{\omega(\tau)}{\tau-\xi}d\tau\right]d\xi = \frac{1}{4}\omega(\eta) \tag{432}$$

从它立即有,函数
$$\omega(\tau) = \frac{1}{\pi i}\int_L \frac{f(\xi)}{\xi-\tau}d\xi \tag{433}$$

满足方程(431).不难看出,这方程的解是唯一的.事实上,将(431)的两端乘以 $\frac{1}{\pi i}\cdot\frac{1}{\xi-\eta}$,对 ξ 积分且注意(432),我们得到(433).简单来说,由于公式(432)所联系,因此公式(431)及(433)是互为因果的.应指出的是,如果 $f(\xi)$ 满足李普希茨条件,那么从(433)立即推出 $\omega(\tau)$ 也满足这个条件[Ⅲ₂;27].

57. 解析函数的边界问题

在转到有柯西核的积分方程的求解之前,我们要对于解析函数某些边界问题进行讨论.预先引出一个新概念且将证明一个辅助定理.

设某函数 $f(z)$ 在 $z=\infty$ 的邻域内是正则的.如果在无穷远点邻域内它的展式有形式
$$f(z) = z^m\left(a_0 + \frac{a_1}{z} + \frac{a_2}{z^2} + \cdots\right) \quad (a_0 \neq 0) \tag{434}$$

则称它在无穷远点有有限级,且整数 m(正,负,或零)称作 $f(z)$ 在无穷远点的级.若 $m \leqslant 0$,则 $f(z)$ 在点 $z=\infty$ 是正则的,若 $m>0$,则 $z=\infty$ 是 $f(z)$ 的极点.当 $m<0$ 时,我们有 $f(\infty)=0$.

定理 28 设 $f(z)$ 在 z 的全平面上是正则的,且在无穷远点有有限级,则 $f(z)$ 是多项式.

在所考察的情况下展开式(434)在 z 的全平面上成立,且这展开式应当不含有 z 的负幂,因为 $z=0$ 应该是 $f(z)$ 的正则点.这样一来,当 $m>0$ 时函数 $f(z)$ 是多项式,而当 $m=0$ 时是常数(零次多项式).在特殊情况时,这个常数可能为零.恒等于零的函数也将看作在无穷远点有有限级.它的级算作等于零,正像不等于零的常数一样.所证的定理实质上是刘维尔定理的拓广[Ⅲ₂;9].

设 L 是光滑闭围道.求解下面三个边界问题.

问题 1 求在 L 的内部是正则的函数 $\varphi^+(z)$,及在 L 的外部是正则的且在无穷远点有有限级的函数 $\varphi^-(z)$,使这两个函数直到 L 都是连续的,且在 L 上有关系式
$$\varphi^+(\tau) - \varphi^-(\tau) = f(\tau) \quad (\tau \text{ 在 } L \text{ 上}) \tag{435}$$

其中 $f(\tau)$ 是在 L 上满足李普希茨条件的已知复函数.

公式
$$\varphi_0(z)=\frac{1}{2\pi i}\int_L \frac{f(\tau)}{\tau-z}d\tau \tag{436}$$

确定在 L 的内部为正则的函数 $\varphi_0^+(z)$,及在 L 的外部为正则的函数 $\varphi_0^-(z)$,且在无穷远点等于零.

由于对柯西型积分的极限值公式 $[\mathrm{III}_2;28]$ 有

$$\varphi_0^+(\tau)=\frac{1}{2}f(\tau)+\frac{1}{2\pi i}\int_L \frac{f(\xi)}{\xi-\tau}d\xi$$
$$\varphi_0^-(\tau)=-\frac{1}{2}f(\tau)+\frac{1}{2\pi i}\int_L \frac{f(\xi)}{\xi-\tau}d\xi \tag{437}$$

我们看到,$\varphi_0^+(\tau)$ 及 $\varphi_0^-(\tau)$ 满足条件(435),亦即公式(436)给出问题 1 的解. 不难看出,$\varphi_0^+(\tau)$ 及 $\varphi_0^-(\tau)$ 也满足李普希茨条件 $[\mathrm{III}_2;27]$. 显然,函数

$$\varphi(z)=\frac{1}{2\pi i}\int_L \frac{f(\tau)}{\tau-z}d\tau+P(z) \tag{438}$$

也给出问题 1 的解,其中 $P(z)$ 是任意多项式,并且 $\varphi^+(\tau)$ 及 $\varphi^-(\tau)$ 满足李普希茨条件.

我们证明,这个公式给出问题 1 的一切解. 设 $\varphi^+(z)$ 及 $\varphi^-(z)$ 是问题 1 的任何解. 从(435)及对于 $\varphi_0(z)$ 的同样关系式有

$$\varphi^+(\tau)-\varphi_0^+(\tau)=\varphi^-(\tau)-\varphi_0^-(\tau) \quad (\tau \text{ 在 } L \text{ 上})$$

亦即差

$$\varphi^+(z)-\varphi_0^+(z),\varphi^-(z)-\varphi_0^-(z)$$

在 L 上有相同值,这也就是说,这两个差确定在全平面上正则的函数 $[\mathrm{III}_2;24]$ 且在无穷远点有有限级. 由于上面证明过的定理 28 指出这两个差等于同一多项式 $P(z)$,从而得到公式(438).

如果规定了条件 $\varphi^-(\infty)=0$,那么在公式(438)中必须令 $P(z)\equiv 0$. 现在我们叙述第二问题,它是希尔伯特首先讨论的,并且以后将认为点 $z=0$ 是在 L 的内部.

问题 2(希尔伯特齐次问题) 在上一问题的同样要求下来求 $\varphi^+(z)$ 及 $\varphi^-(z)$,但以下面条件

$$\varphi^+(\tau)=g(\tau)\varphi^-(\tau) \quad (\tau \text{ 在 } L \text{ 上})$$

代替条件(435),其中 $g(\tau)$ 是在 L 上满足李普希茨条件且不等于零的已知复函数.

设 k 是整数,它等于当点 τ 的围道 L 上环行一周后 $g(\tau)$ 的辐角获得的增量

除以 2π，即
$$k = \frac{1}{2\pi}[\arg g(\tau)]_L \tag{440}$$

下面函数
$$g_0(\tau) = \tau^{-k} g(\tau) \tag{441}$$

的辐角当 τ 环行围道 L 一周后没有改变，因而 $\lg g_0(\tau)$ 在 L 上是连续函数. 这时我们可固定对数的任何确定值.

不难证明，$\lg g_0(\tau)$ 也像 $g_0(\tau)$ 一样满足李普希茨条件，我们不停留在这一点上. 作函数
$$\psi_0(z) = e^{\omega_0(z)} \tag{442}$$

其中
$$\omega_0(z) = \frac{1}{2\pi i} \int_L \frac{\lg g_0(\tau)}{\tau - z} d\tau \tag{443}$$

一般地说，当 z 在 L 的内部及外部时，这些公式确定不同的正则函数
$$\psi_0^+(z) = e^{\omega_0^+(z)}, \psi_0^-(z) = e^{\omega_0^-(z)} \tag{444}$$

且利用对于柯西积分的极限值公式(437)，可立即检验出函数(444)在 L 上满足关系式
$$\psi_0^+(\tau) = g_0(\tau) \psi_0^-(\tau) \tag{445}$$

引进在 L 的内部及外部为正则的新函数
$$\varphi_0^+(z) = \psi_0^+(z), \varphi_0^-(z) = z^{-k} \psi_0^-(z) \tag{446}$$

注意到(441)及(445)，我们看出，$\varphi_0^+(z)$ 及 $\varphi_0^-(z)$ 是希尔伯特齐次问题的解. 从(443)及(444)知，$\omega_0(\infty) = 0$ 及 $\psi_0(\infty) = 1$，因而由于(446)，可断言 $\varphi_0^-(z)$ 在无穷远点的级等于 $-k$.

还应注意的是，$\varphi_0^+(z)$ 在任何点都不为零，而 $\varphi_0^-(z)$ 只在 $z = \infty$ 时可变为零. 若 $P(z)$ 是任意多项式，则函数
$$\psi^+(z) = P(z) \varphi_0^+(z), \psi^-(z) = P(z) \varphi_0^-(z) \tag{447}$$

也是希尔伯特齐次问题的解. 若 m 是 $P(z)$ 的次数，则 φ_0^- 在无穷远点的级等于 $m - k$. 这时，像在问题 1 中一样，$\varphi^+(\tau)$ 及 $\varphi^-(\tau)$ 满足李普希茨条件.

还要证明，公式(447)确定所提问题的一切解. 事实上，设 $\varphi^+(z)$ 及 $\varphi^-(z)$ 是问题的任何解，则
$$\frac{\varphi^+(z)}{\varphi_0^+(z)}, \frac{\varphi^-(z)}{\varphi_0^-(z)} \tag{448}$$

分别在 L 的内部及外部是正则的，且它们中的第二个在无穷远点有有限级. 此

外,这两个比式在 L 上是相等的. 因此,关系式(448)确定在全平面上是正则的函数且在无穷远点有有限级,因而由于上面证明的定理,这函数是多项式,从而得到对于 $\varphi^+(z)$ 及 $\varphi^-(z)$ 的公式(447).

问题 3(希尔伯特非齐次问题) 在前面问题的同样要求下来求 $\varphi^+(z)$ 及 $\varphi^-(z)$,但以下面的条件

$$\varphi^+(\tau) = g(\tau)\varphi^-(\tau) + f(\tau) \quad (\tau \text{ 在 } L \text{ 上}) \tag{449}$$

代替条件(439),其中 $g(\tau)$ 及 $f(\tau)$ 都是在 L 上满足李普希茨条件的已知函数,且 $g(\tau) \neq 0$.

设 $\varphi_0^+(z)$ 及 $\varphi_0^-(z)$ 是所建立的问题 2 的解,且设它们都不为零. 从(439)得到 $g(\tau) = \dfrac{\varphi_0^+(\tau)}{\varphi_0^-(\tau)}$,将这函数代入(449),因而这个条件可写作如下形式

$$\frac{\varphi^+(\tau)}{\varphi_0^+(\tau)} - \frac{\varphi^-(\tau)}{\varphi_0^-(\tau)} = \frac{f(\tau)}{\varphi_0^+(\tau)} \tag{450}$$

亦即我们归结到对于比式 $\dfrac{\varphi(z)}{\varphi_0(z)}$ 的问题 1,从而由于(438),得

$$\frac{\varphi(z)}{\varphi_0(z)} = \frac{1}{2\pi i}\int_L \frac{f(\tau)}{\varphi_0^+(\tau)(\tau-z)}\mathrm{d}\tau + P(z) \tag{451}$$

其中 $P(z)$ 是任意多项式,因此最后得

$$\varphi(z) = \frac{\varphi(z)}{2\pi i}\int_L \frac{f(\tau)}{\varphi_0^+(\tau)(\tau-z)}\mathrm{d}\tau + P(z)\varphi_0(z) \tag{452}$$

对位于 L 的内部的区域,我们应取 $\varphi_0^+(z)$ 以代替 $\varphi_0(z)$,而对位于 L 的外部的区域则取 $\varphi_0^-(z)$. 公式(452)给出问题 3 的一般解. 函数 $\varphi_0^+(z)$ 及 $\varphi_0^-(z)$ 由公式(446)确定,而数 k 是由公式(440)确定的. 右端的第一项在无穷远点的级为 $-k-1$,而第二项的级为 $m-k$,其中 m 是 $P(z)$ 的次数. 如同前面的问题一样,$\varphi^+(\tau)$ 及 $\varphi^-(\tau)$ 满足李普希茨条件.

现在阐明关于问题 3 的那些解在无穷远点变为零的问题. 换句话说,我们寻求在无穷远点有负数级的解. 考虑下列各种情况,即 $k>0, k=0$ 及 $k<0$. 若 $k>0$,则公式(452)的第一项在无穷远点有负数级,而第二项当且仅当 $m<k$ 时在无穷远点有负数级,亦即当 $k>0$ 时,如果取 $P(z)$ 为次数小于 k 的任意多项式,那么公式(452)给出问题 3 的在无穷远点等于零的一般解. 在这情况下我们有无穷多个问题 3 的解,它们在无穷远点等于零. 一般解含有 k 个任意常数(就是 $P(z)$ 的系数).

若 $k=0$,则第一项在无穷远点的级仍然是负的,而在第二项中必须取 $P(z) \equiv 0$. 这时问题 3 的解显然是唯一的. 若 $k<0$,则注意于上面讲过的关于

公式(452)右端的各项的级,必须取 $P(z) \equiv 0$,除此以外,在第一项中应不含有 $z^{-k-1}, z^{-k-2}, \cdots, z^0$ 的各项,亦即在当 $|z|$ 充分大时成立的积分展开式

$$\frac{1}{2\pi i}\int_L \frac{f(\tau)}{\varphi_0^+(\tau)(\tau-z)}d\tau = -\frac{z^{-1}}{2\pi i}\int_L \frac{f(\tau)}{\varphi_0^+(\tau)}d\tau - \frac{z^{-2}}{2\pi i}\int_L \frac{\tau f(\tau)}{\varphi_0^+(\tau)}d\tau - \cdots$$

中应不含有 $z^{-1}, z^{-2}, \cdots, z^{-k}$ 的各项.这就引到问题 3 在无穷远点等于零时有解的必要且充分条件为

$$\int_L \frac{\tau^s f(\tau)}{\varphi_0^+(\tau)}d\tau = 0 \quad (s=0,1,\cdots,k-1) \tag{453}$$

当这些条件实现时,问题 3 在无穷远点等于零的解是唯一的,且由公式(452)在 $P(z)\equiv 0$ 时所确定.

58. 有柯西核的第二种积分方程

考虑方程

$$A(\xi)\varphi(\xi) + \frac{B(\xi)}{\pi i}\int_L \frac{\varphi(\tau)}{\tau-\xi}d\tau = f(\xi) \tag{454}$$

其中 $A(\xi), B(\xi), f(\xi)$ 都是在 L 上满足李普希茨条件的已知函数,并且认为

$$A(\xi) + B(\xi) \neq 0 \text{ 及 } A(\xi) - B(\xi) \neq 0 \quad (\xi \text{ 在 } L \text{ 上}) \tag{455}$$

待求的解 $\varphi(\xi)$ 也是在满足李普希茨条件的函数类中.引入函数

$$\Phi(z) = \frac{1}{2\pi i}\int_L \frac{\varphi(\tau)}{\tau-z}d\tau \tag{456}$$

在前面指出的记号下从(437)得

$$\varphi(\xi) = \Phi^+(\xi) - \Phi^-(\xi) \tag{457}$$

$$\frac{1}{2\pi i}\int_L \frac{\varphi(\tau)}{\tau-\xi}d\tau = \Phi^+(\xi) + \Phi^-(\xi) \tag{458}$$

代入(454),得到

$$[A(\xi)+B(\xi)]\Phi^+(\xi) - [A(\xi)-B(\xi)]\Phi^-(\xi) = f(\xi) \tag{459}$$

或

$$\Phi^+(\xi) = \frac{A(\xi)-B(\xi)}{A(\xi)+B(\xi)}\Phi^-(\xi) + \frac{f(\xi)}{A(\xi)+B(\xi)} \tag{460}$$

亦即 $\Phi(z)$ 必须是问题 3 的解,它当 $z=\infty$ 时等于零且满足条件(453).反之,设有这样的 $\Phi(z)$.由公式(457)确定了 $\varphi(\xi)$,就有了对于 $\Phi(z)$ 的公式(456)[57],从它显示出(458).从(457)及(458)确定了 $\Phi^+(\xi)$ 及 $\Phi^-(\xi)$,且代入(460)中得到(454).这样一来,方程(454)的求解与在边界条件(460)下问题 3 的求解是等价的.这时 $\varphi(\xi)$ 由公式(457)确定.为了获得问题的完全解决,现在只要应用

[57] 中的结果. 按照公式(440), 引入整数

$$k = \frac{1}{2\pi}\left[\arg\frac{A(\xi)-B(\xi)}{A(\xi)+B(\xi)}\right]_L \tag{461}$$

它称作方程(459)的指数.

设 $\Phi_0(z)$ 是在条件

$$\Phi^+(\xi) = \frac{A(\xi)-B(\xi)}{A(\xi)+B(\xi)}\Phi^-(\xi)$$

下问题 2 异于零的解, 我们在[57]中已经作出过这个解. 考虑三种情况:

(1) $k > 0$, 这时我们有

$$\Phi(z) = \frac{\Phi_0(z)}{2\pi i}\int_L\frac{f(\tau)}{[A(\tau)+B(\tau)]\Phi_0^+(\tau)(\tau-z)}d\tau + P_{k-1}(z)\Phi_0(z) \tag{462}$$

其中 $P_{k-1}(z)$ 是 $(k-1)$ 次的任意多项式;

(2) $k=0$, 解由公式(462)在 $P_{k-1}(z)\equiv 0$ 时表达, 亦即

$$\Phi(z) = \frac{\Phi_0(z)}{2\pi i}\int_L\frac{f(\tau)}{[A(\tau)+B(\tau)]\Phi_0^+(\tau)(\tau-z)}d\tau \tag{463}$$

(3) $k < 0$, 对于问题 3 有解的必要且充分条件是

$$\int_L\frac{\tau^s f(\tau)}{[A(\tau)+B(\tau)]\Phi_0^+(\tau)}d\tau = 0 \quad (s=0,1,2,\cdots,k-1) \tag{464}$$

而且如果这些条件实现, 那么解由公式(463)来表达.

利用公式(452)及(457), 我们现在可获得方程(454)的解. 这时我们必须应用柯西型积分的极限公式. 这样一来, 当 $k\geqslant 0$ 时, 得到

$$\varphi(\xi) = \frac{\Phi_0^+(\xi)+\Phi_0^-(\xi)}{2[A(\xi)+B(\xi)]\Phi_0^+(\xi)}f(\xi) +$$
$$\frac{\Phi_0^+(\xi)-\Phi_0^-(\xi)}{2\pi i}\int_L\frac{f(\tau)}{[A(\tau)+B(\tau)]\Phi_0^+(\tau)(\tau-\xi)}d\tau +$$
$$[\Phi_0^+(\xi)-\Phi_0^-(\xi)]P_{k-1}(\xi) \tag{465}$$

并且当 $k=0$ 时 $P_{k-1}(\xi)\equiv 0$. 当 $k<0$ 时, 若条件(464)实现, 我们也得到同样结果, 其中只需 $P_{k-1}(\xi)\equiv 0$.

由这里立即推得齐次方程

$$A(\xi)\varphi(\xi) + \frac{B(\xi)}{\pi i}\int_L\frac{\varphi(\tau)}{\tau-\xi}d\tau = 0 \tag{466}$$

当 $k>0$ 时有通解

$$\varphi(\xi) = [\Phi_0^+(\xi)-\Phi_0^-(\xi)]P_{k-1}(\xi) \tag{467}$$

而当 $k\leqslant 0$ 时方程(466)只有零解. 公式(467)给出方程(466)的 k 个线性无关的解

$$\varphi(\xi) = [\Phi_0^+(\xi) - \Phi_0^-(\xi)]\xi \quad (s = 0, 1, 2, \cdots, k-1) \tag{468}$$

因此,当 $k > 0$ 时,对于任何 $f(\xi)$ 非齐次方程(454)可解,而齐次方程(466)有 k 个线性无关的解. 当 $k = 0$ 时,对于任何 $f(\xi)$ 方程(454)可解且有唯一解,而齐次方程(466)仅有零解. 当 $k < 0$ 时我们有方程(454)可解的 $-k$ 个条件(464),且当这些条件实现时方程(454)有唯一解,这时齐次方程只有零解. 此处的结果是和寻常弗雷德霍姆方程的结果有所不同的.

要注意的是,第一种方程

$$\frac{1}{2\pi i}\int_L \frac{\varphi(\tau)}{\tau - \xi}d\tau = f(\xi)$$

是由方程(454)取 $A(\xi) = 0$ 及 $B(\xi) = \frac{1}{2}$ 而得到的特殊情况. 对于这个特殊情况 $k = 0$.

59. 对于线段情况的边界问题

现在讨论[57]中问题的这样情况,即代替闭围道 L 以实轴上的线段 $[a,b]$. 今后经常以 $\Phi(z)$ 记这样的函数,它在 $[a,b]$ 的外面是正则的,在无穷远点有有限级,在 $[a,b]$ 的上面及下面直到 $[a,b]$ 上是连续的,但端点可能除外,且在端点附近有估计

$$|\Phi(z)| \leqslant \frac{A}{|z-c|^\alpha} \tag{469}$$

其中 A 及 α 是常数,$0 \leqslant \alpha < 1$ 及 c 是端点之一,亦即 $c = a$ 或 $c = b$. 用 $\Phi^+(\xi)$ 及 $\Phi^-(\xi)$ 记 $\Phi(z)$ 在 $[a,b]$ 上从上面及下面而取的极限值.

问题 1 求 $\Phi(z)$ 使当 $a < \xi < b$ 时有关关系式

$$\Phi^+(\xi) - \Phi^-(\xi) = f(\xi)$$

其中 $f(\xi)$ 是在闭线段 $[a,b]$ 上满足李普希茨条件的已知函数.

如同[57]中一样,公式

$$\Phi(z) = \frac{1}{2\pi i}\int_a^b \frac{f(\tau)}{\tau - z}d\tau + P(z) \tag{470}$$

给出问题的解,其中 $P(z)$ 是任意多项式. 条件(469)可直接地根据这样的事实来检验,即在端点附近 $\Phi(z)$ 有形式[Ⅲ$_2$; 27]

$$\Phi(z) = \pm\frac{f(c)}{2\pi i}\lg\frac{1}{z-c} + F(z)$$

其中 $F(z)$ 当 $z \to c$ 时有有限极限. 可以证明,公式(470)给出问题的一切解. 我们拟证这个事情. 设 $\Phi_1(z)$ 及 $\Phi_2(z)$ 是问题的两个解. 只需证明差 $\omega(z) = \Phi_2(z) -$

$\Phi_1(z)$ 是多项式. 也像[57]中一样, 这个差在全平面上是正则的, 但端点 $z=a$ 及 $z=b$ 可能除外, 且在无穷远点有有限级. 剩下来要证的是 $\omega(z)$ 在 $z=a$ 及 $z=b$ 两点也是正则的.

我们注意 $\omega(z)$ 在 $z=c$ 点附近有估计(469). 容易证明, 当具有这样估计时 $\omega(z)$ 在点 $z=c$ 也是正则的. 为了验证这个事实, 只需重复在[Ⅲ$_2$;10]中的定理的证明: 若 $f(z)$ 在点 $z=a$ 的邻域内是单值正则的且按模有界的, 则它在点 $z=a$ 本身也是正则的. 这时有界条件 $|f(z)| \leqslant N$ 可以换成条件(469), 亦即 $|f(z)| \leqslant \dfrac{C}{\rho^{\alpha}}(0 \leqslant \alpha < 1)$ 对于证明没有什么影响.

问题 1 满足条件 $\Phi(\infty)=0$ 的解是在(470)中令 $P(z) \equiv 0$ 获得的.

下面的问题考虑为当 $g(\xi)=-1$ 时的特殊情况.

问题 2 求函数 $\Phi(z)$ 使当 $a<\xi<b$ 时有关系式

$$\Phi^+(\xi) + \Phi^-(\xi) = 0 \tag{471}$$

要注意的是, 当 z 环绕点 c 一周时 $\sqrt{z-c}$ 变号, 我们可写出问题 2 的下面的解

$$\Phi_0(z) = \frac{1}{\sqrt{(z-a)(z-b)}} \tag{472}$$

其中根式的值是随意取定的. 这个解在全平面上不等于零且 $\Phi(\infty)=0$.

问题的解也可是

$$\Phi(z) = \frac{P(z)}{\sqrt{(z-a)(z-b)}} \tag{473}$$

其中 $P(z)$ 是任意多项式. 这个公式给出问题的一切解. 事实上, 若 $\Phi(z)$ 是问题的任何解, 则类似于在问题 1 中所作的一样, 不难证明 $\dfrac{\Phi(z)}{\Phi_0(z)}$ 是多项式, 从而得到(473).

问题 3 求 $\Phi(z)$ 使当 $a<\xi<b$ 时有关系式

$$\Phi^+(\xi) + \Phi^-(\xi) = f(\xi) \tag{474}$$

其中 $f(\xi)$ 是在闭线段 $[a,b]$ 上满足李普希茨条件的已知函数.

注意到 $\Phi_0(z)$ 满足条件(471), 我们可将条件(474)写作形式

$$\frac{\Phi^+(\xi)}{\Phi_0^+(\xi)} - \frac{\Phi^-(\xi)}{\Phi_0^-(\xi)} = \frac{f(\xi)}{\Phi_0^+(\xi)} \tag{475}$$

亦即我们有对于函数 $\dfrac{\Phi(z)}{\Phi_0(z)}$ 的问题 1.

我们这样来确定公式(472)中根式的值, 比如说 $\Phi_0(z)$ 在点 $z=\infty$ 邻域内

的展开式从 z^{-1} 开始,这时在线段 $[a,b]$ 上的根式 $\overline{\sqrt{(\xi-a)(\xi-b)}}$ 是 i 有正系数的纯虚数. 如果认为这个根式的值是这样的, 那么条件(475)可表达为如下形式

$$\frac{\Phi^+(\xi)}{\Phi_0^+(\xi)} - \frac{\Phi^-(\xi)}{\Phi_0^-(\xi)} = f(\xi)\sqrt{(\xi-a)(\xi-b)} \tag{476}$$

我们证明,函数

$$\sqrt{(\xi-a)(b-\xi)} \tag{477}$$

在闭线段 $[a,b]$ 上满足指数等于 $\frac{1}{2}$ 的李普希茨条件. 为了这个证明, 利用显明的不等式

$$\sqrt{\alpha+\beta} - \sqrt{\alpha} \leqslant \sqrt{|\beta|} \quad (\text{当 } \alpha \geqslant 0, \alpha+\beta \geqslant 0) \tag{478}$$

设 ξ 及 η 属于 $[a,b]$,令

$$\alpha = (\eta-a)(b-\eta), \alpha+\beta = (\xi-a)(b-\xi)$$

从(478)获得

$$\sqrt{(\xi-a)(b-\xi)} - \sqrt{(\eta-a)(b-\eta)} \leqslant$$
$$\sqrt{|(a+b)\xi - \xi^2 - (a+b)\eta + \eta^2|} =$$
$$\sqrt{|[(a+b)-(\xi+\eta)](\xi-\eta)|}$$

从而,注意 $\xi+\eta \geqslant 2a$,将有

$$\sqrt{(\xi-a)(b-\xi)} - \sqrt{(\eta-a)(b-\eta)} \leqslant \sqrt{b-a}\sqrt{|\eta-\xi|}$$

完全类似地可证

$$\sqrt{(\eta-a)(b-\eta)} - \sqrt{(\xi-a)(b-\xi)} \leqslant \sqrt{b-a}\sqrt{|\eta-\xi|}$$

亦即

$$|\sqrt{(\eta-a)(b-\eta)} - \sqrt{(\xi-a)(b-\xi)}| \leqslant \sqrt{b-a}\sqrt{|\eta-\xi|}$$

从而看出函数(477)在线段 $[a,b]$ 上满足指数 $\alpha = \frac{1}{2}$ 的李普希茨条件. 因此, 公式(476)右端的全部也满足李普希茨条件 $[III_2;27]$. 对于函数 $\frac{\Phi(z)}{\Phi_0(z)}$ 来解具有边界条件(476)的问题 1, 我们得到

$$\Phi(z) = \frac{1}{2\pi i \sqrt{(z-a)(b-z)}} \int_a^b \frac{f(\tau)\sqrt{(\tau-a)(b-\tau)}}{\tau-z} d\tau +$$
$$\frac{P(z)}{\sqrt{(z-a)(b-z)}} \tag{479}$$

其中 $P(z)$ 照例是任意多项式. 应用柯西积分在线段端点附近的估计, 容易检验

函数(479)满足条件(469). 如果我们要求获得满足条件 $\Phi(\infty)=0$ 的解,则应在公式(479)中令 $P(z)$ 等于常数,即

$$\Phi(z) = \frac{1}{2\pi i \sqrt{(z-a)(z-b)}} \int_a^b \frac{f(\tau)\sqrt{(\tau-a)(\tau-b)}}{\tau-z} d\tau + \frac{C}{\sqrt{(z-a)(z-b)}} \tag{480}$$

在解问题 3 时可以规定 $\Phi(z)$ 在线段端点的邻域内是有界的附加条件. 这时代替问题 2 的解(472)我们应取

$$\Phi_0(z) = \sqrt{(z-a)(z-b)} \tag{481}$$

且代替公式(479)获得

$$\Phi(z) = \frac{\sqrt{(z-a)(z-b)}}{2\pi i} \int_a^b \frac{f(\tau)}{\sqrt{(\tau-a)(\tau-b)}(\tau-z)} d\tau + P(z)\sqrt{(z-a)(z-b)} \tag{482}$$

为了要获得满足条件 $\Phi(\infty)=0$ 的解,我们应令 $P(z) \equiv 0$,且此外应满足下面条件

$$\int_a^b \frac{f(\tau)}{\sqrt{(\tau-a)(\tau-b)}} d\tau = 0 \tag{483}$$

若有界性只规定在端点 $z=a$,则代替(481)应取

$$\Phi_0(z) = \sqrt{\frac{z-a}{z-b}}$$

且代替公式(482)获得

$$\Phi(z) = \frac{1}{2\pi i}\sqrt{\frac{z-a}{z-b}} \int_a^b \sqrt{\frac{\tau-b}{\tau-a}} \cdot \frac{f(\tau)}{\tau-z} d\tau + P(z)\sqrt{\frac{z-a}{z-b}} \tag{484}$$

在这情况下,对于任何 $f(\xi)$ 我们有满足条件 $\Phi(\infty)=0$ 的唯一解

$$\Phi(z) = \frac{1}{2\pi i}\sqrt{\frac{z-a}{z-b}} \int_a^b \sqrt{\frac{\tau-b}{\tau-a}} \cdot \frac{f(\tau)}{\tau-z} d\tau \tag{485}$$

我们不停留在公式(482)及(484)的证明上. 它可在前面提过的 Н. И. 穆斯赫利什维利的书中找到,在前面几段的叙述中已经这样引用过了.

60. 柯西型积分的反演

现在考察积分

$$\frac{1}{\pi i}\int_a^b \frac{\varphi(\tau)}{\tau-\xi} d\tau = f(\xi) \quad (a<\xi<b) \tag{486}$$

的反演问题.

如在[57]中一样来做.引入函数
$$\Phi(z)=\frac{1}{2\pi i}\int_a^b \frac{\varphi(\tau)}{\tau-z}d\tau$$

它满足条件 $\Phi(\infty)=0$,得到
$$\varphi(\xi)=\Phi^+(\xi)-\Phi^-(\xi) \tag{487}$$

$$\Phi^+(\xi)-\Phi^-(\xi)=\frac{1}{\pi i}\int_a^b \frac{\varphi(\tau)}{\tau-\xi}d\tau \tag{488}$$

这样一来,方程(486)与下式等价
$$\Phi^+(\xi)+\Phi^-(\xi)=f(\xi) \quad (a<\xi<b) \tag{489}$$

这就是[59]中有附加条件 $\Phi(\infty)=0$ 的问题 3.作出这个问题的解,由公式(487)获得 $\varphi(\xi)$.利用公式(480)及对于柯西型积分的边界公式,最后获得

$$\varphi(\xi)=\frac{1}{\pi i\sqrt{(\xi-a)(\xi-b)}}\int_a^b \frac{f(\tau)\sqrt{(\tau-a)(\tau-b)}}{\tau-\xi}d\tau+$$
$$\frac{C}{\sqrt{(\xi-a)(\xi-b)}} \tag{490}$$

我们指出,这个函数在闭区间$[a,b]$上不满足李普希茨条件,而只在含于$[a,b]$的内部的任何闭区间上满足这个条件,且当ξ逼近于a或b时可无限增大.如果条件(483)满足,则获得方程(486)在两端点都是有界的解

$$\varphi(\xi)=\sqrt{(\xi-a)(\xi-b)}\int_a^b \frac{f(\tau)}{\sqrt{(\tau-a)(\tau-b)}(\tau-\xi)}d\tau \tag{491}$$

所考虑的反演问题的详细叙述在前面提过的 Н. И. 穆斯赫利什维利的书中可以找到.

变 分 学

第二章

61. 问题的提出

我们考察某些实际问题来阐明变分学的对象. 设有不均匀的各向同性的介质,在其中的每一点 (x,y,z) 确定了速度 $v(x,y,z)$,它不依赖于方向. 我们来计算以上面所指的速度移动的点描绘某曲线 l 所需要的时间. 行过路程元素 $\mathrm{d}s$ 所需的时间是 $\dfrac{\mathrm{d}s}{v}$,而行过全程 l 所需要的时间可表达为积分

$$T = \int_l \frac{\mathrm{d}s}{v(x,y,z)} \tag{1}$$

固定曲线 l 的两端点 (x_0,y_0,z_0) 及 (x_1,y_1,z_1),而曲线本身是可以改变的. 这时时间 T 的值将随 l 而改变. 这时就说,T 是曲线 l 的泛函. 当 l 选定时泛函 T 将有确定的数值. 几何光学中有下面这样一个问题:当端点 (x_0,y_0,z_0) 及 (x_1,y_1,z_1) 固定时,确定 l 使泛函 T 有最小值. 设在曲线 l 的方程中我们用 x 作为参数,而 y 及 z 都看作 x 的函数. 这时积分(1)写作如下形式

$$T = \int_{x_0}^{x_1} \frac{\sqrt{1+y'^2+z'^2}}{v(x,y,z)} \mathrm{d}x \tag{2}$$

其中 y' 及 z' 是函数 y 及 z 的导数. 问题归结到寻求这样的函数 $y(x)$ 及 $z(x)$,使(2)有最小值,并应使待求函数满足下面的边界条件

$$y(x_0) = y_0, z(x_0) = z_0$$

$$y(x_1) = y_1, z(x_1) = z_1$$

在平面的情况,泛函(2)的形式是

$$T = \int_{x_0}^{x_1} \frac{\sqrt{1+y'^2}}{v(x,y)} dx \tag{2'}$$

因而问题归结到求一个函数 $y(x)$,满足两个边界条件

$$y(x_0) = y_0, y(x_1) = y_1$$

现在考察多重积分的极值问题. 在空间内给定闭曲线 l,需要在这曲线上张成这样的曲面,使它有最小面积. 设 λ 是 l 在平面 (x,y) 上的射影,且 B 是 λ 所围成的区域. 把待求曲面的方程表示为显式 $z = z(x,y)$,这时曲面的面积可表达为积分

$$S = \iint_B \sqrt{1 + z_x^2 + z_y^2}\, dx\, dy \tag{3}$$

其中 z_x 及 z_y 是 $z(x,y)$ 对 x 及 y 的偏导数.

当曲面选定时,量 S 将有确定的值,因而此处有曲面的泛函. 问题归结到选择这样的函数 $z(x,y)$,使 S 有最小值. 这时的边界条件是给定待求函数在境界 λ 上的值. 这些值应给出要张成曲面的那个闭曲线 l 上点的 z 坐标.

变分学的基本问题是求曲线及曲面的泛函的最大值及最小值,而这些泛函是由一些定积分来表达的. 这和微分学中求某函数的最大值及最小值的问题是类似的. 如大家所知道的,这后面的问题与求函数的极值问题有直接联系,也就是求自变量这样的值,它使函数与它的充分邻近的一切值比较取最大值或最小值,同样我们也可考虑泛函的这种问题. 例如,在泛函(2)的情况,我们将求这样的曲线 l,使这条曲线的 T 值不大于和它充分邻近的一切曲线的 T 值. 若泛函在某曲线或曲面上的值不小于(或不大于)与它充分邻近的一切曲线或曲面上的值,则简单地说,泛函在这曲线或曲面上有极值.

后面我们将把问题正确地提出,且确定曲线及曲面的接近度的概念,这里的曲线及曲面起着寻常微分学中自变量的作用,我们知道,为了求这样的值 x,它使函数 $f(x)$ 达到极值,我们必须解方程 $f'(x) = 0$. 我们将证明,在变分学中,要使曲线 $y = y(x)$ 或曲面 $z = z(x,y)$ 给出某泛函的极值,它应满足某些微分方程,我们首要的问题是这些微分方程的建立. 满足这些微分方程是泛函有极值的必要条件,这与等式 $f'(x) = 0$ 是已知函数 $f(x)$ 在某些值 x 有极值的必要条件完全一样. 为了要导出提到的那些微分方程,需要两个引理,我们将在下一段中叙述.

62. 基本引理

引理 1 设函数 $\eta(x)$ 本身和它的导数在区间 $[x_0, x_1]$ 内都是连续的,且在端点等于零,即 $\eta(x_0) = \eta(x_1) = 0$. 那么,如果对于任何这样的函数 $\eta(x)$, 下面积分

$$\int_{x_0}^{x_1} f(x) \eta(x) \mathrm{d}x \tag{4}$$

总等于零,其中 $f(x)$ 是区间 $[x_0, x_1]$ 内的一个固定连续函数,则 $f(x)$ 在区间 $[x_0, x_1]$ 内恒等于零.

用反证法. 设在区间里面的某点 $x = \xi$ 处 $f(x)$ 不等于零. 例如, $f(\xi) > 0$. 由于 $f(x)$ 的连续性,它于落在 $[x_0, x_1]$ 里面且包含点 ξ 的某区间 $[\xi_1, \xi_2]$ 内也是正的. 现在定义函数 $\eta(x)$ 如下

$$\eta(x) = \begin{cases} 0, & \text{当 } x_0 \leqslant x \leqslant \xi_1 \\ (x - \xi_1)^2 (x - \xi_2)^2, & \text{当 } \xi_1 \leqslant x \leqslant \xi_2 \\ 0, & \text{当 } \xi_2 \leqslant x \leqslant x_1 \end{cases} \tag{5}$$

这样构成的函数 $\eta(x)$ 满足引理中的一切条件. 事实上,由于 $\eta(x)$ 的构造, $\eta(x_0) = \eta(x_1) = 0$. 当 $x = \xi_1$ 及 $x = \xi_2$ 时, 乘积 $(x-\xi_1)^2(x-\xi_2)^2$ 和它对 x 的导数都变为零. 在区间 $[\xi_1, \xi_2]$ 的外面 $\eta(x)$ 是恒等于零的. 从而显示出这个函数和它的导数在整个区间 $[x_0, x_1]$ 内的连续性. 应注意的是,在 $[\xi_1, \xi_2]$ 的外面 $\eta(x)$ 是恒等于零的,则积分 (4) 可写作如下形式

$$\int_{\xi_1}^{\xi_2} f(x) (x - \xi_1)^2 (x - \xi_2)^2 \mathrm{d}x$$

因为积分下函数是连续的且在积分区间里面是正的,从而看出这个积分有正值,但由引理的条件它应等于零. 这个矛盾证明了引理.

现在来讲对于二重积分的类似引理.

引理 2 设函数 $\eta(x, y)$ 本身和它的一阶偏导数在区域 B 内都是连续的,且在区域 B 的境界 l 上 $\eta(x, y)$ 等于零. 那么,如果对于任何这样的函数 $\eta(x, y)$, 下面积分

$$\iint_B f(x, y) \eta(x, y) \mathrm{d}x \mathrm{d}y \tag{6}$$

总等于零,其中 $f(x, y)$ 是在区域 B 内一个固定连续函数,则 $f(x, y)$ 在区域 B 内恒等于零.

设在 B 的里面某点 (ξ, η) 函数 $f(x, y)$ 是正的. 于是它在以 (ξ, η) 作圆心且

半径为 ρ 的某圆内是正的，且设这圆落在区域 B 内，定义 $\eta(x,y)$ 为如下形式

$$\eta(x,y)=\begin{cases}0, & \text{当}(x-\xi)^2+(y-\eta)^2\geqslant\rho^2\\ [(x-\xi)^2+(y-\eta)^2-\rho^2]^2, & \text{当}(x-\xi)^2+(y-\eta)^2<\rho^2\end{cases}$$

不难验证 $\eta(x,y)$ 满足引理中一切条件，而积分(6)归结到连续正函数在所说圆上的积分，因而积分值是正的，这与引理的条件矛盾.

应注意的是，若我们对函数 η 加上更多的限制，比如说要求它有直到 n 阶的连续导数，则两个引理仍都保持正确. 上面的证明也保持有效. 例如，只需把公式(5)中的指数 2 改为 $(n+1)$ 或 $(n+2)$ 就行. 我们还要指出，对于三重积分以及一般的任何重积分，引理也很容易证得.

63. 最简单情况的欧拉方程

考察最简单的泛函

$$J=\int_{x_0}^{x_1}F(x,y,y')\mathrm{d}x \tag{7}$$

其中 F 是所有三个变元 x,y,y' 的连续函数. 我们假设 F 和它的直到二阶导数在平面 (x,y) 的某区域 B 内以及对任何值 y' 是连续的.

若我们固定了函数 $y=y(x)$（或者说固定了曲线 $y=y(x)$ 也一样，并且，我们经常认为这曲线是属于上述区域 B 内的），则泛函 J 获得确定的数值.

设函数 $y(x)$ 在积分区间端点的值已知是

$$y(x_0)=y_0, y(x_1)=y_1 \tag{8}$$

我们将设待求函数有连续导数. 有连续导数的这样函数类叫作 C_1 类（相应的有 n 阶连续导数的函数类将记作 C_n 类），且以后我们所说到的一切函数将认作是属于 C_1 类的. 我们称曲线 $y=y(x)$ 的 ε — 邻域是适合下面这种条件的一切可能的曲线 $y_1(x)$，它在整个区间 $[x_0,x_1]$ 内满足不等式 $|y_1(x)-y(x)|\leqslant\varepsilon$. 有时候，除这个不等式外，还添上一个不等式 $|y_1'(x)-y'(x)|\leqslant\varepsilon$，亦即不仅要求纵标有 ε — 接近度并且要求切线的角系数也是这样的. 有时我们把第一种情况下的接近度称作零级 ε — 接近度，而把存在两个不等式的第二种情况下的接近度称作一级 ε — 接近度.

定义 1 我们将称泛函 J 在上述区域 B 内属于 C_1 类且在满足条件(8)的曲线 $y(x)$ 上取相对极值，如果这个泛函在 $y(x)$ 上的值不小于（或不大于）它在 C_1 类中其他任何曲线上的值，那么只要这些曲线与 $y(x)$ 有某 ε — 接近度且满足条件(8).

这样的相对极值的概念完全与函数的极大及极小的概念[Ⅰ;58]类似. 与

相对极值同时也可引出绝对极值的概念.设有某 D 类的函数 $y(x)$,对于它们积分(7)有意义.我们将称泛函 J 在 D 类中的曲线 $y(x)$ 上取绝对极值,如果这个泛函在 $y(x)$ 上的值不小于(或不大于)它在 D 类中其他一切曲线上的值.

目前我们将只讨论相对极值,而只在这章的末尾才简略讲到绝对极值的问题.为了言词简短起见,相对极值将简称作极值.在下段中我们将讨论不同于泛函(7)的泛函.对于那样的泛函也可能有相对极值或绝对极值的问题.我们只讲相对极值而且以后不再每一次都这样声明.

我们将导出 J 有极值时 $y(x)$ 所应满足的必要条件.选择任何函数 $\eta(x)$,它在积分区间的两端点等于零,且除了使泛函 J 取极值的那个 $y(x)$ 外再作新函数 $y(x)+\alpha\eta(x)$,其中 α 是数值很小的参数.这个新函数也满足与 $y(x)$ 一样的边界条件.将它代入泛函 J 积分的结果,得到参数 α 的某函数

$$J(\alpha) = \int_{x_0}^{x_1} F(x, y(x)+\alpha\eta(x), y'(x)+\alpha\eta'(x)) \mathrm{d}x \tag{9}$$

当任给正数 ε,对充分接近于零的一切值 α 函数 $y(x)+\alpha\eta(x)$ 与曲线 $y(x)$ 有 ε-接近度(甚至是一级 ε-接近度).因此,如果 $y(x)$ 给泛函 J 以极值,那么函数(9)当 $\alpha=0$ 时应有极值,因而它的导数在 $\alpha=0$ 时应当等于零.在积分号下微分且用加下标的办法来记导数,将有

$$J'(0) = \int_{x_0}^{x_1} [F_y(x,y,y')\eta(x) + F_{y'}(x,y,y')\eta'(x)] \mathrm{d}x$$

用分部积分法进行积分,可写作

$$J'(0) = [F_{y'}\eta(x)]_{x_0}^{x_1} + \int_{x_0}^{x_1} \eta(x)\left[F_y - \frac{\mathrm{d}}{\mathrm{d}x}F_{y'}\right]\mathrm{d}x \tag{10}$$

按 $\eta(x)$ 在区间端点等于零的条件,所以积分号外面的项等于零,因此有

$$J'(0) = \int_{x_0}^{x_1} \eta(x)\left[F_y - \frac{\mathrm{d}}{\mathrm{d}x}F_{y'}\right]\mathrm{d}x = 0$$

注意引理,我们可以断言,给出积分(7)以极值的曲线 $y(x)$ 应满足下面的微分方程

$$F_y - \frac{\mathrm{d}}{\mathrm{d}x}F_{y'} = 0 \tag{11}$$

把全导数 $\frac{\mathrm{d}}{\mathrm{d}x}F_{y'}$ 展开,就可以把这方程写作以下形式

$$F_{y'y'}y'' + F_{yy'}y' + F_{xy'} - F_y = 0 \tag{12}$$

其中,例如 $F_{xy'}$ 是对于 x 及 y' 的二阶偏导数.这个方程是欧拉发现的,通常称作欧拉方程.它是二阶微分方程,且它的通解含有两个任意常数,这两个常数应当由两个边界条件(8)来确定.

乘积 $J'(0)\alpha$ 是函数 $J(\alpha)$ 在 $\alpha=0$ 时的微分,通常称作泛函(7)的一次变分且记作 δJ. 如果注意到(10),那么可写作

$$\delta J = J'(0)\alpha = [F_{y'}, \delta y]_{x_0}^{x_1} + \int_{x_0}^{x_1} \left(F_y - \frac{\mathrm{d}}{\mathrm{d}x} F_{y'}\right) \delta y \, \mathrm{d}x$$
$$(\delta y = \alpha \eta(x)) \tag{13}$$

我们看出,在导出方程(11)时我们曾应用到二阶导数 $y''(x)$,因此,严格地说,在建立极值的必要条件时,我们假设 $y(x)$ 是属于 C_2 类的函数,也就是它有直到二阶的连续导数.

把引理作适当改变后,可以证明,对于有连续导数且在 $x=x_0$ 及 $x=x_1$ 时等于零的任何 $\eta(x)$,若在 C_1 类中的 $y(x)$ 满足条件

$$J'(0) = \int_{x_0}^{x_1} [F_y \eta(x) + F_{y'} \eta'(x)] \mathrm{d}x = 0$$

并且沿着曲线 $y=y(x)$ 上有 $F_{y'y'} \neq 0$,则 $y(x)$ 属于 C_2 类,因而也应当满足方程(11).

64. 多个函数及高阶导数的情况

当泛函依赖于多个函数的情况,例如,像函数(2)的情况,也不难写出欧拉方程.

我们只讲两个函数的情况,即

$$J = \int_{x_0}^{x_1} F(x, y, y', z, z') \mathrm{d}x \tag{14}$$

作邻近于 $y(x)$ 及 $z(x)$ 的两个函数

$$y(x) + \alpha \eta(x)$$
$$z(x) + \alpha_1 \eta_1(x)$$

其中 $\eta(x)$ 及 $\eta_1(x)$ 都是任意函数,在区间的端点都等于零. 将它们代入积分(14),我们得到 α 及 α_1 的函数 $J(\alpha, \alpha_1)$,且为了使 $y(x)$ 及 $z(x)$ 给泛函(14)以极值,必须使 $J(\alpha, \alpha_1)$ 对于 α 及 α_1 的偏导数在 $\alpha=\alpha_1=0$ 时都等于零. 完全和前面相类似,进行计算之后,我们就得到这两个偏导数的表达式

$$\begin{cases} J_\alpha(0,0) = [F_{y'}\eta]_{x_0}^{x_1} + \int_{x_0}^{x_1} \eta(x)\left(F_y - \frac{\mathrm{d}}{\mathrm{d}x}F_{y'}\right)\mathrm{d}x \\ J_{\alpha_1}(0,0) = [F_{z'}\eta_1]_{x_0}^{x_1} + \int_{x_0}^{x_1} \eta_1(x)\left(F_z - \frac{\mathrm{d}}{\mathrm{d}x}F_{z'}\right)\mathrm{d}x \end{cases} \tag{15}$$

且因为积分外面的项都变为零,则和上面一样,我们确信,要使函数 $y(x)$ 及 $z(x)$ 给泛函(14)以极值,它们必须满足下面的含两个二阶方程的方程组

$$F_y - \frac{\mathrm{d}}{\mathrm{d}x}F_{y'} = 0, F_z - \frac{\mathrm{d}}{\mathrm{d}x}F_{z'} = 0 \tag{16}$$

除了这些方程以外,还有外界条件

$$y(x_0) = y_0, y(x_1) = y_1, z(x_0) = z_0, z(x_1) = z_1$$

这表示待求空间曲线的端点是固定的.

由于(15)知,积分(14)的变分可表示为以下形式

$$\delta J = J_\alpha(0,0)\alpha + J_{\alpha_1}(0,0)\alpha_1 =$$
$$\left[F_{y'}\delta y + F_{z'}\delta z\right]_{x_0}^{x_1} + \int_{x_0}^{x_1}\left[\left(F_y - \frac{\mathrm{d}}{\mathrm{d}x}F_{y'}\right)\delta y + \left(F_z - \frac{\mathrm{d}}{\mathrm{d}x}F_{z'}\right)\delta z\right]\mathrm{d}x$$
$$(\delta y = \alpha\eta(x), \delta z = \alpha_1\eta_1(x)) \tag{17}$$

对于依赖于 n 个函数 $y_1(x), \cdots, y_n(x)$ 的泛函

$$J = \int_{x_0}^{x_1} F(x, y_1, y_1', y_2, y_2', \cdots, y_n, y_n')\mathrm{d}x \tag{18}$$

有极值的必要条件可表达为 n 个二阶方程的方程组

$$F_{y_k} - \frac{\mathrm{d}}{\mathrm{d}x}F_{y_k'} = 0 \quad (k = 1, 2, \cdots, n) \tag{19}$$

而端点为固定的边界条件则有下面形式

$$y_k(x_0) = y_k^{(0)}, y_k(x_1) = y_k^{(1)} \quad (k = 1, 2, \cdots, n)$$

泛函(18)的一次变分有形式:

$$\delta J = \sum_{k=1}^{n} J_{\alpha_k}(0, 0, \cdots, 0)\alpha_k =$$
$$\left[\sum_{k=1}^{n} F_{y_k'}\delta y_k\right]_{x_0}^{x_1} + \int_{x_0}^{x_1}\sum_{k=1}^{n}\left(F_{y_k} - \frac{\mathrm{d}}{\mathrm{d}x}F_{y_k'}\right)\delta y_k\mathrm{d}x$$
$$(\delta y_k = \alpha_k\eta_k(x)) \tag{20}$$

现在讨论积分含有待求函数的高阶导数的情况

$$J = \int_{x_0}^{x_1} F(x, y, y', \cdots, y^{(n)})\mathrm{d}x \tag{21}$$

和上面一样,我们建立邻近曲线 $y(x) + \alpha\eta(x)$,代入(21)的积分中,对 α 微分且令 $\alpha = 0$. 这样一来我们得

$$J'(0) = \int_{x_0}^{x_1}[F_y\eta(x) + F_{y'}\eta'(x) + \cdots + F_{y^{(n)}}\eta^{(n)}(x)]\mathrm{d}x \tag{22}$$

用若干次分部积分法之后,就把除第一项以外的右端各项的形状改变,即

$$\int_{x_0}^{x_1} F_{y^{(k)}}\eta^{(k)}(x)\mathrm{d}x = \left[F_{y^{(k)}}\eta^{(k-1)}(x) - \frac{\mathrm{d}}{\mathrm{d}x}F_{y^{(k)}}\eta^{(k-2)}(x) + \cdots + \right.$$
$$\left.(-1)^{k-1}\frac{\mathrm{d}^{k-1}}{\mathrm{d}x^{k-1}}F_{\eta^{(k)}}\eta(x)\right]_{x_0}^{x_1} +$$

$$(-1)^k \int_{x_0}^{x_1} \frac{\mathrm{d}^k}{\mathrm{d}x^k} F_{\eta^{(k)}} \eta(x) \mathrm{d}x \tag{23}$$

我们假定 $\eta(x)$ 及它到 $n-1$ 阶导数在端点都等于零. 由于这样, 因此积分号外面的项都消失了, 令 $J'(0)$ 等于零, 得到条件

$$J'(0) = \int_{x_0}^{x_1} \eta(x) \left[F_y - \frac{\mathrm{d}}{\mathrm{d}x} F_{y'} + \cdots + (-1)^n \frac{\mathrm{d}^n}{\mathrm{d}x^n} F_{y^{(n)}} \right] \mathrm{d}x = 0$$

由于基本引理, 我们导出下面的欧拉方程

$$F_y - \frac{\mathrm{d}}{\mathrm{d}x} F_{y'} + \cdots + (-1)^n \frac{\mathrm{d}^n}{\mathrm{d}x^n} F_{y^{(n)}} = 0 \tag{24}$$

这是 $2n$ 阶微分方程. 它的通积分含有 $2n$ 个任意常数, 因而应当还有 $2n$ 个边界条件. 在最简单的情况, 这些条件归结到函数和它直到 $(n-1)$ 阶导数在区间端点的值是已知的. 从这些边界条件也可推出 $\eta(x)$ 的类似值应当等于零. 还要指出的是, 我们认为在上面公式中所引进的那些函数都是连续的. 例如, 我们认为待求函数 $y(x)$ 属于 C_{2n} 类, 也就是它本身以及到 $2n$ 阶导数都是连续的.

65. 重积分的情况

奥斯特罗格拉德斯基方程 现在导出重积分有极值的必要条件. 这个条件首先是由 M. B. 奥斯特罗格拉德斯基在他的论文《关于等周问题的微分方程》中指出的, 这篇论文刊载在彼得堡科学院记录, 第四卷, 第五期, 1850 年.

考察二重积分

$$J = \iint_B F(x, y, u, u_x, u_y) \mathrm{d}x \mathrm{d}y \tag{25}$$

其中 u_x 及 u_y 记作函数 $u(x, y)$ 的偏导数. 求这样一个函数 $u(x, y)$, $u(x, y)$ 本身和它的直到二阶导数在区域 B 内都是连续的, 在这区域的境界 l 上它的值是已知的, 且它给泛函 (25) 以极值. 作邻近函数 $u(x, y) + \alpha \eta(x, y)$, 其中 $\eta(x, y)$ 是在 l 上等于零的任意函数. 把这函数代入 (25) 的积分中, 对 α 微分且令 $\alpha = 0$, 我们得到泛函的一次变分的下面表达式

$$\delta J = J'_\alpha(0) \alpha = \alpha \iint_B (F_u \eta + F_{u_x} \eta_x + F_{u_y} \eta_y) \mathrm{d}x \mathrm{d}y$$

应用著名的格林公式

$$\iint_B \left(\frac{\partial Q}{\partial x} - \frac{\partial P}{\partial y} \right) \mathrm{d}x \mathrm{d}y = \int_l P \mathrm{d}x + Q \mathrm{d}y$$

把一次变分式的最后两项变形如下

$$\iint_B (F_{u_x} \eta_x + F_{u_y} \eta_y) \mathrm{d}x \mathrm{d}y = \iint_B \left[\frac{\partial}{\partial x} (\eta F_{u_x}) + \frac{\partial}{\partial y} (\eta F_{u_y}) \right] \mathrm{d}x \mathrm{d}y -$$

$$\iint_B \eta \left(\frac{\partial}{\partial x} F_{u_x} + \frac{\partial}{\partial y} F_{u_y} \right) \mathrm{d}x\mathrm{d}y =$$

$$\int_l \eta F_{u_x} \mathrm{d}y + \eta F_{u_y} \mathrm{d}x - \iint_B \eta \left(\frac{\partial}{\partial x} F_{u_x} + \frac{\partial}{\partial y} F_{u_y} \right) \mathrm{d}x\mathrm{d}y$$

这样一来,我们有一次变分的下面表达式

$$\delta J = \int_l \delta u (F_{u_x} \mathrm{d}y - F_{u_y} \mathrm{d}x) +$$

$$\iint_B \left(F_u - \frac{\partial}{\partial x} F_{u_x} - \frac{\partial}{\partial y} F_{u_y} \right) \delta u \mathrm{d}x\mathrm{d}y \quad (\delta u = \alpha \eta(x, y)) \quad (26)$$

对于极值必须使这一次变分为零,又注意到 $\eta(x,y)$ 在 l 上等于零,我们可肯定在式(26)右端的重积分应等于零,从而由于基本引理,我们就得到给泛函(25)以极值的待求函数 $u(x,y)$ 应满足下面奥斯特罗格拉德斯基方程

$$F_u - \frac{\partial}{\partial x} F_{u_x} - \frac{\partial}{\partial y} F_{u_y} = 0 \quad (27)$$

或它的展开形式

$$F_{u_x u_x} u_{xx} + 2 F_{u_x u_y} u_{xy} + F_{u_y u_y} u_{yy} + F_{u_x u} u_x + \\ F_{u_y u} u_y + F_{xu_x} + F_{yu_y} - F_u = 0 \quad (28)$$

我们得到 $u(x,y)$ 在区域内部应该满足的二阶偏微分方程. 至于它的边界条件是 u 在境界 l 上取已知值,这是前面已经提到过的.

在依赖于几个函数的重积分的情况,我们有这种方程的方程组. 在三重积分的情况且函数 $u(x,y,z)$ 依赖于三个自变量,得到下面形式的方程

$$F_u - \frac{\partial}{\partial x} F_{u_x} - \frac{\partial}{\partial y} F_{u_y} - \frac{\partial}{\partial z} F_{u_z} = 0 \quad (29)$$

若积分号下有函数 $u(x,y)$ 的直到 n 阶的导数,则奥斯特罗格拉德斯基方程有如下形式

$$F_u - \frac{\partial}{\partial x} F_{u_x} - \frac{\partial}{\partial y} F_{u_y} + \frac{\partial^2}{\partial x^2} F_{u_{xx}} + \frac{\partial^2}{\partial x \partial y} F_{u_{xy}} + \\ \frac{\partial^2}{\partial y^2} F_{u_{yy}} - \cdots + (-1)^n \frac{\partial^n}{\partial y^n} F_{u_{yy \cdots y}} = 0 \quad (30)$$

在前面的一切讨论中,我们总认为在所有公式中引入的一切函数都是连续的. 此外,在推导公式(26)时我们认为可以采用将二重积分变为曲线积分的公式,而这是和偏导数 u_x 及 u_y 在区域 B 的境界 l 的附近的性质有关的. 在讨论绝对极值问题的时候我们还要再讲这个问题.

还要指出,满足方程(24)或(27)的函数,或更准确的讲,与它们相应的几何形象,通常称作问题的极带. 单积分的极带是曲线,而二重积分的极带是曲

面.因为欧拉及奥斯特罗格拉德斯基方程仅仅是相应泛函有极值的必要条件，显然我们不能肯定任何极带与它充分邻近的曲线或曲面比较都会给出泛函的极值.

66. 关于欧拉方程及奥斯特罗格拉德斯基方程的几点注意

先考察最简单情况的欧拉方程(11).设函数 F 不含有 y，则方程取如下形式

$$\frac{\mathrm{d}}{\mathrm{d}x}F_{y'}=0$$

且有显明的初积分 $F_{y'}=C$. 若 F 不含有 x，则不难检验它有初积分

$$F-y'F_{y'}=C \tag{31}$$

事实上

$$\frac{\mathrm{d}}{\mathrm{d}x}(F-y'F_{y'})=F_y y'+F_{y'}y''-F_y y''-F_{y'y}y'^2-F_{y'y'}y'y''=$$
$$-y'(F_{y'y}y''+F_{y'y}y'-F_y)$$

既然 F 不含有 x，那么 $-y'$ 的乘数是欧拉方程的左端，因此，由于这方程，有

$$\frac{\mathrm{d}}{\mathrm{d}x}(F-y'F_{y'})=0$$

亦即确实有积分(31).

若 F 不含有 y'，则欧拉方程(11)是

$$F_y(x,y)=0$$

亦即我们没有微分方程而是普通(有限形式)方程.它给出一条或几条曲线，而不像微分方程所表示的依赖于两个参数的曲线族，因此，一般地说，不能使这一条或几条曲线所确定的函数满足边界条件.

现在指出当欧拉方程变为恒等式时的情况.令 $F=A(x,y)+B(x,y)y'$，且有恒等式

$$\frac{\partial A}{\partial y}-\frac{\partial B}{\partial x}=0 \tag{32}$$

不难检验，这时方程(11)的左端将恒等于零，而(7)中的积分可写作形式

$$J=\int_l A\mathrm{d}x+B\mathrm{d}y \tag{33}$$

并且由于(32)，它不因积分途径而变，亦即对于联结两点 (x_0,y_0) 及 (x_1,y_1) 的任何曲线 l 它有相同值，而这也就是欧拉方程变为恒等式的先决条件.不难看出，在这情况我们可写出

$$F(x,y,y') = \frac{\mathrm{d}}{\mathrm{d}x} G(x,y)$$

其中 $G(x,y)$ 是把积分(33) 看作具有可变积分上限而确定的.

完全一样, 若在积分(21)中积分号下的函数是依赖于 $(x,y,y',\cdots,y^{(n-1)})$ 的某函数的对 x 的全导数, 即

$$F(x,y,y',\cdots,y^{(n)}) = \frac{\mathrm{d}}{\mathrm{d}x} G(x,y,y',\cdots,y^{(n-1)})$$

则欧拉方程(24) 变为恒等式.

现在考察泛函(25), 且设积分号下的函数有形式

$$F(x,y,u,u_x,u_y) = \frac{\partial A}{\partial x} + \frac{\partial B}{\partial y} \tag{34}$$

其中 A 及 B 都是 (x,y,u) 的某函数. 直接代入后可以检验, 这时, 奥斯特罗格拉德斯基方程变为恒等式. 实际上, 这是由于格林公式, 表达式(34) 的二重积分等于沿境界的积分

$$\int_l (A\mathrm{d}y - B\mathrm{d}x)$$

于是这个二重积分的值可由函数 u 在区域 B 的境界 l 上所取的那些值而完全确定. 若固定 u 在境界 l 上的值, 则对于任何选择的函数 u, 在区域 B 上的二重积分都有相同的值.

(34) 的表达形式可称作散度型的表达式. 我们注意, 如果把任何泛函(25) 的积分号下的函数加上散度型的表达式, 那么奥斯特罗格拉德斯基方程显然完全没有影响, 就是说, 新泛函与旧泛函有同样的奥斯特罗格拉德斯基方程. 这可从(27) 中方程的左端是 F 和它的偏导数的线性齐次形式立即看出.

上面我们已经看出, 若积分号下的函数是散度型的, 则奥斯特罗格拉德斯基方程变为恒等式. 逆断言也可以证明.

若积分号下的函数 F 含有高于一阶的偏导数, 则和前面一样, 条件(34) 是把奥斯特罗格拉德斯基方程(30) 变为恒等式的必要且充分条件. 但这时 A 及 B 可能含有与 F 中同阶的偏导数. 例如

$$F = u_{xx} u_{yy} - u_{xy}^2 = (u_x u_{yy})_x - (u_x u_{xy})_y$$

且不难检验这时方程(30) 变为恒等式.

67. 例

1. 考察 $(2')$ 中的泛函, 令 $v(x,y) = \sqrt{y}$, 得

$$J = \int_{x_0}^{x_1} \frac{\sqrt{1+y'^2}}{\sqrt{y}} \mathrm{d}x \tag{35}$$

这个泛函是由所谓最速落径问题引出来的,在联结两已知点(x_0,y_0)及(x_1,y_1)的所有曲线中,找这样一条曲线,使一个自由质点用最短时间走过这曲线的全程. 这时,认为y轴的方向是垂直向下的,亦即是重力作用的方向. 在泛函(35)中积分号下的函数不含有x,因而可立即写出欧拉方程的初积分

$$\frac{\sqrt{1+y'^2}}{\sqrt{y}} - \frac{y'^2}{\sqrt{y}\sqrt{1+y'^2}} = \frac{1}{\sqrt{C_1}}$$

或

$$y'^2 = \frac{C_1-y}{y} \tag{36}$$

令

$$y = \frac{C_1}{2}(1-\cos u)$$

从而

$$y' = \frac{C_1}{2}u'\sin u$$

代入(36)中且简化后,求得

$$\frac{C_1}{2}(1-\cos u)\mathrm{d}u = \pm \mathrm{d}x$$

因此,有

$$x = \pm\frac{C_1}{2}(u-\sin u) + C_2, y = \frac{C_1}{2}(1-\cos u)$$

由此可见,泛函(35)的极带是轮转线. 常数C_1及C_2是随起点及终点的给定而确定的. 若这两点之一是原点,则必须令$C_2=0$,于是当参数u的值等于零时即得原点. 这时要注意这个事实,就是所讨论的问题具有某奇异性,这就是当$u=0$时,不难检验$y'=\frac{\mathrm{d}y}{\mathrm{d}x}$变为无穷大,且式(35)中积分号下函数的分母变为零. 如果在这积分中取u作自变量,那么,当$u=0$时的奇异性就消失了.

2. 设在某曲面上的点的位置是由参数坐标(u,v)来确定,且

$$\mathrm{d}s^2 = E(u,v)\mathrm{d}u^2 + 2F(u,v)\mathrm{d}u\mathrm{d}v + G(u,v)\mathrm{d}v^2$$

是这曲面上的弧长元素的平方[Ⅱ;130].

曲面上的曲线叫作测地线,如果它是从表达曲线长度的积分

$$\int_{u_0}^{u_1} \sqrt{E+2Fv'+Gv'^2} \mathrm{d}u \tag{37}$$

为极小的必要条件而确定的,并且沿这曲线我们认为 v 是 u 的函数. 欧拉方程的形式是

$$\frac{1}{2}\frac{E_v + 2F_v v' + G_v v'^2}{\sqrt{E + 2Fv' + Gv'^2}} - \frac{\mathrm{d}}{\mathrm{d}u}\frac{F + Gv'}{\sqrt{E + 2Fv' + Gv'^2}} = 0$$

考察中心在原点且半径等于 1 的球面,即

$$x = \sin\theta\cos\varphi, y = \sin\theta\sin\varphi, z = \cos\theta$$

这时

$$\mathrm{d}s^2 = \mathrm{d}\theta^2 + \sin^2\theta\mathrm{d}\varphi^2$$

且积分(37)是

$$\int_{\theta_0}^{\theta_1}\sqrt{1 + \sin^2\theta\varphi'^2}\,\mathrm{d}\theta$$

其中 φ' 是 φ 对 θ 的导数. 积分号下函数不含有 φ,因此我们有下面的初积分

$$\frac{\sin^2\theta\varphi'}{\sqrt{1 + \sin^2\theta\varphi'^2}} = C_1$$

令 $C_1 = 0$,我们得到显明的解 φ 等于常数. 换句话说,测地线是球面的一切子午线,亦即经过在 $\theta = 0$ 及 $\theta = \pi$ 的球的两极所引的一切大圆. 由于极的选择是任意的,显然球面上的一切大圆都是它的测地线.

3. 考察空间几何光学的问题

$$J = \int_{x_0}^{x_1}\frac{\sqrt{1 + y'^2 + z'^2}}{v(y,z)}\mathrm{d}x = \int_{x_0}^{x_1}n(y,z)\sqrt{1 + y'^2 + z'^2}\,\mathrm{d}x \tag{38}$$

当速度 v 或折射率 $n = \frac{1}{v}$ 不依赖于 x 时的情况.

若我们写出积分(38)的欧拉方程,且解出 y'' 及 z'',则得到方程

$$ny'' = n_y(1 + y'^2 + z'^2), nz'' = n_z(1 + y'^2 + z'^2) \tag{39}$$

因而不难检验我们有初积分

$$n = c\sqrt{1 + y'^2 + z'^2} \tag{40}$$

若 n 又不含变量 y,则从方程(39)的第一个公式给出 $y'' = 0$,亦即 $y = C_1 x + C_2$,因此任何极带都是平面曲线,位于平行于 z 轴的平面内. 若令 $v = \sqrt{z}$,则得到空间的最速落径问题,并且 z 轴是沿重力作用的方向.

现在令 $n = \frac{1}{z}$,并且我们只考虑 z 有正值的半空间. 将 $n = \frac{1}{z}$ 及 $y = C_1 x + C_2$ 代入公式(40),得到对于函数 z 的可分离变量的一阶方程,即

$$\frac{Cz\,\mathrm{d}z}{\sqrt{1 - (1 + C_1^2)C^2 z^2}} = \mathrm{d}x$$

从而
$$(x-C_3)^2 + C_1^2(x-C_3)^2 + z^2 = \frac{1}{(1+C_1^2)C^2}$$

引用新任意常数 $C_4^2 = \dfrac{1}{(1+C_1^2)C^2}$ 来代替 C，又以常数 $C_2' = C_2 + C_1 C_3$ 来代替 C_2，且由于 $y = C_1 x + C_2$，更改
$$C_1^2 = \frac{(y-C_2')^2}{(x-C_3)^2}$$

之后，我们就可把上面的公式写作如下形式
$$(x-C_3)^2 + (y-C_2')^2 + z^2 = C_4^2 \tag{41}$$

这样一来，积分
$$J = \int_{x_0}^{x_1} \frac{\sqrt{1+y'^2+z'^2}}{z} \mathrm{d}x$$

的极带将是半圆周，而这些半圆周是中心在平面 $z=0$ 上的球面 (41) 而跟 $z=0$ 平面相正交的平面 $y = C_1 x + C_2$ 的交线。

可以给予所获得的结果以有趣的几何解释。若在半空间 $z>0$ 内，我们由公式
$$\mathrm{d}s = \frac{\sqrt{\mathrm{d}x^2 + \mathrm{d}y^2 + \mathrm{d}z^2}}{z}$$

确定长度元素，亦即测度，则积分 (38) 表示在这测度下的曲线的长度。由于在积分号下分母含有 z，所以当这曲线无限地接近于平面 $z=0$ 时曲线的长度将无限地增大，亦即对于具有这测度的几何来说，这平面就好比是无穷远平面。

前面提到的那些半圆周在这几何中起着直线的作用。除了那些半圆周以外，与平面 $z=0$ 正交的半直线在这几何中也都叫作直线。这些半直线是提到的半圆周的退化形象。中心在平面 $z=0$ 上的半球面或与平面 $z=0$ 正交的半平面我们叫作平面。当对于新几何中的点，直线及平面作了这样定义后，不难验证寻常欧几里得几何中除了关于平行线公理以外的一切公理都能实现，亦即在半空间 $z>0$ 内我们简单地实现了罗巴切夫斯基几何。我们要注意，在与平面 $z=0$ 正交的直线的情况，我们不能用 x 为自变量。为了不受所选自变量的限制，我们应求出极带方程的参数形式 $x(t), y(t), z(t)$。这时前面指出的积分写作以下形式
$$J = \int_{t_0}^{t_1} \frac{\sqrt{x_t^2 + y_t^2 + z_t^2}}{z} \mathrm{d}t$$

以后我们将在已知曲线是参数形式的情况下来讨论变分学的基本问题。当用这

种参数形式给出时,前面所指的半直线也是积分 J 的极带.

在平面的情况积分的形式是

$$J = \int_{M_0}^{M_1} \frac{\sqrt{dx^2 + dy^2}}{y} = \int_{x_0}^{x_1} \frac{\sqrt{1+y'^2}}{y} dx$$

且极带将是中心在 x 轴上的圆周或与这轴正交的直线. 在半平面 $y > 0$ 内所指的半圆周及半直线起着直线的作用,且在提到的半平面内实现了罗巴切夫斯基平面几何. 特别地,经过所指半平面的任何两点 M_0 及 M_1 只能引出一条且仅一条极带.

4. 在联结 xOy 平面上两点 M_0 及 M_1 的所有曲线中,要找这样一条曲线,使它绕 x 轴旋转所成的曲面有最小面积. 旋转曲面的面积可表示为如下积分[Ⅰ;106]

$$S = 2\pi \int_{M_0}^{M_1} y\sqrt{dx^2 + dy^2} = 2\pi \int_{x_0}^{x_1} y\sqrt{1+y'^2} dx$$

不计常数因子 2π,我们把问题归结为关于积分

$$J = \int_{x_0}^{x_1} y\sqrt{1+y'^2} dx$$

的极值问题.

在这情况积分号下的函数不含有 x,我们可写出欧拉方程的初积分(31)为

$$y\sqrt{1+y'^2} - \frac{yy'^2}{\sqrt{1+y'^2}} = C_1$$

从而

$$\frac{C_1 dy}{\sqrt{y^2 - C_1^2}} = dx$$

积分后,我们求得

$$x - C_2 = C_1 \lg(y + \sqrt{y^2 - C_1^2}) - C_1 \lg C_1$$

或

$$y + \sqrt{y^2 - C_1^2} = C_1 e^{\frac{x - C_2}{C_1}}$$

于是,最后有

$$y = \frac{C_1}{2}(e^{\frac{x - C_2}{C_1}} + e^{-\frac{x - C_2}{C_1}}) = C_1 \cosh \frac{x - C_2}{C_1}$$

这样,极带是具有平行于 y 轴的对称轴的悬链线[Ⅰ;178]. 可以证明,在所考虑的问题中,经过两已知点 M_0 及 M_1 不是总能引出一条唯一的极带. 随着这两点的位置变化,这样的极带可以是两条,一条或根本没有.

前面我们已经见过,在球面上的测地线是在这球面上的大圆周. 若球面上

两点 M_0 及 M_1 不是球的同一直径的两端,则能够以在一个且仅在一个大圆周上的两弧将它们联结起来. 若 M_0 及 M_1 两点位于同一直径的两端,则能够用球面的无穷个大圆的半圆周将它们联结起来.

欧拉方程只是相应的泛函有极值的必要条件,因此我们不能肯定所求得的极带确实会给相应泛函以极值. 以后我们也将指出某些充分条件. 在球面上测地线的情况,距离的极小值将是联结 M_0 及 M_1 两点的大圆周上两弧中的较小弧. 曲面上联结 M_0 及 M_1 两点的任何曲线不能给出 M_0 及 M_1 两点间的最大距离. 显然,在曲面上可以引出联结 M_0 及 M_1 两点且任意接近所取曲线的曲线,使它的长度大于所取曲线的长度.

5. 考虑积分

$$J = \iint_B \sqrt{1 + u_x^2 + u_y^2}\, dx\, dy$$

的极值问题.

前面已经见过[61],这问题是由寻求张在已知境界上有最小面积的曲面问题引出来的. 如果在已知境界上张一任何曲面,那么十分显然地,我们可以作出与它任意接近的曲面,张在同一境界上且有较大的面积,因此,在这里积分的极值只是它的最小值. 将积分号下的表达式代到方程(27)中,我们得到对于待求极小曲面的下面的二阶微分方程

$$r(1 + q^2) - 2spq + t(1 + p^2) = 0$$
$$(p = u_x, q = u_y, r = u_{xx}, s = u_{xy}, t = u_{yy}) \tag{42}$$

我们回忆,曲面上的平均曲率确定如下公式[Ⅱ;134]

$$H = \frac{1}{2}\left(\frac{1}{R_1} + \frac{1}{R_2}\right) = \frac{EN - 2FM + GL}{2(EG - F^2)} \tag{43}$$

其中 $E, F, \cdots, M, N$ 是高斯第一及第二微分形式的系数. 在曲面方程是显式的情况下我们有[Ⅱ;131]

$$E = 1 + p^2, F = pq, G = 1 + q^2$$
$$L = \frac{r}{\sqrt{1 + p^2 + q^2}}, M = \frac{s}{\sqrt{1 + p^2 + q^2}}, N = \frac{t}{\sqrt{1 + p^2 + q^2}}$$

因而方程(42)表示的事实是,在最小曲面上,一切点的平均曲率应等于零. 这个结果以前[Ⅱ;139]借助于曲面的面积元素的变值已经得到过了.

方程(42)是具有两个自变量的二阶偏微分方程,它在某些方面与拉普拉斯方程类似. 我们证明,利用复变量的解析函数可获得方程(42)的解,正像以前[Ⅲ$_2$;2]用复变量的解析函数获得拉普拉斯方程的解一样. 从公式(43)立即

推知,如果对于曲面实现了条件 $E=G=M=0$,那么我们得到 $H=0$. 设 r 是曲面上以 (x,y,z) 为分量的向量半径. 上面的条件可写为下面形式[Ⅱ;130]
$$r_u'^2 = r_v'^2 = r_{uv}'' \cdot m = 0$$
其中 m 是曲面的单位法线向量. 如果使 r 服从下面的条件
$$r_u'^2 = 0, r_v'^2 = 0, r_{uv}'' = 0$$
则这些条件一定会满足.

从写出的等式中可以知道前面两个是纯量等式,而第三个是向量等式. 它们的展开形式可写作如下形式
$$\left(\frac{\partial x}{\partial u}\right)^2 + \left(\frac{\partial y}{\partial u}\right)^2 + \left(\frac{\partial z}{\partial u}\right)^2 = 0, \left(\frac{\partial x}{\partial v}\right)^2 + \left(\frac{\partial y}{\partial v}\right)^2 + \left(\frac{\partial z}{\partial v}\right)^2 = 0 \tag{44}$$
$$\frac{\partial^2 x}{\partial u \partial v} = \frac{\partial^2 y}{\partial u \partial v} = \frac{\partial^2 z}{\partial u \partial v} = 0 \tag{45}$$

如果坐标 x,y,z 对于 u 及 v 的偏导数都是实值,那么等式(44)显然不能实现. 我们设坐标都是复变量 u 及 v 的解析函数. 等式(45)显示出,(x,y,z) 应表达为仅是 u 的函数及仅是 v 的函数之和的形式[Ⅱ;164]
$$x = \varphi_1(u) + \psi_1(v), y = \varphi_2(u) + \psi_2(v), z = \varphi_3(u) + \psi_3(v) \tag{46}$$
并且,由于(44),我们应有
$$\sum_{s=1}^3 \varphi_s'^2(u) = 0, \sum_{s=1}^3 \psi_s'^2(v) = 0$$
令 $u = \rho + \sigma i$. 为了要有实曲面,我们假定 $\psi_s(v)$ 的值与 $\varphi_s(u)$ 的值互为复素共轭的. 更确切地说,我们将认为 $v = \rho - \sigma i$,且函数 $\psi_s(v)$ 在关于实轴为对称的点处有 $\varphi_s(u)$ 的复共轭值. 这时公式(46)取如下形式
$$x = 2R\varphi_1(u), y = 2R\varphi_2(u), z = 2R\varphi_3(u)$$
其中 R 是实部记号. 把因子 2 并到实部记号及函数关系之内,我们可将公式写作如下形式
$$x = R\varphi_1(u), y = R\varphi_2(u), z = R\varphi_3(u) \tag{47}$$
其中解析函数 $\varphi_s(u)$ 应服从下面条件
$$\sum_{s=1}^3 \varphi_s'^2(u) = 0 \tag{48}$$
在参数表示式(47)中 ρ 及 σ(亦即复变量 u 的实部及虚部)起着实参数的作用. 我们可用函数 $\varphi_s(u)$ 中的一个作为独立复变量. 例如,可令 $t = \varphi_3(u)$ 且认为前两个函数都是复变量 t 的函数. 它们之间应有关系
$$\varphi_1'^2(t) + \varphi_2'^2(t) + 1 = 0$$
这样一来,我们看出,所获得的极小曲面依赖于一个解析函数. 例如,我们可写

作
$$x = R\varphi_1(t), y = \mathrm{Ri}\int \sqrt{1+\varphi_1'^2(t)}\,\mathrm{d}t, z = Rt$$

其中 $\varphi_1(t)$ 是复变量 t 的任意解析函数.

可以写为更对称的样子,也就是

$$\begin{cases} x = \mathrm{Ri}\left[f(u) - uf'(u) - \dfrac{1-u^2}{2}f''(u)\right] \\ y = R\left[f(u) - uf'(u) + \dfrac{1+u^2}{2}f''(u)\right] \\ z = \mathrm{Ri}[f'(u) - uf''(u)] \end{cases} \quad (49)$$

其中 $f(u)$ 是任意解析函数. 不难检验,在实部记号下的函数确实满足关系 (48).

6. 考察泛函

$$D(u) = \iint_B (u_x^2 + u_y^2)\,\mathrm{d}x\,\mathrm{d}y \quad (50)$$

其中 B 是平面 (x,y) 上某有界区域. 由于(27),这个泛函的奥斯特罗格拉德斯基方程有形式

$$u_{xx} + u_{yy} = 0$$

亦即拉普拉斯方程. 我们很有理由相信,在区域 B 的境界 l 上有已知边界值的调和函数给泛函(50)以最小值,如果拿这调和函数与在闭区域 B 内连续在 B 的内部有一阶连续偏导数且在 l 上取与上面提到的调和函数有相同边界值的其他一切函数相比较的话. 然而我们不能严格证明这个断言,因为奥斯特罗格拉德斯基方程只是给出极值的必要条件,且除此以外,必须记得,在推演这方程时我们曾假设待求函数存在二阶连续导数. 我们将假设 B 是以原点为圆心半径为 1 的圆.

我们知道,对于在境界上任何已给的连续值存在唯一调和函数 v,这函数是狄利克雷问题对已知边界值的解. 然而当接近于境界时关于这函数的一阶导数的性质不能有任何肯定,因此,我们不能断言对所构造的调和函数泛函(50)有有限值. 事实上,在境界上可能给出这样的连续边界值,使对于所构造的调和函数泛函(50)等于 $+\infty$,更确切地讲,亦即,若我们取积分(50)展布在半径 r 小于 1 的同心圆 C_r 上,则当 $r \to 1$ 时这积分将无限地增大. 可以证明,对具有一阶连续导数且有同一边界值的任何函数,泛函(50)也等于 $+\infty$.

一般的说有以下定理:若当在境界 l 上的边界值已知时,泛函(50)对于某函数 u 有有限值,则对于有相同边界值的调和函数 v 也有有限值,并且 $D(v) \leqslant$

$D(u)$ 且等号只在 u 及 v 相同时成立.

这个定理的证明将在下面给出,而此刻在附加假设下来证明它,就是设调和函数 v 在圆的内部有一阶有界偏导数,这时积分(50)对于这个函数显然有有限值. 我们可将函数 u 表示为形式 $u=v+\varphi$,其中 φ 在区域的边界上等于零,而在内部有一阶连续导数. 对于这函数泛函(50)有如下形式

$$D(v+\varphi)=D(v)+D(\varphi)+2\iint_B(v_x\varphi_x+v_y\varphi_y)\mathrm{d}x\mathrm{d}y \tag{51}$$

应用格林公式到半径 $r<1$ 的圆 B_r,有

$$\iint_{B_r}(v_x\varphi_x+v_y\varphi_y)\mathrm{d}x\mathrm{d}y=-\iint_{B_r}\varphi\Delta v\mathrm{d}x\mathrm{d}y+\int_{C_r}\varphi\frac{\partial v}{\partial n}\mathrm{d}s$$

既然 v 是调和函数,右端的二重积分为零,而在沿半径 $r<1$ 的圆周 C_r 的曲线积分内,当 r 趋于 1 时,φ 关于辐角是一致收敛于零的,而 $\frac{\partial v}{\partial n}$ 保持有界,因而在取极限时这积分变为零. 这样,取极限后左端的积分也变为零,因而公式(51)可写作如下形式

$$D(v+\varphi)=D(v)+D(\varphi)$$

然而显然有 $D(\varphi)\geqslant 0$,而等号只有当 φ 在圆 B 内恒等于零时才成立. 于是我们确实有 $D(v)\leqslant D(u)$,并且等号只有当 u 等于 v 时才成立.

68. 等周问题

我们回忆一下多变数函数的相对极值问题[Ⅰ;167]. 完全类似地,在变分学中对某泛函提出了待求函数应在满足某附加条件下的极值问题. 特别地,提出下面问题:在使下面积分

$$J_1=\int_{x_0}^{x_1}G(x,y,y')\mathrm{d}x=a \tag{52}$$

有已知值 a 的一切曲线 $y(x)$ 中,确定这样一条曲线,它给出积分

$$J=\int_{x_0}^{x_1}F(x,y,y')\mathrm{d}x \tag{53}$$

的极值. 通常把这问题叫作等周问题. 这术语是根据这样类型的问题而产生的,亦即在有定长 a 的一切闭曲线中,求围成最大面积的曲线(圆周). 借助于下面定理,可将所提出的问题归结到没有附加条件的变分问题:

欧拉定理 若曲线 $y(x)$ 在条件(52)下及在寻常边界条件(8)下给积分(53)以极值,且若 $y(x)$ 不是积分(52)的极带,则存在这样一个常数 λ,使曲线 $y(x)$ 是积分

$$\int_{x_0}^{x_1} H(x,y,y')\,\mathrm{d}x \tag{54}$$

的极带,其中

$$H = F + \lambda G$$

我们考虑与 $y(x)$ 邻近的函数

$$y(x) + \alpha_1 \eta_1(x) + \alpha_2 \eta_2(x) \tag{55}$$

其中 α_1 及 α_2 是很小的参数,而 $\eta_1(x)$ 及 $\eta_2(x)$ 是有寻常性质的函数,即在积分区间的两端点这两函数都等于零.将这函数代入积分(52),得

$$J_1(\alpha_1,\alpha_2) = \int_{x_0}^{x_1} G(x, y+\alpha_1\eta_1+\alpha_2\eta_2, y'+\alpha_1\eta'_1+\alpha_2\eta'_2)\,\mathrm{d}x$$

进行通常计算,则可写为

$$\left.\frac{\partial J_1}{\partial \alpha_i}\right|_{\alpha_1=\alpha_2=0} = \int_{x_0}^{x_1}\left(G_y - \frac{\mathrm{d}}{\mathrm{d}x}G_{y'}\right)\eta_i\,\mathrm{d}x \quad (i=1,2)$$

既然 $y(x)$ 不是积分(52)的极带,则差 $G_y - \dfrac{\mathrm{d}}{\mathrm{d}x}G_{y'}$ 在区间 (x_0,x_1) 内不恒等于零,因而显然可选择函数 $\eta_2(x)$,使积分

$$\int_{x_0}^{x_1}\left(G_y - \frac{\mathrm{d}}{\mathrm{d}x}G_{y'}\right)\eta_2\,\mathrm{d}x$$

不等于零.

转到方程 $J_1(\alpha_1,\alpha_2)=a$. $\alpha_1=\alpha_2=0$ 能满足这个方程,因为按照假设 $y(x)$ 是问题的解,且由于 η_2 的选择,$J_1(\alpha_1,\alpha_2)$ 对 α_2 的偏导数在 $\alpha_1=\alpha_2=0$ 时不等于零.这样一来,由隐函数定理[Ⅰ;159]知,方程 $J_1(\alpha_1,\alpha_2)=a$ 对于充分接近于零的一切值 α_1 确定 α_2 是 α_1 的函数,并且当 $\alpha_1=0$ 时,α_2 对 α_1 的导数显然由下面公式确定

$$\left.\frac{\mathrm{d}\alpha_2}{\mathrm{d}\alpha_1}\right|_{\alpha_1=0} = \frac{-\int_{x_0}^{x_1}\left(G_y - \frac{\mathrm{d}}{\mathrm{d}x}G_{y'}\right)\eta_1\,\mathrm{d}x}{\int_{x_0}^{x_1}\left(G_y - \frac{\mathrm{d}}{\mathrm{d}x}G_{y'}\right)\eta_2\,\mathrm{d}x} = k \tag{56}$$

将函数(55)代入积分(53)且将所得的积分对 α_1 求导数,如果注意 α_2 是 α_1 的函数,那么

$$\left.\frac{\mathrm{d}J}{\mathrm{d}\alpha_1}\right|_{\alpha_1=0} = \int_{x_0}^{x_1}\left(F_y - \frac{\mathrm{d}}{\mathrm{d}x}F_{y'}\right)\eta_1\,\mathrm{d}x + k\int_{x_0}^{x_1}\left(F_y - \frac{\mathrm{d}}{\mathrm{d}x}F_{y'}\right)\eta_2\,\mathrm{d}x$$

利用常数 k 的表达式(56),可写为

$$\left.\frac{\mathrm{d}J}{\mathrm{d}\alpha_1}\right|_{\alpha_1=0} = \int_{x_0}^{x_1}\left(F_y - \frac{\mathrm{d}}{\mathrm{d}x}F_{y'}\right)\eta_1\,\mathrm{d}x + \lambda\int_{x_0}^{x_1}\left(G_y - \frac{\mathrm{d}}{\mathrm{d}x}G_{y'}\right)\eta_1\,\mathrm{d}x$$

其中

$$\lambda = \frac{-\int_{x_0}^{x_1}\left(F_y - \frac{\mathrm{d}}{\mathrm{d}x}F_{y'}\right)\eta_2\,\mathrm{d}x}{\int_{x_0}^{x_1}\left(G_y - \frac{\mathrm{d}}{\mathrm{d}x}G_{y'}\right)\eta_2\,\mathrm{d}x}$$

或

$$\left.\frac{\mathrm{d}J}{\mathrm{d}\alpha_1}\right|_{\alpha_1=0} = \int_{x_0}^{x_1}\left[\left(F_y - \frac{\mathrm{d}}{\mathrm{d}x}F_{y'}\right) + \lambda\left(G_y - \frac{\mathrm{d}}{\mathrm{d}x}G_{y'}\right)\right]\eta_1\,\mathrm{d}x$$

既然 $y(x)$ 在条件(52)下给出积分(53)的极值，那么我们应有 $\left.\dfrac{\mathrm{d}J}{\mathrm{d}\alpha_1}\right|_{\alpha_1=0}=0$，由这个结论再注意到 $\eta_1(x)$ 的任意性及基本引理，并设 $F+\lambda G=H$，则我们得到

$$H_y - \frac{\mathrm{d}}{\mathrm{d}x}H_{y'} = 0$$

它是对于积分(54)的欧拉方程．所写出方程的通积分含有三个任意常数，就是两个积分常数及常数 λ．这些常数应从两个边界条件及条件(52)来确定．

根据这样所获得的结果提出一点注意．当我们把积分(53)的积分号下的函数乘以任意常数时，这个积分的极限显然保持和以前的一样．由于这个事实我们可写函数 H 为对称形式 $H=\lambda_1 F+\lambda_2 G$，其中 λ_1 及 λ_2 是常数．因为参数 H 的表达式中的 F 及 G 是对称的，我们可断言，在积分(Ω)保持常数值的条件下来求积分(53)的极值所获得的极带与在积分(53)保持常数值的条件下来求积分(52)的极值所获得的极带是相同的．这就构成所谓对偶原理的简单形式．这时我们认为常数 λ_1 及 λ_2 都不等于零，亦即除去是积分(52)或积分(53)的极带的那些曲线．

在例子中我们将阐明欧拉定理中要求 $y(x)$ 不是积分(52)的极带的意义．在更一般情况的等周问题有如下形式：求一组函数 $y_i(x)(i=1,2,\cdots,n)$，使当具有关系式

$$\int_{x_0}^{x_1} G_s(x,y_1,y_1',\cdots,y_n,y_n')\,\mathrm{d}x = a_s \quad (s=1,2,\cdots,p)$$

及边界条件

$$y_i(x_0) = y_i^{(0)}, y_i(x_1) = y_i^{(1)} \quad (i=1,2,\cdots,n)$$

时，它们给出下面积分

$$J = \int_{x_0}^{x_1} F(x,y_1,y_1',\cdots,y_n,y_n')\,\mathrm{d}x$$

以极值．

同前面一样，在有几个附加条件来保证可应用隐函数存在定理时，我们可以断定，给出所建立的问题的解 $y_i(x)$ 应当是积分

$$\int_{x_0}^{x_1} H(x, y_1, y_1', \cdots, y_n, y_n') \mathrm{d}x$$

的极带,其中

$$H = F + \sum_{s=1}^{p} \lambda_s G_s$$

且 λ_s 都是常数. 这个断言的证明和上面相类似. 我们注意, 关系式的个数 p 也可以大于待求函数的个数 n.

69. 条件极值

现在考虑这样的问题,在这问题中的附加条件的形式与(52)有所不同. 从最简单的问题着手,求两个函数 $y(x)$ 及 $z(x)$,它们给出积分

$$J = \int_{x_0}^{x_1} F(x, y, y', z, z') \mathrm{d}x \tag{57}$$

的极值,且满足方程

$$G(x, y, z) = 0 \tag{58}$$

及固定端点的边界条件

$$y(x_0) = y_0, z(x_0) = z_0$$
$$y(x_1) = y_1, z(x_1) = z_1$$

并且显然地坐标 (x_0, y_0, z_0) 及 (x_1, y_1, z_1) 应满足方程(58).

在几何意义上,问题归结到求一条曲线,它位置在曲面(58)上且给出积分(57)的极值. 我们也可以从方程(58)确定 z 为 x 及 y 的函数,且将这函数代入积分(57). 这时我们就归结为具有一个待求函数 $y(x)$ 的没有任何附加条件的寻常的变分学问题. 我们就利用这样的看法来给出所提出的问题的解 $y(x)$ 及 $z(x)$ 应满足的方程. 我们认为, 沿着这个解偏导数 G_z 不等于零. 这时方程(58)可将 z 解出, 得到 $z = \varphi(x, y)$. 然后将这表达式代入积分(57), 则(57)取下面的形式

$$J = \int_{x_0}^{x_1} F(x, y, y', \varphi, \varphi_x + \varphi_y y') \mathrm{d}x \tag{59}$$

把所讨论的空间曲线投影到平面 (x, y) 后得出来的平面曲线 l 在端点固定时应当给积分(59)以极值,因此,它应当满足对于这积分所写出的欧拉方程. 要想写出这个欧拉方程,我们先作一些计算. 用 $[F]$ 表示(59)中积分号下的函数, 这函数依赖于 (x, y, y'). 用没有方括号的 F 记原来函数 $F(x, y, y', z, z')$, 因而 $[F]$ 是从 F 中代入 $z = \varphi(x, y)$ 及 $z' = \varphi_x + \varphi_y y'$ 所获得的结果. 我们有

$$\frac{\partial [F]}{\partial y} = F_y + F_z \varphi_y + F_{z'}(\varphi_{xy} + \varphi_{yy} y'), \quad \frac{\partial [F]}{\partial y'} = F_{y'} + F_{z'} \varphi_y$$

$$\frac{\mathrm{d}}{\mathrm{d}x}\frac{\partial[F]}{\partial y'} = \frac{\mathrm{d}}{\mathrm{d}x}F_{y'} + \varphi_y \frac{\mathrm{d}}{\mathrm{d}x}F_{z'} + F_{z'}(\varphi_{xy} + \varphi_{yy}y')$$

积分(59)的欧拉方程是

$$\frac{\partial[F]}{\partial y} - \frac{\mathrm{d}}{\mathrm{d}x}\frac{\partial[F]}{\partial y'} = 0$$

且由于上面所写的公式,导向以下形式

$$F_y + \varphi_y\left(F_z - \frac{\mathrm{d}}{\mathrm{d}x}F_{z'}\right) - \frac{\mathrm{d}}{\mathrm{d}x}F_{y'} = 0$$

另一方面,将方程(58)对 y 微分给出

$$G_y + G_z \varphi_y = 0$$

因而从最后两个方程消去 φ_y,我们导出等式

$$\frac{\left(\frac{\mathrm{d}}{\mathrm{d}x}F_{y'} - F_y\right)}{G_y} = \frac{\left(\frac{\mathrm{d}}{\mathrm{d}x}F_{z'} - F_z\right)}{G_z}$$

所写出等式的两端沿着极带是 x 的同一个函数,用 $\lambda(x)$ 来记它,于是可写出

$$\frac{\mathrm{d}}{\mathrm{d}x}F_{y'} - [F_y + \lambda(x)G_y] = 0$$

$$\frac{\mathrm{d}}{\mathrm{d}x}F_{z'} - [F_z + \lambda(x)G_z] = 0$$

这就是极值的必要条件. 不难看出,它们可能写作下面的形式

$$\frac{\mathrm{d}}{\mathrm{d}x}F^*_{y'} - F^*_y = 0, \frac{\mathrm{d}}{\mathrm{d}x}F^*_{z'} - F^*_z = 0 \tag{60}$$

其中

$$F^* = F + \lambda(x)G \tag{61}$$

亦即我们问题的极带应当是以公式(61)表示的函数 F^* 为被积函数的泛函在没有附加条件时的极带. 我们注意,在这情况下,代替在等周问题中的常数因子 λ 的是 x 的函数 $\lambda(x)$. 从(58)及(60)消去 $\lambda(x)$ 及一个待求函数,例如 z,我们得到含一个函数 $y(x)$ 的二阶微分方程. 这方程的积分的两个任意常数应从两个边界条件来确定.

所述的讨论也可转到有任何个数的待求函数及关系式的更一般形式的问题,并且在这情况下关系式的个数必须小于待求函数的个数. 在具有约束式

$$G_s(x, y_1, y_2, \cdots, y_n) = 0 \quad (s = 1, 2, \cdots, p) \tag{62}$$

及边界条件

$$y_i(x_0) = y_i^{(0)}, y_i(x_1) = y_i^{(1)} \quad (i = 1, 2, \cdots, n) \tag{63}$$

下, 求积分
$$\int_{x_0}^{x_1} F(x, y_1, y_1', \cdots, y_n, y_n') \mathrm{d}x \tag{64}$$
的极值问题引导出方程
$$\frac{\mathrm{d}}{\mathrm{d}x} F_{y_i'}^* - F_{y_i}^* = 0 \quad (i=1,2,\cdots,n) \tag{65}$$
其中
$$F^* = F + \sum_{s=1}^{p} \lambda_s(x) G_s \tag{66}$$
且 $\lambda_s(x)$ 是 x 的某些函数.

这时假设, 在由偏导数 $\dfrac{\partial G_s}{\partial y_i}$ 组成的一切 p 级函数行列式中, 如果将 y_i 换为给积分 (64) 以极值的函数, 那么至少有一个函数行列式不等于零.

关系式 (62) 不含有待求函数的导数, 通常叫作整约束. 上面的断言对于形式如下的非整约束
$$G_s(x, y_1, y_1', \cdots, y_n, y_n') = 0 \quad (s=1,2,\cdots,p) \tag{67}$$
也是正确的, 亦即在某些附加条件下, 函数 y_i 在条件 (67) 下给积分 (64) 以极值, 它们应满足方程
$$\frac{\mathrm{d}}{\mathrm{d}x} F_{y_i'}^* - F_{y_i}^* = 0 \quad (i=1,2,\cdots,n) \tag{68}$$
其中
$$F^* = F + \sum_{s=1}^{p} \lambda_s(x) G_s(x, y_1, y_1', \cdots, y_n, y_n') \tag{69}$$

方程组 (68) 与整约束情况下的这种方程组有一个重要差别. 因为 (67) 中的函数在所考虑的情况下含有导数 y_i', 所以函数 $F_{y_i'}^*$ 将含有 $\lambda_s(x)$, 因而方程 (68) 含有 $\lambda_s(x)$ 对 x 的导数. 最后, 方程 (67) 及 (68) 给出有 $(n+p)$ 个待求函数 y_i 及 $\lambda_s(x)$ 的 $(n+p)$ 个微分方程的方程组, 它关于 y_i 是二阶的且关于 $\lambda_s(x)$ 是一阶的.

在讨论中引入函数 $z_i(x)$, 它们是由下面等式
$$z_i(x) = y_i'(x) \quad (i=1,2,\cdots,n) \tag{70}$$
所确定的. 经过这样代替后, 方程 (67) 给出对于 y_i 及 z_i 的 p 个整约束式, 于是 (68) 及 (70) 变为含 $(2n+p)$ 个函数 y_i, z_i 及 $\lambda_s(x)$ 的 $2n$ 个一阶微分方程组. 从 (67) 解出随便那些 p 个 y_i 及 z_i, 且将它们的表达式代入方程 (68) 及 (70) 中, 得到 $y_i, z_i, \lambda_s(x)$ 中的 $2n$ 个函数的 $2n$ 个一阶方程. 这方程组的通解含有 $2n$ 个任

意常数,它们应由 $2n$ 个边界条件来确定.

70. 例

1. 在联结两定点 A 及 B 长度为 l 的一切曲线中,确定这样一条曲线,它和直线段 AB 一起围成最大面积,以经过两点 A 及 B 的直线作为 x 轴,且设 x_0 及 x_1 是这些点的横坐标. 我们认为待求曲线 y 在区间 $[x_0, x_1]$ 内是 x 的单值函数. 问题归结到要求出积分

$$\int_{x_0}^{x_1} y \, \mathrm{d}x \tag{71}$$

在附加条件

$$\int_{x_0}^{x_1} \sqrt{1+y'^2} \, \mathrm{d}x = l \tag{72}$$

下的最大值. (72) 中的积分表示曲线 $y(x)$ 在点 $x=x_0$ 及 $x=x_1$ 之间的长度,它的极带显然是直线. 这个结论可以直接由这个积分的欧拉方程来验证. 若 $l < x_1 - x_0$,则没有一条曲线满足条件 (72). 若 $l = x_1 - x_0$,则只有直线段 AB 满足条件 (72). 在这两个情况下提出的问题没有意义,因而以后将认为 $l > x_1 - x_0$. 在所考虑的情况

$$F^* = y + \lambda \sqrt{1+y'^2}$$

并且这函数不含有 x,因此相应的欧拉方程的初积分是

$$F^* - y' F_{y'}^* = y + \lambda \sqrt{1+y'^2} - \frac{\lambda y'^2}{\sqrt{1+y'^2}} = b$$

从而

$$y' = \frac{\sqrt{\lambda^2 - (y-b)^2}}{y-b}$$

或

$$\frac{(y-b) \mathrm{d}y}{\sqrt{\lambda^2 - (y-b)^2}} = \mathrm{d}x$$

积分之,得

$$(x-a)^2 + (y-b)^2 = \lambda^2$$

亦即极带将是半径为 $|\lambda|$ 的圆周.

设 ω 是从圆心对于线段 AB 的视角,有

$$x_1 - x_0 = 2\lambda \sin \frac{\omega}{2} \text{ 及 } l = \lambda \omega$$

确定 ω 的是方程

$$\frac{\sin\frac{\omega}{2}}{\frac{\omega}{2}} = \frac{x_1 - x_0}{l}$$

在上面指出的条件下这方程总可能有解. 利用对偶原理, 我们可说出命题: 在围成面积为定值的一切曲线中, 圆周的弧有极值 (显然是最小) 长度. 还要注意的是, 若 $l > \frac{\pi}{2}(x_1 - x_0)$, 则 y 不是 x 的单值函数.

利用获得的结果, 可以证明, 若在有定长的一切曲线中有一封闭曲线围成最大面积, 则这曲线必是圆周.

2. 要求确定在固定端点且有定长 l 的有重量的均匀细绳在重力作用下的平衡位置, 我们认为重力的方向是与 y 轴的负向一致的. 于是平衡位置就是要使细绳的重心在最低处的位置. 我们自然可认为平行于 y 轴的任何直线与细绳的交点不多于一个. 问题归结到在附加条件

$$\int_{x_0}^{x_1} \sqrt{1 + y'^2}\, dx = l \tag{73}$$

及边界条件 $y(x_0) = y_0, y(x_1) = y_1$ 下, 求积分

$$\int_{x_0}^{x_1} y\, ds = \int_{x_0}^{x_1} y\sqrt{1 + y'^2}\, dx$$

的极值 (参考 [67] 例 4). 在这情况, 有

$$F^* = y\sqrt{1 + y'^2} + \lambda\sqrt{1 + y'^2}$$

且欧拉方程的初积分是

$$\frac{y + \lambda}{\sqrt{1 + y'^2}} = a$$

或

$$\frac{dy}{\sqrt{(y + \lambda)^2 - a^2}} = \frac{dx}{a}$$

若令

$$y + \lambda = a\cosh z = a\frac{e^z + e^{-z}}{2}$$

则方程容易积分得

$$y + \lambda = a\cosh\left(\frac{x}{a} + b\right) = a\frac{e^{\frac{x}{a}+b} + e^{-(\frac{x}{a}+b)}}{2} \quad (a > 0)$$

亦即问题的极带是悬链线. 常数 a, b 及 λ 应从边界条件

$$y_0 + \lambda = a\cosh\left(\frac{x_0}{a} + b\right), y_1 + \lambda = a\cosh\left(\frac{x_1}{a} + b\right)$$

及条件(73)来确定.从一个边界条件减另一个边界条件且变换双曲余弦函数的差为乘积,则有

$$y_1 - y_0 = 2a\sinh\mu\sinh\nu \tag{74}$$

其中

$$\mu = \frac{x_1 + x_0}{2a} + b, \nu = \frac{x_1 - x_0}{2a}$$

将求得的 y 值代入条件(73)后,可把它化简为如下形式

$$a\left[\sinh\left(\frac{x_1}{a}+b\right) - \sinh\left(\frac{x_0}{a}+b\right)\right] = l$$

或

$$2a\cosh\mu\sinh\nu = l \tag{75}$$

由于(74),得

$$\tanh\mu = \frac{y_1 - y_0}{l} \tag{76}$$

数值 l 显然应满足不等式

$$l > \sqrt{(x_1-x_0)^2 + (y_1-y_0)^2} > |y_1 - y_0|$$

因而方程(76)有唯一根.从(74)及(75)我们得

$$\sqrt{l^2 - (y_1-y_0)^2} = 2a\sinh\nu$$

或

$$\frac{\sinh\nu}{\nu} = \frac{\sqrt{l^2 - (y_1-y_0)^2}}{x_1 - x_0} \tag{77}$$

但

$$\frac{\sinh x}{x} = 1 + \frac{x^2}{3!} + \frac{x^4}{5!} + \cdots$$

当 $0 \leqslant x < \infty$ 时是从 1 到 $+\infty$ 的单调增函数,取任何值一次且只取一次,因此方程(77)有唯一正根.这样找到 μ 及 ν 后,求 a,b 及 λ 已经没有什么困难了.

3.考虑弹性均匀的梁,在没有变形的状态是直的.从弹性理论,在变形状态下,我们知道它的位能与它的曲率的平方沿着梁的积分成正比.设这梁的长度为 l 且固定在两点 (x_0, y_0) 及 (x_1, y_1) 处.取从点 (x_0, y_0) 算起的梁的长度 s 作为自变量,且用 $\theta(s)$ 记作梁的切线与 x 轴的交角.曲率可用导数 $\theta'(s)$ 来表示,因而所要求的极值的积分具有形式

$$\int_0^l \theta'^2 \, ds \tag{78}$$

大家知道的

$$\frac{\mathrm{d}x}{\mathrm{d}s}=\cos\theta,\frac{\mathrm{d}y}{\mathrm{d}s}=\sin\theta$$

因此我们有下面两个约束方程

$$\int_0^l \cos\theta\,\mathrm{d}s = x_1 - x_0, \int_0^l \sin\theta\,\mathrm{d}s = y_1 - y_0 \tag{79}$$

除此以外,梁在端点处固定的这个条件无异于给定了函数 $\theta(s)$ 在 $s=0$ 及 $s=l$ 两点的值

$$\theta(0)=a, \theta(l)=b \tag{80}$$

在这情况下有

$$F^* = \theta'^2 + \lambda_1 \cos\theta + \lambda_2 \sin\theta$$

由于这函数不含有自变量 s,因而立即有欧拉方程的初积分如下

$$\theta'^2 = C + \lambda_1 \cos\theta + \lambda_2 \sin\theta$$

引入两个新常数

$$h = C + \sqrt{\lambda_1^2 + \lambda_2^2},\ k^2 = \frac{2\sqrt{\lambda_1^2 + \lambda_2^2}}{C + \sqrt{\lambda_1^2 + \lambda_2^2}}$$

且代替 θ 引入新变量 φ 为

$$\varphi = \frac{\theta - \theta_0}{2}$$

其中令 $\theta_0 = \arctan\frac{\lambda_2}{\lambda_1}$. 在这些记号下前面所写的欧拉方程的初积分变成如下形式

$$\frac{\mathrm{d}\varphi}{\mathrm{d}s} = \frac{\sqrt{h}}{2}\sqrt{1 - k^2 \sin^2\varphi}$$

从而我们得到用 φ 的椭圆积分来表达的 s 为

$$s = \frac{2}{\sqrt{h}} \int \frac{\mathrm{d}\varphi}{\sqrt{1 - k^2 \sin^2\varphi}} + s_0$$

常数 k, h, θ_0 及 s_0 应从条件(79)及(80)来确定. 为了求梁上点的笛卡儿坐标,只需在关系式

$$\frac{\mathrm{d}x}{\mathrm{d}s} = \cos\theta = \cos(2\varphi + \theta_0), \frac{\mathrm{d}y}{\mathrm{d}s} = \sin\theta = \sin(2\varphi + \theta_0)$$

中代入 $\mathrm{d}s$ 的表达式

$$\mathrm{d}x = \frac{2\cos(2\varphi + \theta_0)}{\sqrt{h}\sqrt{1 - k^2 \sin^2\varphi}}\mathrm{d}\varphi, \mathrm{d}y = \frac{2\sin(2\varphi + \theta_0)}{\sqrt{h}\sqrt{1 - k^2 \sin^2\varphi}}\mathrm{d}\varphi$$

由此立即可用不定积分法求出 x 及 y.

4. 考察在已知曲面
$$G(x,y,z)=0 \tag{81}$$
上求测地线的问题.

问题归结到在附加条件(81)下求积分
$$\int_{x_0}^{x_1}\sqrt{1+y'^2+z'^2}\,\mathrm{d}x$$
的极值. 在这情况下, 方程(60)有下列形式
$$\frac{\mathrm{d}}{\mathrm{d}x}\frac{y'}{\sqrt{1+y'^2+z'^2}}-\lambda G_y=0,\quad \frac{\mathrm{d}}{\mathrm{d}x}\frac{z'}{\sqrt{1+y'^2+z'^2}}-\lambda G_z=0 \tag{82}$$
为了要阐明测地线的基本几何性质, 从方程(81)对 x 求全导数
$$G_x+G_y y'+G_z z'=0$$
将两端乘以 λ 且把从(82)所得的 λG_y 及 λG_z 的表达式代入, 经过一些简单的变换后, 导出等式
$$\frac{\mathrm{d}}{\mathrm{d}x}\frac{1}{\sqrt{1+y'^2+z'^2}}-\lambda G_x=0$$
这与(82)中的等式相类似, 并且对 x 求导数的那些分式等于待求测地线的切线的方向余弦, 故我们可写这些方程为如下形式
$$\frac{\mathrm{d}\cos\alpha}{\mathrm{d}x}=\lambda G_x,\quad \frac{\mathrm{d}\cos\beta}{\mathrm{d}x}=\lambda G_y,\quad \frac{\mathrm{d}\cos\gamma}{\mathrm{d}x}=\lambda G_z$$
利用公式 $\dfrac{\mathrm{d}x}{\mathrm{d}s}=\cos\alpha$, 我们可用对 s 的导数代替对 x 的导数, 于是得
$$\frac{\mathrm{d}\cos\alpha}{\mathrm{d}s}=\mu G_x,\quad \frac{\mathrm{d}\cos\beta}{\mathrm{d}s}=\mu G_y,\quad \frac{\mathrm{d}\cos\gamma}{\mathrm{d}s}=\mu G_z$$
其中 $\mu=\lambda\cos\alpha$. 然而, 如已知的[Ⅱ;125], 所写出方程的左端与曲线的主法线的方向余弦成正比, 而右端与曲面的法线的方向余弦成正比, 从而立即推出测地线上各点的主法线同时也是曲面的法线.

5. 考察在有阻力的媒质中的最速落径问题. 在联结两定点 A 及 B 的一切曲线中确定一条曲线, 沿着它一个质点以已知速度在最短时间内下落到最低位置, 并且在媒质内有阻力, 且以速度 v 的已知函数 $R(v)$ 来表示这个阻力.

从力学上的理由立即推知, 待求曲线应在一个平面内, 这平面通过直线 AB 及从点 A 引出的铅垂线. 我们取这平面作为 (x,y) 平面, 且 y 轴的方向是沿铅垂线向下的. 设 (x_0,y_0) 及 (x_1,y_1) 是点 A 及点 B 的坐标. 当沿着曲线运动时动能的改变量是靠重力作用的正功及阻力的负功而产生的, 亦即
$$\mathrm{d}\frac{v^2}{2}=g\,\mathrm{d}y-R(v)\,\mathrm{d}s$$

其中 g 是重力加速度且 $ds = \sqrt{dx^2 + dy^2}$. 用 x 作为函数 v 及 y 的自变量，就得到

$$vv' - gy' + R(v)\sqrt{1+y'^2} = 0 \tag{83}$$

因而问题归结到在具有非整约束(83)时求积分

$$\int_{x_0}^{x_1} \frac{\sqrt{1+y'^2}}{v} dx$$

的极值，并且 v 及 y 是待求函数.

寻常类型的边界条件应归结为函数在区间端点的已知值

$$y(x_0) = y_0, y(x_1) = y_1 \tag{84}$$

$$v(x_0) = v_0, v(x_1) = v_1 \tag{85}$$

条件(85)的第一个式子无异于给出动点在开始位置 A 的速度，而条件(85)的第二个式子相当于给出动点在曲线终点的速度，而从力学观点这是不自然的. 以后我们还将回到这个问题. 用寻常方法，我们应写出对于函数

$$F^* = \sqrt{1+y'^2}\, H + \lambda(x) vv' - \lambda(x) gy' \tag{86}$$

的欧拉方程，其中

$$H = \frac{1}{v} + \lambda(x) R(v)$$

函数 F^* 不含有 y，因而它关于 y 的欧拉方程显然有初积分 $F^*_{y'} = C$，或是

$$\frac{Hy'}{\sqrt{1+y'^2}} = C + \lambda(x) g \tag{87}$$

而函数 F^* 关于 v 的欧拉方程是

$$\sqrt{1+y'^2}\, H_v + \lambda(x) v' - \frac{d}{dx}[\lambda(x) v] = 0$$

或

$$\frac{v\lambda'(x)}{\sqrt{1+y'^2}} = H_v \tag{88}$$

这样一来，我们有函数 y, v, λ 的三个方程(83)(87)(88)形成的方程组. 直接将差 $H^2 - (C+g\lambda)^2$ 对 x 微分，且应用上面的三个方程，我们确信存在以下积分

$$H^2 - (C+g\lambda)^2 = a^2 \tag{89}$$

其中 a 是新任意常数. 从所写的方程可确定 λ 为 v 的函数 $\lambda = \lambda(v)$. 将方程(87)各项除以(88)，得到

$$dy = \frac{(C+g\lambda) v \, d\lambda}{H H_v} \tag{90}$$

由于(87)及(89),得
$$y' = \frac{C + g\lambda}{a}$$
从而
$$dx = \frac{av d\lambda}{H H_v} \tag{91}$$

将等式(90)及(91)的右端代以 $\lambda = \lambda(v)$ 且求不定积分,有
$$x = d + \varphi(v, a, C), \quad y = e + \psi(v, a, C)$$

其中 d 及 e 是任意常数.于是所写的两个方程给出待求最速落径的参数表示式,并且 v 起着参数作用.任意常数应由边界条件(84)及(85)来确定.我们以后将见到条件(85)的后面一个式子应代以条件
$$F_{v'}^* \Big|_{x = x_1} = 0$$

它表示这样的事实,就是当 $x = x_1$ 时速度 v 可有任意值.由于(86),所写的条件有形式 $\lambda v \Big|_{x = x_1} = 0$. 如果认为速度不等于零,那么得到 $\lambda \Big|_{x = x_1} = 0$.

71. 欧拉及奥斯特罗格拉德斯基方程的不变性

当求一个变量的函数 $y = f(x)$ 的极值时,我们可变换自变量,代替 x 引入新自变量 ξ,则有 $x = \varphi(\xi)$,并且假设 $\varphi(\xi)$ 是单调的且有不等于零的导数.由求复合函数导数的法则给出
$$\frac{dy}{d\xi} = f'(x) \varphi'(\xi) \tag{92}$$

就新自变量的函数来说,有极值的必要条件是 $f'(x) \varphi'(\xi) = 0$,且由于 $\varphi'(\xi) \neq 0$,因此新条件与旧条件 $f'(x) = 0$ 一致.对于在各种不同情况的欧拉方程的左端也可得到与公式(92)相类似的公式.首先着手考虑最简单的泛函
$$J = \int_{x_0}^{x_1} F(x, y, y') dx \tag{93}$$

且为了写法简单起见,对于欧拉方程的左端引入特别的记号
$$[F]_y = F_y - \frac{d}{dx} F_{y'}$$

引进新自变量 ξ,可写为
$$F(x, y, y') = F\left[x(\xi), y, \frac{\frac{dy}{d\xi}}{\frac{dx}{d\xi}} \right] = \Phi\left(\xi, y, \frac{dy}{d\xi}\right)$$

因而在用新自变量时积分 J 就取以下形式

$$\int_{x_0}^{x_1} F(x,y,y')\,dx = \int_{\xi_0}^{\xi_1} \Phi\left(\xi,y,\frac{dy}{d\xi}\right)\frac{dx}{d\xi}\,d\xi$$

引用邻近函数 $y+\alpha\eta$ 且进行寻常计算,我们得到

$$\frac{\partial}{\partial\alpha}\int_{x_0}^{x_1} F(x,y+\alpha\eta,y'+\alpha\eta')\,dx\bigg|_{\alpha=0} = \int_{x_0}^{x_1}[F]_y\eta\,dx$$

这同一表达式在用新自变量时可写为以下形式

$$\frac{\partial}{\partial\alpha}\int_{\xi_0}^{\xi_1}\Phi\left(\xi,y+\alpha\eta,\frac{dy}{d\xi}+\alpha\frac{d\eta}{d\xi}\right)\frac{dx}{d\xi}\,d\xi\bigg|_{\alpha=0} = \int_{\xi_0}^{\xi_1}\left[\Phi\frac{dx}{d\xi}\right]_y\eta\,d\xi$$

把所得的两个结果看成一样,可写为

$$\int_{x_0}^{x_1}\left\{[F]_y - \left[\Phi\frac{dx}{d\xi}\right]_y\frac{d\xi}{dx}\right\}\eta\,dx = 0$$

由于函数 η 是任意的,从而按照基本引理有

$$[F]_y = \left[\Phi\frac{dx}{d\xi}\right]_y\frac{d\xi}{dx} \tag{94}$$

并且右端的符号应在自变量是 ξ 的假设下展开,亦即

$$\left[\Phi\frac{dx}{d\xi}\right]_y = \frac{dx}{d\xi}\Phi_y - \frac{d}{d\xi}\left[\Phi_{\frac{dy}{d\xi}}\frac{dx}{d\xi}\right]$$

公式(94)完全与上面说过的公式(92)相类似,而欧拉方程 $\left[\Phi\frac{dx}{d\xi}\right]_y = 0$ 显然无异于欧拉方程 $[F]_y = 0$. 所有的一切都可推广到积分号下函数含有多个待求函数的情况.

我们考虑两个自变量的泛函

$$J = \iint_B F(x,y,u,u_x,u_y)\,dx\,dy$$

代替 (x,y) 引入两个新自变量 (ξ,η),有

$$x = x(\xi,\eta),\ y = y(\xi,\eta)$$

并且假设所写的函数有连续导数,且与它们相应的函数行列式不等于零. 把积分号下函数变换到新自变量,即

$$F(x,y,u,u_x,u_y) = F[x(\xi,\eta),y(\xi,\eta),u,u_\xi\xi_x+u_\eta\eta_x,u_\xi\xi_y+u_\eta\eta_y] = \Phi(\xi,\eta,u,u_\xi,u_\eta)$$

如同前面一样,引入邻近函数 $u+\alpha\eta$,将积分对 α 微分且令 $\alpha=0$,将有

$$\iint_B [F]_u\eta\,dx\,dy = \iint_{B_1}\left[\Phi\frac{D(x,y)}{D(\xi,\eta)}\right]_u\eta\,d\xi\,d\eta \tag{94'}$$

其中 B_1 是作上述变量替换后区域 B 所变换的结果,$\frac{D(x,y)}{D(\xi,\eta)}$ 是通常函数行列式

的记号,且符号$[\ ]_u$记作奥斯特罗格拉德斯基方程的左端,亦即,例如
$$[F]_u = F_u - \frac{\partial}{\partial x}F_{u_x} - \frac{\partial}{\partial y}F_{u_y}$$

在公式(94′)右端的积分中作变量替换且利用函数 η 的任意性,我们得到奥斯特罗格拉德斯基方程的左端变换到新自变量后的下面公式
$$[F]_u = \left[\Phi \frac{D(x,y)}{D(\xi,\eta)}\right]_u \frac{D(\xi,\eta)}{D(x,y)}$$

在有更多的自变量的情况,也可获得完全类似的公式. 奥斯特罗格拉德斯基方程$[F]_u = 0$等价于改用新自变量后的奥斯特罗格拉德斯基方程$\left[\Phi\frac{D(x,y)}{D(\xi,\eta)}\right]_u = 0$.

也可同时作自变量及函数的替换. 比如说,在泛函(93)的情况下,若引入新变量(ξ,η)代替(x,y),即
$$x = \varphi(\xi,\eta), y = \psi(\xi,\eta)$$
则改用新变量后将有函数 $\eta = f_1(\xi)$ 代替函数 $y = f(x)$. 变换泛函(93)到新变量,得
$$J = \int_{\xi_0}^{\xi_1} F\left[\varphi(\xi,\eta),\psi(\xi,\eta),\frac{\psi_\xi + \psi_\eta \eta'}{\varphi_\xi + \varphi_\eta \eta'}\right](\varphi_\xi + \varphi_\eta \eta')d\xi =$$
$$\int_{\xi_0}^{\xi_1} \Phi(\xi,\eta,\eta')d\xi$$

也同前面一样,欧拉方程$[F]_y = 0$等价于欧拉方程$[\Phi]_\eta = 0$.

下面我们将研究这样情况下的欧拉方程,即函数关系 $y(x)$ 是由参数形式给出时的欧拉方程.

72. 参数形式

当寻求泛函的极值时,要求待求曲线有显式方程 $y = y(x)$,在实质上已把问题缩小了,因为平行于 y 轴的直线与给出问题的解的曲线可能有多于一个的交点. 我们现在来讨论待求曲线的方程有参数形式的一般情况. 如果认为 x 及 y 都是某参数 t 的函数,那么,我们可写积分(93)为如下形式
$$J = \int_{t_0}^{t_1} F\left(x,y,\frac{y'}{x'}\right)x'dt \tag{95}$$

其中 x' 及 y' 是对于 t 的导数,而 t_0 及 t_1 是与曲线的两端点相对应的参数值. 当任意选择参数 t 时积分 J 有形式(95).

我们指出下面的事实,就是积分号下的函数不含有自变量 t 且是对于 x' 及 y' 的一次齐次函数. 考虑更一般的某个积分

$$J = \int_{t_0}^{t_1} F(x, y, x', y') \mathrm{d}t \tag{96}$$

在其中积分号下的函数不含有自变量 t 且是对于 x' 及 y' 的一次齐次函数,亦即

$$F(x, y, kx', ky') = kF(x, y, x', y') \tag{97}$$

我们证明,这时不管对参数 t 作任何替换,积分总不改变它的形式. 代替 t 引入另一参数 τ,且令 $\tau = \tau(t)$,并且认为 $\tau'(t) > 0$,因而当 t 增大时 τ 也增大. 把积分(96)中的变量 t 改为变量 τ,得

$$J = \int_{\tau_0}^{\tau_1} F(x, y, x'_\tau \tau'_t, y'_\tau \tau'_t) t'_\tau \mathrm{d}\tau$$

且利用公式(97),可写为

$$\int_{\tau_0}^{\tau_1} F(x, y, x'_\tau \tau'_t, y'_\tau \tau'_t) t'_\tau \mathrm{d}\tau = \int_{\tau_0}^{\tau_1} F(x, y, x'_\tau, y'_\tau) \mathrm{d}\tau$$

亦即当变换参数时积分(96)不改变它的形式.

我们指出,这里的 τ'_t 起着公式(97)中 k 的作用,因此只要求恒等式(97)当 $k > 0$ 时成立就行了. 以后将假设对于积分(96)条件(97)总是可以实现的.

我们回忆一下,当对以显式给出的曲线来定义它的接近度时,所要求的是各曲线皆对应于同一横坐标的纵坐标间的接近度. 在参数式方程的一般情况下,可以定义不依赖于参数选择的接近度,也就是说,如果在 l 及 l_1 的一切点间,可建立互为单值的及互为连续的这样的对应,使得对应点间的距离不大于 ε,那么曲线 l 位于曲线 l_1 的零级 ε — 接近度内. 类似地可定义一级 ε — 接近度.

现在转到极值的必要条件的证明. 设某曲线 l 给出积分的极值. 作出曲线 l 的以任何方式选择的参数方程,因而 l 的方程将是 $x(t), y(t)$. 取邻近曲线 $x(t) + \alpha \eta(t), y(t) + \alpha_1 \eta_1(t)$,并且认为对应点是取同一个参数值得到的. 将邻近曲线的方程代入积分(96)且把对 α 及 α_1 的导数在 $\alpha = \alpha_1 = 0$ 时等于零,我们可照常证明,对于参数 t 的任何选择,函数 $x(t)$ 及 $y(t)$ 应满足两个欧拉方程的方程组

$$F_x - \frac{\mathrm{d}}{\mathrm{d}t} F_{x'} = 0, \quad F_y - \frac{\mathrm{d}}{\mathrm{d}t} F_{y'} = 0 \tag{98}$$

这些方程不显含参数本身. 此外,我们指出,实质上两函数中的一个,$x(t)$ 或 $y(t)$ 可作为是任意的. 事实上,作参数变换 $t(\tau)$,我们得到 $x[t(\tau)]$ 及 $y[t(\tau)]$,而由于 $t(\tau)$ 的任意性,我们可认为这两个函数中的一个是 τ 的任意函数. 从这个情况来考虑,我们就很有理由相信(98)中的两个方程可归结成一个方程. 现在证明这件事情.

将表达齐次函数 F 的性质 [Ⅰ;154] 的恒等式

$$F = x'F_{x'} + y'F_{y'}$$

的两端对 x, y, x', y' 微分,我们得

$$F_x = x'F_{xx'} + y'F_{xy'}, F_y = x'F_{yx'} + y'F_{yy'}$$
$$0 = x'F_{x'x'} + y'F_{x'y'}, 0 = x'F_{x'y'} + y'F_{y'y'} \qquad (99)$$

从后面两个等式得出

$$\frac{F_{x'x'}}{y'^2} = \frac{F_{x'y'}}{-x'y'} = \frac{F_{y'y'}}{x'^2} = F_1(x, y, x', y') \qquad (100)$$

其中以 F_1 记作所写三个比式的公共值. 回到方程(98)且进行微分,则它们取以下形式

$$F_x - x'F_{xx'} - y'F_{yx'} - x''F_{x'x'} - y''F_{x'y'} = 0$$
$$F_y - x'F_{xy'} - y'F_{yy'} - x''F_{x'y'} - y''F_{y'y'} = 0$$

由公式(100),将这些方程中的 $F_{x'x'}, F_{x'y'}$ 及 $F_{y'y'}$ 作代换,而由公式(99)将其中的 F_x 及 F_y 替换,就把它们变为下面形式

$$y'T = 0, x'T = 0$$

其中

$$T = F_1(x, y, x', y')(x'y'' - y'x'') + F_{xy'} - F_{yx'}$$

我们认为 x' 及 y' 不同时为零,因此所写的两个方程确实归结到一个方程

$$T = F_1(x, y, x', y')(x'y'' - y'x'') + F_{xy'} - F_{yx'} = 0 \qquad (101)$$

我们还可附加一个方程到这个与方程组(98)等价的且有两个待求函数的方程上,而这附加的方程表示出参数 t 的具体选择. 例如,若选择待求极带的弧长 s 作为参数,则这附加的方程就有形式 $x'^2 + y'^2 = 1$. 如果注意平面曲线的曲率半径表达式[I;71],那么方程(101)可写为以下形式

$$\frac{1}{R} = \frac{F_{xy'} - F_{yx'}}{(x'^2 + y'^2)^{\frac{3}{2}} F_1} \qquad (102)$$

所说的一切可没有困难的推广到 n 维空间的曲线的泛函. 考虑下面积分

$$J = \int_{t_0}^{t_1} F(x_1, x_1', \cdots, x_n, x_n') \mathrm{d}t \qquad (103)$$

其中 x_i 是 t 的函数,而 x_i' 是导数. 和前面一样,我们总假定函数 F 是对于 x_i' 的一次齐次函数. 这时对于参数 t 的任何变换,积分(103) 总是不变的. 和前面一样,不难证明,为了要求 n 维空间 $(x_1, x_2, \cdots, x_n)$ 的曲线给积分(103)以极值,它必须要满足下面的欧拉方程组

$$F_{x_i} - \frac{\mathrm{d}}{\mathrm{d}t} F_{x_i'} = 0 \quad (i = 1, 2, \cdots, n) \qquad (104)$$

或

$$F_{x_i} - \sum_{s=1}^{n} x'_s F_{x'_i x_s} - \sum_{s=1}^{n} x''_s F_{x'_i x'_s} = 0 \quad (i=1,2,\cdots,n)$$

不难检验，这些方程的左端由下面关系相联系

$$\sum_{i=1}^{n} x'_i \left(F_{x_i} - \frac{\mathrm{d}}{\mathrm{d}t} F_{x'_i} \right) = \sum_{i=1}^{n} x'_i F_{x_i} - \sum_{i,s=1}^{n} x'_i x'_s F_{x'_i x_s} - \sum_{i,s=1}^{n} x'_i x''_s F_{x'_i x'_s} \equiv 0$$
(105)

事实上，由于 F 的齐次性，按照欧拉定理，可写为

$$F = \sum_{i=1}^{n} x'_i F_{x_i}$$

将这恒等式对 x_s 及 x'_s 微分，得

$$F_{x_s} = \sum_{i=1}^{n} x'_i F_{x'_i x_s}, \quad 0 = \sum_{i=1}^{n} x'_i F_{x'_i x'_s}$$

从这些恒等式，立即显示出公式(105)的中间部分的和确实恒等于零. 这样一来，方程组(104)中的一个方程是其余方程的推论，因而我们还可附加表示参数选择的一个方程到方程组(104)去. 我们注意，这里叙述的一切理论也可推广到重积分的情况.

73. 在 n 维空间内的测地线

设在 n 维实空间内定义某一测度

$$\mathrm{d}s^2 = \sum_{i,k=1}^{n} a_{ik} \mathrm{d}x_i \mathrm{d}x_k \quad (a_{ik} = a_{ki})$$
(106)

其中 a_{ik} 都是变量 x_s 的已知函数. 我们假设这些函数和它的一阶偏导数都是连续的. 测度(106)的给定就等于说任何曲线 $x_s(t)(s=1,2,\cdots,n)$ 的长度由积分

$$J = \int \mathrm{d}s = \int_{t_0}^{t_1} \sqrt{\sum_{i,k=1}^{n} a_{ik} x'_i x'_k} \, \mathrm{d}t$$
(107)

来表达，并且认为在根号下面的式子对任何值 x_s 及 x'_s 总是正的，且假定不是一切 x'_s 都为零，也就是说，我们假设已知二次型(106)是正定的. 我们自然可认为有相同微分的乘积的系数 a_{ik} 及 a_{ki} 也是相等的，亦即 $a_{ik} = a_{ki}$.

积分(107)的极带叫作测地线. 这概念是前面讲到过的在曲面上的测地线概念的直接推广. 为书写简短起见，用 φ 记根号下的和，即

$$\varphi = \sum_{i,k=1}^{n} a_{ik} x'_i x'_k$$
(108)

我们有关于极带的下面的欧拉方程组

$$\frac{1}{2\sqrt{\varphi}} \varphi_{x_i} - \frac{\mathrm{d}}{\mathrm{d}t} \left(\frac{1}{2\sqrt{\varphi}} \varphi_{x'_i} \right) = 0 \quad (i=1,2,\cdots,n)$$
(109)

这个方程组中的一个方程可由其余方程推演出来,因而我们也还可附加一个方程,这就是

$$\varphi = \sum_{i,k=1}^{n} a_{ik} x'_i x'_k = 1 \tag{110}$$

且设 s 是参数 t 的那个值,而这个值是由这个附加方程所决定的. 从(107)立即推知,(110)等于说选择 n 维空间的曲线的弧长 s 来作为参数 t. 由于式(110)方程组(109)可简化为下面形式

$$\varphi_{x_i} - \frac{\mathrm{d}}{\mathrm{d}s} \varphi_{x'_i} = 0 \quad (i=1,2,\cdots,n) \tag{111}$$

不难验证,这个方程组有解为

$$\varphi = 常数$$

事实上

$$\frac{\mathrm{d}\varphi}{\mathrm{d}s} = \sum_{i=1}^{n} \varphi_{x_i} x'_i + \sum_{i=1}^{n} \varphi_{x'_i} x''_i$$

但由于 φ 是 x_i 的二次齐次多项式,我们有

$$\sum_{i=1}^{n} \varphi_{x'_i} x'_i = 2\varphi$$

因此,有

$$2\frac{\mathrm{d}\varphi}{\mathrm{d}s} = \sum_{i=1}^{n} \varphi_{x'_i} x''_i + \sum_{i=1}^{n} x'_i \frac{\mathrm{d}}{\mathrm{d}s} \varphi_{x'_i}$$

利用这个等式,则 $\frac{\mathrm{d}\varphi}{\mathrm{d}s}$ 可写作如下形式

$$\frac{\mathrm{d}\varphi}{\mathrm{d}s} = 2\frac{\mathrm{d}\varphi}{\mathrm{d}s} + \sum_{i=1}^{n} x'_i \left(\varphi_{x_i} - \frac{\mathrm{d}}{\mathrm{d}s} \varphi_{x'_i} \right)$$

且由于(111),我们有 $\frac{\mathrm{d}\varphi}{\mathrm{d}s} = 0$,亦即 $\varphi = $ 常数是方程组(111)的解,如果令任意常数等于1,那么可得附加条件(110).

现在我们写出方程组(111)的展开式

$$\varphi_{x_i} - \sum_{s=1}^{n} \varphi_{x'_i x_s} x'_s - \sum_{i=1}^{n} \varphi_{x'_i x'_s} x''_s = 0$$

或者,把表示式(108)代到这个式子里,就有

$$\frac{1}{2} \sum_{p,q=1}^{n} \frac{\partial a_{pq}}{\partial x_i} x'_p x'_q - \sum_{p,s=1}^{n} \frac{\partial a_{pi}}{\partial x_s} x'_s x'_p - \sum_{s=1}^{n} a_{si} x''_s = 0$$

讨论第二个和. 其中 $x'_s x'_p$ 及 $x'_p x'_s$ 的系数不是相等的,然而我们可用它们的和的一半

$$\frac{1}{2}\left(\frac{\partial a_{pi}}{\partial x_s}+\frac{\partial a_{si}}{\partial x_p}\right)$$

来代替这两个系数的每一个,则可使这两个系数相等.合并第一个和与第二个和且变符号,最后可将方程组引到下面的形式

$$\sum_{s=1}^{n}a_{si}x''_s+\sum_{p,q=1}^{n}\frac{1}{2}\left(\frac{\partial a_{pi}}{\partial x_q}+\frac{\partial a_{qi}}{\partial x_p}-\frac{\partial a_{pq}}{\partial x_i}\right)x'_p x'_q=0\quad(i=1,2,\cdots,n)\quad(112)$$

在这些方程中导数是对弧长 s 取得的.在第二个和中括弧内的表示式用微分几何中的术语叫作第一种克里斯托弗符号且记作如下形式

$$\frac{1}{2}\left(\frac{\partial a_{pi}}{\partial x_q}+\frac{\partial a_{qi}}{\partial x_p}-\frac{\partial a_{pq}}{\partial x_i}\right)=\begin{bmatrix}pq\\i\end{bmatrix}$$

可将方程(112)写为就 x''_s 解出的形式.用 a^{ik} 记关于矩阵 $\|a_{ik}\|^{-1}$ 的转置矩阵的元素,亦即

$$a^{ik}=\frac{A_{ik}}{D}\text{ 或 }\|a^{ik}\|=(\|a_{ik}\|^{-1})^*$$

其中 D 是矩阵 $\|a_{ik}\|$ 的行列式,由于二次型(106)的正定性知,D 是不等于零的,而 A_{ik} 是这行列式的元素 a_{ik} 的代数余子式.对元素 a^{ik} 我们有下面基本等式

$$\sum_{s=1}^{n}a^{is}a_{ks}=\begin{cases}0,i\neq k\\1,i=k\end{cases}\tag{113}$$

将(112)的两端乘以 a^{ji},对 i 求和且改变第二项中求和的次序,由于(113),我们得

$$x''_j+\sum_{p,q=1}^{n}\begin{Bmatrix}pq\\j\end{Bmatrix}x'_p x'_q=0\tag{114}$$

其中

$$\begin{Bmatrix}pq\\j\end{Bmatrix}=\sum_{i=1}^{n}a^{ji}\begin{bmatrix}pq\\i\end{bmatrix}\tag{115}$$

在利用了关系式(110)之后欧拉方程取(111)的形式,而且这些方程也已不再相互依赖了.我们得以对 x''_s 将它们解出.

作为例子,考察在任意柱面上的测地线的问题.取 z 轴与柱面的母线平行,且设在平面 (x,y) 内的导线是 $x=\varphi(\sigma),y=\psi(\sigma)$,且取导线的弧长作为参数 σ,因而

$$\varphi'^2(\sigma)+\psi'^2(\sigma)=1$$

取上面指出的 σ 及坐标 z 作为决定在柱面上的点的位置的参数坐标.这时

$$\mathrm{d}s^2=\mathrm{d}\sigma^2+\mathrm{d}z^2$$

因而在这情况下我们有

$$a_{11}=a_{22}=1, a_{12}=a_{21}=0$$

方程(114)给出 $\sigma''=0$(当 $j=1$)及 $z''=0$(当 $j=2$),且导数是对弧长 s 取得的. 这样一来,我们得到

$$\sigma = As + B, z = A_1 s + B_1$$

若 $A \neq 0$,则我们可写这些曲线的方程如形式 $z = C_1 \sigma + C_2$,其中 C_1 及 C_2 是任意常数. 这些曲线的完整方程将是

$$x = \varphi(\sigma), y = \psi(\sigma), z = C_1 \sigma + C_2 \tag{116}$$

它们都是螺旋线,我们已在[Ⅱ;127]中讨论过. 在 z 的表达式中的常数项自然不起任何作用.

74. 自然边值条件

到现在为止,在讨论泛函(93)的极值时,我们曾用待求曲线在端点固定作为边界条件,亦即已知 $y(x_0)$ 及 $y(x_1)$ 的值. 现在指出另一形式的边界条件. 设求积分

$$J = \int_{x_0}^{x_1} F(x, y, y') \mathrm{d}x \tag{117}$$

的极值,并且待求曲线的左端点是固定的,亦即在左端点有边界条件 $y(x_0) = y_0$,而没有任何条件加到右端点,只不过这端点需位置在平行于 y 轴的直线 $x = x_1$ 上,而这是原来就很明显的. 我们此刻证明,这个自由端点应该也满足某边界条件,而这边界条件可从积分(117)的极值条件直接获得. 事实上,若某曲线与一切有自由右端点的邻近曲线相比较给积分(117)以极值. 像我们前面指出的一样,其实它必满足欧拉方程,亦即它是积分(117)的极带. 现在转到积分的一次变分的一般表达式[63]

$$\delta J = [F_{y'} \delta y]_{x_0}^{x_1} + \int_{x_0}^{x_1} \left(F_y - \frac{\mathrm{d}}{\mathrm{d}x} F_{y'}\right) \delta y \mathrm{d}x \quad (\delta y = \alpha \eta)$$

和前面一样,这个一次变分应等于零. 含有积分的项应等于零,因为刚才我们指出,在这情况下函数 $y(x)$ 应满足欧拉方程. 在积分外面的项当 $x = x_0$ 时应为零,因为这个端点是固定的. 这样一来,由一次变分等于零导出当 $x = x_1$ 时 $F_{y'} \eta = 0$. 在自由端点处 η 可以是任意的,因而最后我们获得在自由端点的下面边界条件为

$$F_{y'} \bigg|_{x = x_1} = 0 \tag{118}$$

这条件给出在自由端点 y 及 y' 之间的关系. 不难检验,对积分(2')条件(118)有形式 $y' = 0$,亦即在积分(2')的情况,它归结到在端点 $x = x_1$ 处要求极

带与直线 $x=x_1$ 正交. 边界条件(118)通常被称作自然边界条件或边值条件. 对于下面积分

$$J = \int_{x_0}^{x_1} F(x, y_1, y_1', \cdots, y_n, y_n') \mathrm{d}x$$

可重复上面的讨论，我们得到在自由端点的 n 个边界条件

$$F_{y_i} = 0 \quad (i=1,2,\cdots,n)$$

现在考察含有二阶导数的积分

$$J = \int_{x_0}^{x_1} F(x, y, y', y'') \mathrm{d}x$$

如果注意到公式(22)及(23)，以及在自由端点处 $\eta(x)$ 及 $\eta'(x)$ 是任意的这种情况，那么我们得到在自由端点的两个自然边界条件为

$$F_{y'} - \frac{\mathrm{d}}{\mathrm{d}x} F_{y''} = 0, \quad F_{y''} = 0 \tag{119}$$

我们注意，这两个条件的第一个给出在自由端点处 y, y', y'', y''' 之间的联系. 完全一样的，对于二重积分

$$J = \iint_B F(x, y, u, u_x, u_y) \mathrm{d}x \mathrm{d}y \tag{120}$$

在境界 l 上的自然边界条件有如下形式

$$F_{u_x} \frac{\mathrm{d}y}{\mathrm{d}s} - F_{u_y} \frac{\mathrm{d}x}{\mathrm{d}s} = 0 \tag{121}$$

其中 s 是境界 l 的弧长. 这可从对积分(120)的一次变分的公式(26)立即推出.

75. 更一般型的泛函

此刻考察泛函的一次变分，这个泛函除了通常积分外还含有附加项，这些项依赖于函数在积分区间的端点或在积分区域的境界上的值. 当研究这样的泛函时，我们仍然得到以前的欧拉方程，因而在这泛函中附加项只对于自然边界条件的形式有所影响. 引入了这些附加项，我们可获得不同形式的自然边界条件，这对于变分学在数学物理的应用上是很重要的. 我们将只考虑个别情况.

作为第一个例子，考察泛函

$$J = \int_{x_0}^{x_1} F(x, y, y') \mathrm{d}x - \varphi(y_0) + \psi(y_1) \tag{122}$$

其中 y_0 及 y_1 是函数 $y(x)$ 在积分区间的两端点的已知值，而 $\varphi(y_0)$ 及 $\psi(y_1)$ 都是已知函数，并且在 $\varphi(y_0)$ 前的负号是为了以后便于计算. 考虑邻近曲线 $y(x) + \alpha\eta(x)$，代入泛函中，对 α 微分，且令 $\alpha = 0$，我们获得下面的一次变分表达式

$$\delta J = \int_{x_0}^{x_1} [F]_y \delta y \, dx + \{\psi'(y_1) + F_{y'}[x_1, y_1; y'(x_1)]\} \delta y_1 -$$
$$\{\varphi'(y_0) + F_{y'}[x_0, y_0, y'(x_0)]\} \delta y_0 \tag{123}$$

如果某曲线 $y(x)$ 在自由端点时给泛函(122)以极值，那么在固定端点时它更给出极值，也就是，在上面公式中我们可认为 $\delta y_1 = \delta y_0 = 0$，而由基本引理知，$y(x)$ 应照例满足寻常欧拉方程。如果两个端点都是自由的，那么在公式(123)中 δy_1 及 δy_0 都是任意的，从而我们获得如下形式的边界条件

$$\varphi'(y) + F_{y'}\Big|_{x=x_0} = 0, \psi'(y) + F_{y'}\Big|_{x=x_1} = 0$$

例如，令 $\varphi(y) = l(y-a)^2$，当 $x = x_0$ 时得到如下形式的自然边界条件

$$\frac{1}{2l} F_{y'}\Big|_{x=x_0} + y_0 - a = 0$$

因而当取 $l \to \infty$ 时的极限，则有 $y_0 = a$，亦即导到固定端点的情况.

在二重积分的情形，我们取沿着积分的基本区域 B 的境界 l 的曲线积分作为附加项，并且我们取从这境界 l 的某定点算起的弧长 s 作为这曲线积分的自变量。我们假设在曲线积分符号下的函数含有自变量 s，待求函数 u 以及它的切线导数 u_s，也就是

$$J = \iint_B F(x, y, u, u_x, u_y) \, dx \, dy + \int_l \Phi(s, u, u_s) \, ds \tag{124}$$

进行通常计算，导出一次变分的下面表达式

$$\delta J = \iint_B [F]_u \delta u \, dx \, dy + \int_l \left(F_{u_x} \frac{dy}{ds} - F_{u_y} \frac{dx}{ds} + \Phi_u - \frac{d}{ds} \Phi_{u_s} \right) \delta u \, ds \tag{125}$$

和前面一样的讨论，可证明为了要函数 $u(x, y)$ 在自然边界条件下给泛函(124)以极值，必须要求函数 u 满足寻常奥斯特罗格拉德斯基方程，且要求在境界 l 上满足边界条件

$$F_{u_x} \frac{dy}{ds} - F_{u_y} \frac{dx}{ds} + \Phi_u - \frac{d}{ds} \Phi_{u_s} \Big|_l = 0 \tag{126}$$

作为例子，考察泛函

$$J = \iint_B (u_x^2 + u_y^2) \, dx \, dy + \int_l p(s) u \, ds$$

其中 $p(s)$ 是在 l 上的已知函数。在这情况下，奥斯特罗格拉德斯基方程变成拉普拉斯方程，而边界条件有如下形式

$$2u_x \frac{dy}{ds} - 2u_y \frac{dx}{ds} + p(s) \Big|_l = 0$$

如果注意 $\frac{dx}{ds}$ 及 $\frac{dy}{ds}$ 是 l 的切线的方向余弦，因而 $\frac{dy}{ds}$ 及 $\left(-\frac{dx}{ds}\right)$ 是 l 的外法线的方

向余弦,那么可写边界条件为如下形式

$$\frac{\partial u}{\partial n}\bigg|_l = -\frac{1}{2}p(s)$$

这样一来,当区域的境界上的法线导数的值为已知时,我们导向拉普拉斯方程的求解问题,亦即诺伊曼问题. 如果我们选取

$$\Phi = p(s)u + q(s)u^2$$

那么得到如下形式的边界条件

$$\frac{\partial u}{\partial n} + q(s)u\bigg|_l = -\frac{1}{2}p(s)$$

我们注意只影响到自然边界条件而不改变欧拉方程及奥斯特罗格拉德斯基方程的另一个可能性. 这可能不借助于添置附加项到泛函上,如我们前面作过的那样,而是借助于在积分号下的函数上添加这样的式子使它不影响欧拉方程或奥斯特罗格拉德斯基方程. 我们在 [66] 中曾经作出过这样的式子. 例如,如果我们代替下面积分

$$\int_{x_0}^{x_1} F(x, y, y') \mathrm{d}x$$

来考察另一积分

$$\int_{x_0}^{x_1} (F + A(x, y) + B(x, y)y') \mathrm{d}x$$

其中 $A_y = B_x$,那么欧拉方程没有改变,而代替自然边界条件 $F_{y'} = 0$ 的是 $F_{y'} + B = 0$.

对于多重积分的情形也可用类似方式来处理.

76. 一次变分的一般形式

到现在为止,在确定一次变分时我们曾假设积分区间或区域不是变的,现在我们不作这个假设而引出一次变分的表达式. 它给我们研究在变端点的一般情况时变分学的基本问题的可能性. 首先我们考察最简单的积分,亦即积分 (117). 以前我们认为邻近曲线 $y(x) + \alpha\eta(x)$ 不同于基本曲线 $y(x)$ 的是附加项 $\alpha\eta(x)$,此刻我们假设邻近曲线是任何含有参数 α 的 $y(x,\alpha)$,并且基本曲线是当 $\alpha = 0$ 时而获得的 $y(x) = y(x,0)$,对这样的邻近曲线我们也来计算积分的变分. 因此,考察积分

$$J = \int_{x_0}^{x_1} F(x, y, y') \mathrm{d}x \tag{127}$$

且在这积分中引入变动的邻近曲线,而且假定积分的上下限也依赖于 α,有

$$J(\alpha) = \int_{x_0(\alpha)}^{x_1(\alpha)} [F(x, y(x,\alpha), y_x(x,\alpha))] \mathrm{d}x \tag{128}$$

并且当 $\alpha = 0$ 时，我们有在积分(127)中出现的函数及积分的上下限，即

$$y(x,0) = y(x), x_1(0) = x_1, x_0(0) = x_0$$

按照一般定义变分是对 α 的导数在 $\alpha = 0$ 的值与 α 的乘积，则可写为

$$\delta x_0 = \frac{\mathrm{d}x_0(\alpha)}{\mathrm{d}\alpha}\bigg|_{\alpha=0} \alpha, \delta x_1 = \frac{\mathrm{d}x_1(\alpha)}{\mathrm{d}\alpha}\bigg|_{\alpha=0} \alpha, \delta y = \frac{\partial y(x,\alpha)}{\partial \alpha}\bigg|_{\alpha=0} \alpha$$

$$\delta y' = \frac{\partial}{\partial \alpha}\left[\frac{\partial y(x,\alpha)}{\partial x}\right]_{\alpha=0} \alpha = \frac{\mathrm{d}}{\mathrm{d}x}\left[\frac{\partial y(x,\alpha)}{\partial \alpha}\right]_{\alpha=0} \alpha = \frac{\mathrm{d}}{\mathrm{d}x}\delta y$$

并且我们假设 $y(x,\alpha)$ 有到二阶的连续导数。对积分(128)取对 α 的导数，在其中令 $\alpha = 0$ 且乘以 α，则我们得到积分的一次变分的下面表达式

$$\delta J = F(x_1, y_1, y_1')\delta x_1 - F(x_0, y_0, y_0')\delta x_0 + \int_{x_0}^{x_1} (F_y \delta y + F_{y'} \delta y') \mathrm{d}x$$

或

$$\delta J = [F(x,y,y')\delta x]_{x_0}^{x_1} + \int_{x_0}^{x_1} (F_y \delta y + F_{y'} \delta y') \mathrm{d}x \tag{129}$$

照例，应用分部积分法将积分的第二项变形，即

$$\int_{x_0}^{x_1} F_{y'} \delta y' \mathrm{d}x = \int_{x_0}^{x_1} F_{y'} \frac{\mathrm{d}}{\mathrm{d}x}\delta y \mathrm{d}x = F_{y'}(x_1, y_1, y_1')(\delta y)_1 -$$
$$F_{y'}(x_0, y_0, y_0')(\delta y)_0 - \int_{x_0}^{x_1} \delta y \frac{\mathrm{d}}{\mathrm{d}x}F_{y'} \mathrm{d}x \tag{130}$$

其中 $(\delta y)_1$ 及 $(\delta y)_0$ 都是函数 y 的变分的边界值，有

$$(\delta y)_i = \left[\frac{\partial y(x_i, \alpha)}{\partial \alpha}\right]_{\alpha=0} \alpha \quad (i = 0, 1)^{①} \tag{131}$$

现在求曲线在端点的纵坐标的一次变分，并且我们只对右端点的纵坐标 y_1 进行全部计算。显然，有

$$y_1 = y[x_1(\alpha), \alpha]$$

且当 α 改变时，函数 y 中的两个变量都将改变，而不像在确定 $(\delta y)_1$ 时仅第二个变量有所改变的情况一样，因而纵坐标 y_1 的一次变分 δy_1 将是

$$\delta y_1 = \left[\frac{\mathrm{d}}{\mathrm{d}\alpha} y[x_1(\alpha), \alpha]\right]_{\alpha=0} \alpha =$$
$$\left[\frac{\partial y}{\partial x_1} \cdot \frac{\mathrm{d}x_1}{\mathrm{d}\alpha}\right]_{\alpha=0} \alpha + \left[\frac{\partial y}{\partial \alpha}\right]_{\alpha=0} \alpha =$$

---

① 原书中的此式及以后的 f 现在都改作 y，这样可与以前的符号一致。又原书 $i = 1,2$，此处改作 $i = 0,1$，以便与原设一致。——译者注

$$y'_1 \delta x_1 + (\delta y)_1 \tag{132}$$

其中 y'_1 是曲线在右端点的切线的角函数. 类似情况, 对曲线左端点的纵坐标的变分 δy_0 有

$$\delta y_0 = y'_0 \delta x_0 + (\delta y)_0 \tag{133}$$

将(130)中的 $(\delta y)_1$ 及 $(\delta y)_0$ 用方程(132)及(133)中它们的值来代入, 得到对于积分(127)的一次变分的最后表达式

$$\delta J = [F(x_1, y_1, y'_1) - y'_1 F_{y'}(x_1, y_1, y'_1)] \delta x_1 + \\ F_{y'}(x_1, y_1, y'_1) \delta y_1 - [F(x_0, y_0, y'_0) - y'_0 F_{y'}(x_0, y_0, y'_0)] \delta x_0 - \\ F_{y'}(x_0, y_0, y'_0) \delta y_0 + \int_{x_0}^{x_1} \left(F_y - \frac{\mathrm{d}}{\mathrm{d}x} F_{y'} \right) \delta y \, \mathrm{d}x \tag{134}$$

或

$$\delta J = \left[(F - y' F_{y'}) \delta x + F_{y'} \delta y \right]_{x_0}^{x_1} + \int_{x_0}^{x_1} \left(F_y - \frac{\mathrm{d}}{\mathrm{d}x} F_{y'} \right) \delta y \, \mathrm{d}x \tag{135}$$

所写等式的右端关于 δx_i 及 δy_i 是线性的, 因而当邻近曲线依赖于多个参数时它也保存自己的意义, 并且在这情况下, 如果所考察的曲线是从依赖于 n 个参数的曲线族中当 $\alpha_i = 0 (i=1, 2, \cdots, n)$ 时而得到的, 那么一次变分应认作是对所指的那些参数的始值来计算的一阶全微分, 亦即

$$\delta J = \sum_{i=1}^{n} \left(\frac{\partial J}{\partial \alpha_i} \right)_{\alpha_1 = \cdots = \alpha_n = 0} \alpha_i \tag{136}$$

在依赖于 n 个未知函数的积分

$$J = \int_{x_0}^{x_1} F(x, y_1, y'_1, \cdots, y_n, y'_n) \mathrm{d}x \tag{137}$$

的情况, 完全和上面一样来计算, 导出一次变分的下面公式

$$\delta J = \left[F - \sum_{i=1}^{n} y'_i F_{y'_i} \right]_{x=x_1} \delta x_1 + \sum_{i=1}^{n} [F_{y'_i}]_{x=x_1} \delta y_i^{(1)} - \\ \left[F - \sum_{i=1}^{n} y'_i F_{y'_i} \right]_{x=x_0} \delta x_0 - \sum_{i=1}^{n} [F_{y'_i}]_{x=x_0} \delta y_i^{(0)} + \\ \sum_{i=1}^{n} \int_{x_0}^{x_1} \left(F_{y_i} - \frac{\mathrm{d}}{\mathrm{d}x} F_{y'_i} \right) \delta y_i \, \mathrm{d}x$$

或

$$\delta J = \left[(F - \sum_{i=1}^{n} y'_i F_{y'_i}) \delta x + \sum_{i=1}^{n} F_{y'_i} \delta y_i \right]_{x=x_0}^{x=x_1} + \\ \sum_{i=1}^{n} \int_{x_0}^{x_1} \left(F_{y_i} - \frac{\mathrm{d}}{\mathrm{d}x} F_{y'_i} \right) \delta y_i \, \mathrm{d}x \tag{137'}$$

其中 $\delta x_0, \delta x_1, \delta y_i^{(0)}, \delta y_i^{(1)}$ 是曲线在端点的坐标的变分.

我们阐明在公式(132)中引进的 δy_1 及 $(\delta y)_1$ 的值在几何上的区别. 用来比较的曲线 $y=y(x,\alpha)$ 的右端点的坐标是 $x_1(\alpha)$ 及 $y_1(\alpha)=y[x_1(\alpha),\alpha]$. 当 α 改变时, 右端点描绘出某曲线 λ. α 的始值是 $\alpha=0$, 因此 α 值本身就是这个参数从 $\alpha=0$ 开始的改变量. 按照(132), δy_1 是函数 $y_1(\alpha)=y[x_1(\alpha),\alpha]$ 关于变量 α 的微分, 亦即 δy_1 是右端点的纵坐标的改变量的主要部分. 在图 2 中, 这改变量由线段 CD 来表示它. 按照(131)知, $(\delta y)_1$ 是函数 $y[x_1(0),\alpha]$ 关于 α 的微分, 并且在计算微分以前就在第一变数 $x_1(\alpha)$ 内令 $\alpha=0$. 这样一来, $(\delta y)_1$ 是当基本曲线 $y(x)$ 移到比较曲线 $y=y(x,\alpha)$ 时在端点 $x_1(0)$ 的纵坐标的改变量的主要部分. 在图 2 中, 这改变量由线段 AB 来表示.

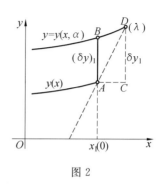

图 2

77. 横截条件

在讨论自然边界条件时, 我们曾假定极带的端点可在与 y 轴平行的直线 $x=x_0$ 或 $x=x_1$ 上移动. 现在设它们可在平面 (x,y) 上的任何已知曲线 λ 上移动. 为明确起见, 假设左端点 (x_0,y_0) 是固定的, 而右端点在 λ 上移动. 和上面的讨论一样, 我们证明, 若某曲线 $y(x)$ 给积分以极值, 则它应满足欧拉方程, 亦即它是极带. 一次变分应为零, 这是由于欧拉方程含有积分号的项是等于零的, 而由于左端点固定在积分号外的项当 $x=x_0$ 时等于零. 这样一来, 由于一次变分等于零导出在变端点的下面的条件

$$[F(x,y,y') - y'F_{y'}(x,y,y')]\delta x + F_{y'}(x,y,y')\delta y = 0 \tag{138}$$

其中 δx 及 δy 是沿曲线 λ 的无穷小位移在坐标轴上的射影. 如果假设两个端点都是变动的, 那么获得在两端点的边界条件(138). 这里应该回忆的是, 如果在变端点时曲线给积分以极值, 那么当两端点不变或一个端点不变时它更是给积分以极值, 则只需重复以前的讨论就行了.

用 $\bar{y}' = \dfrac{\delta y}{\delta x}$ 记曲线 λ 的切线的角系数, 条件(138) 可写作如下形式

$$F(x,y,y') + (\bar{y}'-y')F_{y'}(x,y,y') = 0 \tag{139}$$

这个条件通常叫作横截条件. 这样一来, 我们看出这条件建立了极带的切线的角系数 y' 和曲线 λ 的每一点的切线的角系数 $\bar{y}'$ 之间的一个关系. 如果 λ 的方程是由隐式 $\varphi(x,y)=0$ 给出的, 那么横截条件可写作如下形式

$$\frac{F-y'F_{y'}}{\varphi_x}=\frac{F_{y'}}{\varphi_y} \qquad (140)$$

考察三维空间的横截条件. 基本积分将有形式

$$J=\int_{x_0}^{x_1}F(x,y,y',z,z')\mathrm{d}x \qquad (141)$$

注意公式(137')且完全和上面一样的讨论,如果其中一个端点在已知曲面 S 上移动,那么我们得到这端点应满足的横截条件

$$(F-y'F_{y'}-z'F_{z'})\delta x+F_{y'}\delta y+F_{z'}\delta z=0 \qquad (142)$$

其中 $\delta x,\delta y,\delta z$ 是沿曲面 S 的无穷小位移的分量. 所写出的条件无异于是 δx, $\delta y,\delta z$ 的系数应与 S 的法线的方向余弦成正比.

若曲面的方程给出如隐式 $\varphi(x,y,z)=0$,则横截条件(142)显然可写作如下形式

$$\frac{F-y'F_{y'}-z'F_{z'}}{\varphi_x}=\frac{F_{y'}}{\varphi_y}=\frac{F_{z'}}{\varphi_z} \qquad (143)$$

它给出联系着 x,y,z,y',z' 的两个关系式. 这两个关系式代替了在固定端点情况的两个条件 $y(x_0)=y_0,z(x_0)=z_0$.

在一般情况,积分(137)的极带是在 $(n+1)$ 维空间 $(x,y_1,y_2,\cdots,y_n)$ 内的曲线,而如果它的端点在已知超曲面 $\varphi(x,y_1,\cdots,y_n)=0$ 上移动,那么这端点应服从下面的横截条件

$$\left(F-\sum_{i=1}^{n}y_i'F_{y_i'}\right)\delta x+\sum_{i=1}^{n}F_{y_i'}\delta y_i=0 \qquad (144)$$

或

$$\frac{F-\sum_{i=1}^{n}y_i'F_{y_i'}}{\varphi_x}=\frac{F_{y_1'}}{\varphi_{y_1}}=\cdots=\frac{F_{y_n'}}{\varphi_{y_n}} \qquad (145)$$

现在指出一个特殊情况. 设基本积分有形式

$$J=\int_{x_0}^{x_1}\frac{\sqrt{1+y'^2+z'^2}}{v(x,y,z)}\mathrm{d}x=\int_{x_0}^{x_1}n(x,y,z)\sqrt{1+y'^2+z'^2}\mathrm{d}x$$

它是与几何光学问题相对应的. 在这情况下,我们证明横截条件(145)是与正交条件一致的,也就是这条件要求极带正交于曲面 S. 在条件(145)中代入 $F=n\sqrt{1+y'^2+z'^2}$,且进行简化,得

$$\frac{1}{\varphi_x}=\frac{y'}{\varphi_y}=\frac{z'}{\varphi_z}$$

但 $1,y',z'$ 是与极带的切线的方向余弦成正比,而 φ 的偏导数是与曲面 S 的法

线的方向余弦成正比,因而所写的等式表示上面指出的正交条件.对于在平面上的积分

$$J = \int_{x_0}^{x_1} n(x,y)\sqrt{1+y'^2}\,\mathrm{d}x$$

也发生类似情况,只要将曲面 S 代以在平面 (x,y) 上的曲线 λ.

还要注意,如果把在积分(141)中的曲线 $y(x),z(x)$ 的方程变为参数形式,因而积分号下的函数将有形式 $\Phi(x,y,z,x',y',z')$,那么不难验证条件(145)可写作如下形式

$$\frac{\Phi_{x'}}{\varphi_x} = \frac{\Phi_{y'}}{\varphi_y} = \frac{\Phi_{z'}}{\varphi_z} \tag{146}$$

78. 标准变量

横截条件在变分学中的极值问题的几何理论上占有很重要的地位,我们就来说明它.在欧拉方程中我们预先施行变量替换,也就是变到所谓标准变量.从三维情形着手,其基本积分有如下形式

$$J = \int_{x_0}^{x_1} F(x,y,y',z,z')\,\mathrm{d}x \tag{147}$$

对于这个积分的欧拉方程

$$F_y - \frac{\mathrm{d}}{\mathrm{d}x}F_{y'} = 0,\ F_z - \frac{\mathrm{d}}{\mathrm{d}x}F_{z'} = 0 \tag{148}$$

是含两个二阶方程的方程组.由下列公式引进新变量 v 及 w 来代替 y' 及 z',有

$$v = F_{y'},\ w = F_{z'} \tag{149}$$

并且假设所写的方程是可就 y' 及 z' 解出的,亦即相应的函数行列式不等于零

$$\frac{D(F_{y'},F_{z'})}{D(y',z')} \neq 0$$

代替 F 还引进新函数 H,有

$$H(x,y,z,v,w) = y'v + z'w - F = y'F_{y'} + z'F_{z'} - F \tag{150}$$

因而认为这个新函数可用新变量 v 及 w 表达.我们现在确定函数 $H(x,y,z,v,w)$ 对它的四个变量的偏导数

$$H_y = \frac{\mathrm{d}y'}{\mathrm{d}y}v + \frac{\mathrm{d}z'}{\mathrm{d}y}w - F_y - F_{y'}\frac{\mathrm{d}y'}{\mathrm{d}y} - F_{z'}\frac{\mathrm{d}z'}{\mathrm{d}y}$$

或者由(149),得

$$H_y = -F_y \tag{151}$$

同样,借助于简单微分法,得

$$H_z = -F_z,\ H_v = y',\ H_w = z' \tag{152}$$

这样一来,代替两个二阶方程(148),在新变量之下我们可写出对于自变量 x 的函数 y,z,v,w 的四个一阶方程

$$\frac{\mathrm{d}y}{\mathrm{d}x}=H_v,\frac{\mathrm{d}z}{\mathrm{d}x}=H_w,\frac{\mathrm{d}v}{\mathrm{d}x}=-H_y,\frac{\mathrm{d}w}{\mathrm{d}x}=-H_z \tag{153}$$

方程组(153)通常称作标准方程组. 从公式(150)及(152)立即获得用函数 H 来表达泛函的积分号下的函数 F 为

$$F=vH_v+wH_w-H \tag{154}$$

方程组(148)或(153)的通积分含有四个任意常数. 当微分方程的存在及唯一性定理的通常条件满足时,通过空间(x,y,z)的任何点可引出具有任意给定初始导数 y' 及 z' 的一束极带. 这极带束是依赖于两个任意常数的曲线族,也就是依赖于上面提及的导数的初始值. 一般我们称依赖于两个任意常数且互不相交地充满某部分空间的欧拉方程的解的全体为极带族,也就是,通过这部分空间的每一点有极带族中一条且只有一条极带经过. 这样一来,当存在着这样的极带族时,在每一点我们有确定的值 y' 及 z',从而在充满所说的极带族的部分空间中的每一点,我们有确定的值 v 及 w,就是说,我们可认为在充满极带族的部分空间中,v 及 w 可看作坐标(x,y,z)的函数. 这些函数 $v(x,y,z)$ 及 $w(x,y,z)$ 称为上面指出的极带族的倾斜函数. 现在证明,这些函数应满足包含它们的偏导数的某些方程. 事实上,自变量 x 的四个函数

$$y(x),z(x),v[x,y(x),z(x)],w[x,y(x),z(x)]$$

应满足方程组(153).

在这方程组的后面两方程中,若将全导数 $\dfrac{\mathrm{d}v}{\mathrm{d}x}$ 及 $\dfrac{\mathrm{d}w}{\mathrm{d}x}$ 用它们的表示式来代替,则可写这些方程为以下形式

$$v_x+v_y\frac{\mathrm{d}y}{\mathrm{d}x}+v_z\frac{\mathrm{d}z}{\mathrm{d}x}=-H_y,w_x+w_y\frac{\mathrm{d}y}{\mathrm{d}x}+w_z\frac{\mathrm{d}z}{\mathrm{d}x}=-H_z \tag{155}$$

现在利用方程组(153)的其余两个方程,于是得到倾斜函数 $v(x,y,z)$ 及 $w(x,y,z)$ 应满足的偏微分方程组

$$v_x+v_yH_v+v_zH_w=-H_y,w_x+w_yH_v+w_zH_w=-H_z \tag{156}$$

反之,现在设 $v(x,y,z)$ 及 $w(x,y,z)$ 不作为某极带族的倾斜函数,而简单地只是方程组(156)的某个解. 将这些函数代入方程组(153)的前两个方程的右端,我们得到关于 y 及 z 的两个一阶方程. 在这方程组求积的结果中,y 及 z 是 x 及两个任意常数的函数. 将这些表达式 $y(x,C_1,C_2)$ 及 $z(x,C_1,C_2)$ 代入函数 $v(x,y,z)$ 及 $w(x,y,z)$ 中,则这两个函数也可用 x 及两个任意常数来表达.

不难证明,这时它们也满足方程组(153)的后面两个方程. 事实上,利用复

合函数求导数的规则及方程组(153)的前两个方程,我们可写

$$\frac{dv}{dx} = v_x + v_y H_v + v_z H_w$$

从而,由方程组(156)的第一个式子,我们得到方程 $\frac{dv}{dx} = -H_y$. 完全相同的证明对方程组(153)的最后方程也是有效的.

若极带 $y(x, C_1, C_2)$ 及 $z(x, C_1, C_2)$ 互不相交地充满某部分空间,亦即成为极带族,则我们取方程组(156)的任意解作为这族的函数 v 及 w,它们将是这极带族的倾斜函数. 这样一来,我们证明了这个事实,如果有了方程组(156)的解,那么我们可构成相应的极带族,对于这极带族来说,方程组(156)的这个解是它的倾斜函数. 这时我们自然只限于 $y(x, C_1, C_2)$ 及 $z(x, C_1, C_2)$ 是它的极带族的空间的那个部分,也就是,这极带族互不相交而充满了的空间那一部分.

还要注意,在标准变量之下横截条件变成什么样子. 对原来的变量它是条件(142),应用公式(150)及(152),我们可写横截条件为如下形式

$$H\delta x + v\delta y + w\delta z = 0 \qquad (157)$$

79. 在三维空间内的极带场

现在我们转到对积分(147)的几何理论的叙述.

我们将考察特殊极带族,此刻就来定义它. 设 l 是空间的某曲线. 我们称积分(147)沿着这曲线所取的值为它的拟似长度或 $J-$长度. 比如说,相应于几何光学问题的积分(2)的拟似长度就表示时间,在这时间内,空间的动点以给定的速度 $v(x, y, z)$ 走过曲线 l.

我们考察从空间的一个定点 M_0 引出的极带束,且设这极带束在点 M_0 的某邻域内成为极带族,亦即,在这邻域内极带束除了在点 M_0 以外互不相交. 在每一极带上从点 M_0 起取这样的弧 $M_0 M$,使对于所有极带这个弧的拟似长度等于同一个数 ρ. 点 M 的几何轨迹将给出某曲面,我们称它为以 M_0 为中心的拟似球面. 如果改变 ρ 这个数,我们得到拟似球面族,这族依赖于一个参数且充满点 M_0 的某邻域. 不难看出,我们的极带族与拟似球面横截地相交,也就是说,在点 M_0 的某邻域内的每一点,我们的极带族的倾斜函数 $v(x, y, z)$ 及 $w(x, y, z)$ 将满足横截条件(157),其中 $\delta x, \delta y, \delta z$ 是沿着经过所指点的拟似球面的无穷小位移的分量.

事实上,回到在一般情况下表示泛函(147)的变分的公式

$$\delta J = [-H\delta x + v\delta y + w\delta z]_{x=x_0}^{x=x_1} +$$

$$\int_{x_0}^{x_1} \left[\left(F_y - \frac{\mathrm{d}}{\mathrm{d}x}F_{y'}\right)\delta y + \left(F_z - \frac{\mathrm{d}}{\mathrm{d}x}F_{z'}\right)\delta z \right] \mathrm{d}x \qquad (158)$$

且设极带束的端点 M 沿拟似球面变动. 这时泛函 J 的值按作法保持常数, 因而 $\delta J = 0$. 在公式 (158) 右端中的积分项变为零, 因为所取曲线是极带; 又积分号外的项在下限处为零, 因为点 M_0 是固定的, 故在这点 $\delta x = \delta y = \delta z = 0$, 因此在积分号外的项在上限也应为零, 亦即, 沿拟似球面变动的点 M 应满足横截条件 (157). 我们指出, 极带束的全体依赖于两个任意常数, 而点 M 沿拟似球面的变动归结为这些常数的改变, 在这里这两个常数起着我们在 [77] 中讲过的参数的作用.

设 M 是点 M_0 邻域内的某一点. 我们有联结 M_0 及 M 两点的确定极带, 且积分 (147) 沿着这极带的弧 M_0M 的值是点 M 的坐标 (x, y, z) 的确定函数 $\theta(x, y, z)$. 这时拟似球面族的方程显然是

$$\theta(x, y, z) = \rho \qquad (159)$$

其中 ρ 是上面所讲过的参数. 我们通常说, 从点 M_0 引出的极带束构成中心极带场. 上面提到过的拟似球面称为这个场的横截曲面, 而函数 θ 是场的基本函数.

现在转到一般极带场的构造. 设 S_0 是三维空间的某曲面. 在这曲面上的每一点, 横截条件 (142) 确定在这点的 y' 及 z' 或横截条件 (157) 确定这点的 v 及 w. 如果取这些值 y' 及 z' 作为导数的初始值, 那么我们可从曲面 S_0 的每一点作出极带, 它与曲面 S_0 横截地相交. 如果对曲面 S_0 的每一点都作成这样的极带, 那么我们得到依赖于两个参数的极带的全体, 它与曲面 S_0 横截地相交. 设在这曲面的某邻域内所指极带的全体作成极带族, 亦即互不相交. 在族中的每一极带上从在曲面 S_0 上的点 M_0 起截取弧 M_0M, 使积分 (147) 沿这极带弧有给定的值 ρ, 这些弧的端点 M 的几何轨迹给出某曲面 S.

不难看出, 我们的极带族与这个曲面 S 横截地相交. 事实上, 只需重复前面中心场的讨论. 显然, 在这里点 M_0 不是不动点而是沿着曲面 S_0 上变动的, 然而由于我们的极带族的构造, 它是与 S_0 横截地相交, 因此在公式 (158) 右端的积分号外的项在下限处为零, 这和中心场的情况完全一样. 这样一来, 充满曲面 S_0 邻域的部分空间的曲面 S 与构成的极带族横截地相交. 在这情况下, 我们也称极带族为极带场, 而曲面 S 都是这个场的横截曲面. 于是, 若存在依赖于一个参数的曲面族且与极带族横截地相交, 则这极带族是极带场. 积分 (147) 沿着上面提到过的极带场的弧 M_0M 的值是点 M 坐标的函数 $\theta(x, y, z)$, 因而方程 (159) 是场的横截面族的方程. 特别地, 当 $\rho = 0$ 时我们有曲面 S_0 的方程. 在相应于几何光学问题的积分的情况中, 中心场的拟似球面是在不同时刻点 M_0 局

部扰动的波的前阵面.在一般情况,当 S_0 是在开始时刻的波的前阵面条件下,横截曲面 S 也给出在不同时刻的波的前阵面.

在横截曲面 S 上的每一点横截条件(157)中 $\delta x, \delta y, \delta z$ 的系数应与曲面 S 的法线的方向余弦成比例.从另一方面,众所周知,这方向余弦与方程(159)的左端对坐标的偏导数成比例,亦即,这些偏导数应与横截条件(157)中的系数成比例.然而,我们此刻来证明会发生这样可注意的事实,就是在这里它们不是成比例而恰好是相等的,亦即

$$\frac{\partial \theta}{\partial x} = -H(x,y,z,v,w), \frac{\partial \theta}{\partial y} = v, \frac{\partial \theta}{\partial z} = w \tag{160}$$

并且在写出的公式中,自然认为 v 及 w 是 (x,y,z) 的函数,它们是上一节中已经提过了的场的倾斜函数.我们要证明的这个断言可从基本公式(158)直接推得.

为了明晰起见,首先考虑中心场的情况.我们在前面已经说过,在这里 $\theta(x,y,z)$ 是积分(147)沿着中心场的极带弧 M_0M 的值.

设端点 M 已不再沿着拟似球面变动,如我们前面作过的,而是在空间内任意变动.一般地讲,这时联结 M_0 及动点 M 的场的极带自然地随着改变.在这情况,点 M 的变动将不是依赖于两个参数,像上面沿着拟似球面变动一样,而是依赖于某三个参数,我们并不去固定它们.用 δ 记关于这些参数的改变的微分.回到基本公式(158).由于前面所说的,我们可将积分 J 的值以函数 $\theta(x,y,z)$ 来代替.这公式右端的积分项由于沿极带取积分而消失.在积分号外的项在下限处也变为零,因为点 M_0 是固定的.然而积分号外的项在上限处也已不为零,因为点 M 不沿拟似球面变动而是任意变动,因而我们有等式

$$\delta \theta(x,y,z) = -H\delta x + v\delta y + w\delta z \tag{161}$$

从而得出公式(160).

对于任何场也可完全一样地进行这些公式的证明.代替拟似球面的有曲面 S,且在公式(158)的右端中积分号外的项在下限处仍旧变为零,因为曲面 S_0 与场的极带横截地相交.

如果从(160)的三个方程中消去 v 及 w,那么我们就得到场的基本函数的一阶偏微分方程

$$\theta_x + H(x,y,z,\theta_y,\theta_z) = 0 \tag{162}$$

这样一来,任何场的基本函数原来应满足同一个方程(162).现在证明它的反面,即一般地说,方程(162)的任何解是某场的基本函数.

设 $\theta^{(0)}$ 是方程(162)的某一个解.函数 v 及 w 确定如以下形式

$$v = \theta_y^{(0)}, w = \theta_z^{(0)} \tag{163}$$

对 y 及 z 微分恒等式

$$\theta_x^{(0)} + H(x,y,z,\theta_y^{(0)},\theta_z^{(0)}) = 0 \tag{164}$$

我们得到(156)中两个方程,也就是,如上面看过的,我们作出的函数 v 及 w 对应于某极带族,它们是这极带族的倾斜函数. 由(163)及(164)知,方程(157)的左端是函数 $\theta^{(0)}$ 的全微分,亦即 $\theta^{(0)}(x,y,z)=C$ 是上面提到的极带族的横截曲面族,这样一来,这个极带族就成为了场. 由(161)知,方程(157)的左端在这里是场的基本函数的全微分,于是函数 $\theta^{(0)}$ 是上面提到的场的基本函数. 还要注意,从上面推出,极带族成为场的必要且充分条件是:方程(157)的左端是全微分,亦即要求这左端的曲线积分不依赖于积分路径.

在与几何光学的基本问题相对应的积分的情况,横截条件(142)有如下形式

$$\left(n\sqrt{1+y'^2+z'^2} - n\frac{y'^2}{\sqrt{1+y'^2+z'^2}} - n\frac{z'^2}{\sqrt{1+y'^2+z'^2}}\right)\delta x +$$
$$n\frac{y'}{\sqrt{1+y'^2+z'^2}}\delta y + n\frac{z'}{\sqrt{1+y'^2+z'^2}}\delta z = 0$$

或经过明显简化之后,得

$$\frac{\mathrm{d}x}{\mathrm{d}s}\delta x + \frac{\mathrm{d}y}{\mathrm{d}s}\delta y + \frac{\mathrm{d}z}{\mathrm{d}s}\delta z = 0$$

从而立即推知,在这里横截条件与正交条件一致,因而任何场的横截曲面与这个场的极带正交. 在这情况下,标准变量及函数 H 由下面等式确定

$$v = \frac{ny'}{\sqrt{1+y'^2+z'^2}}, w = \frac{nz'}{\sqrt{1+y'^2+z'^2}}$$

$$H = \frac{ny'^2}{\sqrt{1+y'^2+z'^2}} + \frac{nz'^2}{\sqrt{1+y'^2+z'^2}} - n\sqrt{1+y'^2+z'^2}$$

或者经简化后,得

$$H = -\frac{n}{\sqrt{1+y'^2+z'^2}} = -\sqrt{n^2 - v^2 - w^2}$$

而方程(162)有形式

$$\theta_x - \sqrt{n^2 - \theta_y^2 - \theta_z^2} = 0$$

或

$$\theta_x^2 + \theta_y^2 + \theta_z^2 = n^2(x,y,z)$$

如果 $n=$ 常数,那么空间是均匀的,因而极带是直线. 当极带族的极带是某

曲面 S_0 的法线时且仅当此时它们成为场. 在这些法线上取相同长度的线段,我们得到场的其他横截曲面 S_0. 如果作出中心在 S_0 上且有固定半径的球面族,且取这球面族的包面,那么可得到这些横截曲面(惠更斯构图). 如果用拟似球面代替球面,那么对非均匀的空间,这构图也保持有效. 还要指出,在[Ⅱ;128]中已阐明了直线族是某曲面的法线族的条件.

80. 一般情况的场的理论

所叙述的几何理论在平面的情况也是保持正确的,这时基本积分有如下形式

$$J = \int_{x_0}^{x_1} F(x, y, y') \mathrm{d}x \tag{165}$$

由公式 $u = F_{y'}$ 引入新变量 u 以代替 y',也引入函数 $H(x, y, u) = y'F_{y'} - F$. 代替积分(165)的欧拉方程将是含两个一阶方程的方程组

$$\frac{\mathrm{d}y}{\mathrm{d}x} = H_u, \quad \frac{\mathrm{d}u}{\mathrm{d}x} = -H_y \tag{166}$$

而横截条件

$$(F_y - y'F_{y'})\delta x + F_{y'}\delta y = 0 \tag{167}$$

在新变量之下将有形式

$$-H\delta x + u\delta y = 0 \tag{168}$$

在平面上的极带族应含有一个参数,并且认为它互不相交地覆盖着部分平面. 在这部分平面内 y' 及新变量 u 是点的坐标 (x, y) 的确定函数(u 是族的倾斜函数). 至于横截条件(168),它可看作确定极带族的横截曲线的一阶微分方程,也就是确定与族中的极带横截地相交的曲线的微分方程

$$\frac{\delta y}{\delta x} = \frac{H}{u} \tag{169}$$

在这里我们有如下特点,即任何极带族总是构成场. 这时,自然假定保证方程(169)的存在及唯一性定理的条件已经满足.

现在来讲任何维数空间的一般情况的场论. 此处我们将不予以证明,因为它和三维空间所作的证明是完全类似的. 在这情况,基本积分将含有自变量 x 的 n 个函数 $q_1, q_2, \cdots, q_n$ 以及它们的导数 q_k',即

$$J = \int_{x_0}^{x_1} F(x, q_1, q_1', \cdots, q_n, q_n') \mathrm{d}x \tag{170}$$

相应的极带是从含 n 个二阶方程的方程组

$$F_{q_k} - \frac{\mathrm{d}}{\mathrm{d}x} F_{q_k'} = 0 \quad (k = 1, 2, \cdots, n) \tag{171}$$

来确定的. 代替 q_k' 引入新变量 p_k, 即有
$$p_k = F_{q_k'} \tag{172}$$
并且认为函数行列式
$$\frac{D(F_{q_1'}, \cdots, F_{q_n'})}{D(q_1', \cdots, q_n')} \tag{173}$$
不等于零, 亦即方程(172)就 q_k' 是可解出的.

我们假设用变量 (x, q_k, p_k) 表示的函数 H 由下式确定
$$H(x, q_k, p_k) = \sum_{s=1}^{n} q_s' p_s - F \tag{174}$$
直接微分且利用(172), 得
$$H_{q_k} = -F_{q_k}, H_{p_k} = q_k'$$
而方程组(171)可写作 $2n$ 个一阶方程的形式(标准组)
$$\frac{\mathrm{d}q_k}{\mathrm{d}x} = H_{p_k}, \frac{\mathrm{d}p_k}{\mathrm{d}x} = -H_{q_k} \tag{175}$$

借助于积分(170)可在有坐标 $(x, q_1, \cdots, q_n)$ 的 $(n+1)$ 维空间内确定任何曲线的拟似长度的概念. 如果依赖于 n 个任意常数的极带的全体充满着 $(n+1)$ 维部分空间且互不相交, 那么称这些极带构成了极带族. 在所指的部分空间中 q_k' 且因此 p_k 是点的确定函数, 亦即是变量 $(x, q_1, \cdots, q_n)$ 的函数(族的倾斜函数). 像三维空间一样, 也可逐字逐句地照样确定中心场. 为了获得一般场, 选取某超曲面 S_0 为 $\varphi(x, q_1, \cdots, q_n) = 0$. 在 S_0 上的每一点横截条件给出 n 个关系以确定导数 q_k' 的值, 如果用这些值作为在方程组(171)求积时的初始值, 那么我们得到极带族, 它与 S_0 横截地相交. 和三维情况完全一样, 可构造与极带族横截地相交的其他曲面 S, 因而这极带族构成了场. 在每一个场内存在基本函数 $\theta(x, q_1, \cdots, q_n)$, 比如对中心场来说, 这函数给出沿场的极带从场的中心点 M_0 到变点的积分值. 对任何场也相似地定义基本函数. 对任意选择的场, 关于基本函数我们有
$$\theta_x = -H, \theta_{q_k} = F_{q_k'} = p_k$$
并且这基本函数应满足偏微分方程
$$\theta_x + H(x, q_1, \cdots, q_n, \theta_{q_1}, \cdots, \theta_{q_n}) = 0 \tag{176}$$
反之, 一般地讲, 这方程的任何解是某场的基本函数, 并且对应于这场的函数(172)由公式 $p_k = \theta_{q_k}$ 确定. 当且仅当 p_k 是某个场的倾斜函数时, 表达式
$$-H\delta x + \sum_{k=1}^{n} p_k \delta q_k$$

是全微分,因而这时上面的式子是场的基本函数 $\theta(x,q_1,\cdots,q_n)$ 的全微分.

81. 特殊情况

当作标准变量的变换时,我们注意一个重要的特殊情况.设 F 是关于导数 q_k' 的一次齐次函数,例如,在参数形式的变分问题中这情况是会发生的.按对齐次函数的欧拉公式,有

$$\sum_{s=1}^n q_s' F_{q_s'} = F \tag{177}$$

对 q_k' 微分这恒等式,得到

$$\sum_{s=1}^n q_s' F_{q_s' q_k'} = 0$$

因而这齐次方程组的行列式应等于零.然而这恰好就是行列式(173),为了要有可能变为标准变量,它又应当不等于零.从恒等式(177)立即推知,在这里函数 H 恒等于零.和从前一样,我们还可定义极带场的概念,且对任何场有基本函数 $\theta(x,q_1,\cdots,q_n)$,它的偏导数从下面等式确定

$$\theta_x = F - \sum_{s=1}^n q_s' F_{q_s'} \equiv 0, \theta_{q_k} = F_{q_k'} \tag{178}$$

从这些方程的第一个指出基本函数不含有 x. 方程 $\theta_{q_k} = F_{q_k'}$ 的右端都是 q_k' 的零次齐次函数,因而从这些方程可用导数 θ_{q_k} 来表示 $\dfrac{q_k'}{q_1}(k=2,\cdots,n)$. 将这些表达式代入方程(177),在这情况下,得到偏微分方程来代替方程(176).

对于表示 n 维空间的曲线长度的积分

$$J = \int_{x_0}^{x_1} \sqrt{\sum_{i,k=1}^n a_{ik} q_i' q_k'} \, \mathrm{d}x \tag{179}$$

来进行一切计算,此处系数 a_{ik} 满足关系 $a_{ik}=a_{ki}$ 且是变量 q_k 的已知函数.在这情况,我们有

$$\theta_{q_k} = F_{q_k'} = \sum_{s=1}^n \frac{a_{ks} q_s'}{F} \quad \left(F = \sqrt{\sum_{i,k=1}^n a_{ik} q_i' q_k'} \right)$$

从而

$$\frac{q_k'}{F} = \sum_{s=1}^n A_{ks} \theta_{q_s}$$

其中用 A_{ik} 记矩阵 a_{ik} 的逆矩阵的元素[Ⅲ$_1$;25].

将 $\dfrac{q_k'}{F}$ 的表达式代入方程(177),得到要找的偏微分方程

$$\sum_{i,k=1}^{n} A_{ik} \theta_{q_i} \theta_{q_k} = 1 \tag{180}$$

而对积分(179)的任何极带场的基本函数应满足这方程.

积分(179)沿场的极带在两点 M_0 及 M 的值给出在这两点间的测地距离,因此我们得到在任何场内对这距离的平方 $\Gamma = \theta^2$ 的偏微分方程

$$\sum_{i,k=1}^{n} A_{ik} \Gamma_{q_i} \Gamma_{q_k} = 4\Gamma \tag{181}$$

在这问题内自变量是参数,它是可以完全任意选择的并且它不出现在系数 a_{ik} 及函数 θ 中. 在这情况,我们也可考虑在 n 维空间 $(q_1, q_2, \cdots, q_n)$ 内的场及基本函数. 在这空间内可取一个变量作为自变量,而在这里方程(180)是所写方程(176)的对称形式.

在几何光学的基本问题的情形,当以参数形式写出时,我们有

$$F = n(x, y, z) \sqrt{x'^2 + y'^2 + z'^2}$$

因此方程(180)有形式

$$\theta_x^2 + \theta_y^2 + \theta_z^2 = n^2(x, y, z)$$

以前我们曾从基本积分的这个形式出发来得到这个方程,在其中变量 x 起着自变量的作用.

在前面叙述的全部理论中,我们没有假设自变量 x 不出现在积分号下的函数 F 中. 在与积分(179)相对应的测地线问题里,a_{ik} 不含有自变量,因而可另外来对待它. 如在[73]中一样,用 φ 记在公式(179)中根号下的式子,且用弧长作为参数,亦即引进关系式

$$\varphi = \sum_{i,k=1}^{n} a_{ik} q_i' q_k' = 1$$

我们得到微分方程组(111),即

$$\varphi_{q_i} - \frac{\mathrm{d}}{\mathrm{d}s} \varphi_{q_i'} = 0 \quad (i = 1, 2, \cdots, n)$$

且对这方程组可进行通常形式的标准变量的变换,也就是引入新变量 $p_i = \varphi_{q_i'}$ 来代替 q_i'.

函数 H 由等式确定,即 $H(q_k, p_k) = \sum_{s=1}^{n} q_s' p_s - \varphi$,且由于 φ 是关于 q_s' 的二次齐次多项式,立即得到 $H = \varphi$. 如果用 q_k 及 p_k 表示 φ 且将 $p_k = \theta_{q_k}$ 代入关系式 $\varphi = 1$,那么我们就得到对于 θ 的偏微分方程. 为明显起见,用 ψ 记由 q_k 及 p_k 表达的函数 φ,我们有标准方程组

$$\frac{dq_k}{ds} = \psi_{p_k}, \frac{dp_k}{ds} = -\psi_{q_k} \quad (k=1,2,\cdots,n)$$

注意到 $\psi(q_k, p_k)$ 是关于 p_k 的二次齐次多项式,我们可以断言,在所写的方程中若同时以 αp_k 代替 p_k 及以 αs 代替 s,方程组的形状保持不变,此处 α 是任意常数.设 $q_k^{(0)}$ 及 $p_k^{(0)}$ 是 q_k 及 p_k 在 $s=0$ 时的初始值.如果注意上面所讲的,那么就可断言在标准方程组的解中,p_k,$p_k^{(0)}$ 及 s 是通过组合 sp_k 和 $sp_k^{(0)}$ 的形状出现的,也就是,这解有形式

$$q_k = \varphi_k(r_k, q_k^{(0)}), t_k = \psi_k(r_k, q_k^{(0)}) \quad (k=1,2,\cdots,n)$$

其中 $t_k = sp_k$ 及 $r_k = sp_k^{(0)}$.注意到关系式 $\psi(q_k, p_k) = 1$ 及 $t_k = sp_k$,就可断言从点 $(q_1^{(0)}, q_2^{(0)}, \cdots, q_n^{(0)})$ 到点 $(q_1, q_2, \cdots, q_n)$ 的测地距离可表示为以下公式

$$s^2 = \Gamma = \psi(q_k, t_k) = \psi[q_k, \psi_k(r_k, q_k^{(0)})]$$

利用等式 $q_k = \varphi_k(r_k, q_k^{(0)})$,我们可用 q_k 及 $q_k^{(0)}$ 来表示 r_k,于是所写公式的右端可用 q_k 及 $q_k^{(0)}$ 表示.

82. 雅可比定理

如果常微分方程组(175)的通积分可完全地求得,那么自然可建立和给定的变分问题相适应的一切可能的场,且因此可求出方程(176)的任何解.我们将在本卷的第二分册再讲这个问题,那时我们将阐明一阶偏微分方程的理论.反之,如果我们能求得方程(176)的解,那么就可以作出方程组(175)的通积分,这是我们现在要证明的.不过需要确定所谓能够求得方程(176)的解这个断言是什么意义.这方程确定自变量 $(x, q_1, \cdots, q_n)$ 的函数 θ,它本身不含有函数 θ,因而对它的任何解添加任意常数项 a,也得到方程的解.我们称这样的解为方程的全积分,就是这个解除了含有上面提及的任意常数 a 以外,还含有 n 个任意常数

$$\theta = \theta(x, q_1, \cdots, q_n, a_1, \cdots, a_n) + a \tag{182}$$

并且假设二阶偏导数 $\theta_{q_i a_k}$ 为元素的行列式不等于零.这就得出,如果知道方程(176)的全积分,借助于简单微分,就使我们有可能来作出方程组(175)的通积分,也就是有下面的雅可比定理:如果已知方程(176)的全积分(182),那么等式

$$\theta_{a_k} = b_k \tag{183}$$
$$\theta_{q_k} = p_k \quad (k=1,2,\cdots,n) \tag{183'}$$

给出方程组(175)的依赖于 $2n$ 个任意常数的解,其中 a_k 及 b_k 是任意常数.

由于所作的假设,行列式 $\|\theta_{q_i a_k}\|$ 不等于零,我们可以在方程(183)中就 q_i 解出,并且变量 q_k 可用自变量 x 及任意常数 $a_1,\cdots,a_n$ 来表达. 将这些表达式代入方程(183′)的左端,我们也得到用 $x,a_1,\cdots,a_n$ 表达的 p_k,因而我们必须证明,所得的 q_k 及 p_k 的这些表达式满足方程组(175). 对方程(183)关于 x 微分且对方程(176)关于 a_i 微分,得到 $2n$ 个等式

$$\frac{\partial^2\theta}{\partial x\partial a_i}+\sum_{s=1}^n\frac{\partial^2\theta}{\partial q_s\partial a_i}\cdot\frac{dq_s}{dx}=0\quad(i=1,2,\cdots,n)$$

$$\frac{\partial^2\theta}{\partial x\partial a_i}+\sum_{s=1}^n H_{p_s}\frac{\partial^2\theta}{\partial q_s\partial a_i}=0\quad(i=1,2,\cdots,n)$$

从而推得 n 个等式

$$\sum_{s=1}^n\frac{\partial^2\theta}{\partial q_s\partial a_i}\left(\frac{dq_s}{dx}-H_{p_s}\right)=0\quad(i=1,2,\cdots,n)$$

按条件 $\|\theta_{q_s a_i}\|\neq 0$,从而立即得出 $\frac{dq_s}{dx}=H_{p_s}$. 为了证明方程组(175)的其他方程的正确性,我们对方程(183′)关于 x 微分且对方程(176)关于 q_i 微分,得

$$\frac{dp_i}{dx}=\frac{\partial^2\theta}{\partial x\partial q_i}+\sum_{s=1}^n\frac{\partial^2\theta}{\partial q_i\partial q_s}\frac{dq_s}{dx}$$

$$0=\frac{\partial^2\theta}{\partial x\partial q_i}+\sum_{s=1}^n H_{p_s}\frac{\partial^2\theta}{\partial q_s\partial q_i}+H_{q_i}$$

逐项相减且应用已证过的等式,我们得到方程组(175)的其余方程.

这样一来,我们看出方程(176)的全积分的获得就给出方程组(175)的通积分,而我们的问题的极带是由这方程组确定的. 在方程组(175)及方程(176)之间的关系是和这样的几何事实相应的,极值问题的任何场或者是用构成场的极带本身来描述,或者是用这场的横截曲面来描述.

83. 间断解

在某些情况中发现了这样的结论,在具有连续改变的切线的曲线中,没有这样一条曲线它给出某泛函的极值,从而发生能否在更广泛一类的曲线中得到解的问题,例如,在这样的曲线类中,它在个别的点没有切线,然而有确定的左及右切线(有角点的曲线). 我们对最简单的泛函

$$J=\int_{x_0}^{x_1}F(x,y,y')dx \tag{184}$$

进行概略的讨论而不停留在详细证明上.

首先考察一个特例,亦即如下形式的泛函

$$J = \int_{-1}^{+1} y^2(1-y')^2 \mathrm{d}x \tag{185}$$

并且待求曲线应经过点 $M_0(-1,0)$ 及点 $M_1(1,1)$.对任何这样曲线泛函(185)显然是正的.作由两个直线段构成的且联结 M_0 及 M_1 两点的曲线,也就是折线 M_0OM_1,其中 O 是平面(x,y)的原点.不难看出,对所取折线泛函(185)为零,因为沿线段 M_0O 有 $y=0$,而沿线段 OM_1 有 $y'=1$.这折线在坐标原点有角点,它显然给出积分(185)的极值.

现在进行一般情况的讨论.设联结两点(x_0,y_0)及(x_1,y_1)且有一个角点(x_2,y_2)的某曲线,并且假设在与充分邻近的,也可能有角点的且经过已知点(x_0,y_0)及(x_1,y_1)的其他曲线来比较,它给出泛函(184)的极值.我们可认为不仅端点是固定的,而且所考察的曲线的角点(x_2,y_2)也是固定的.在这样的假设下这条曲线更应给出积分(184)的极值.从而立即推知,与 x 轴上的区间$[x_0,x_2]$及$[x_2,x_1]$相应的两条部分曲线应当是问题的极带,也就是应当满足相应的欧拉方程.重要的是阐明曲线在角点的纵坐标及曲线在角点的切线角系数应当满足的那个条件.我们来确定积分(184)的变分,用我们的曲线作为出发的曲线且将整个区间$[x_0,x_1]$分为两部分$[x_0,x_2]$及$[x_2,x_1]$.

如果注意到曲线的两端点是固定的,且两条分段曲线都满足欧拉方程,那么我们就得到一次变分的下面表达式

$$\delta J = [F - y'F_{y'}]_{x_2-0}\delta x_2 - [F - y'F_{y'}]_{x_2+0}\delta x_2 + [F_{y'}]_{x_2-0}\delta y_2 - [F_{y'}]_{x_2+0}\delta y_2$$

由于 δx_2 及 δy_2 的任意性,如果这曲线给出积分(184)的极值,那么我们得到下面两个条件

$$[F - y'F_{y'}]_{x_2-0} = [F - y'F_{y'}]_{x_2+0}, [F_{y'}]_{x_2-0} = [F_{y'}]_{x_2+0} \tag{186}$$

我们的曲线在角点应当满足这两个条件.这些条件通常称作维尔斯特拉斯—爱尔德曼条件.建议读者检验给出积分(185)的极值的折线在原点确实满足这两个条件.

我们注意,条件(186)归结到要求表示式 $F - y'F_{y'}$ 及 $F_{y'}$ 在点 $x = x_2$ 的连续性,而在这点 y' 有跳跃.这些表示式在 y' 是连续的,在其他点处显然也是连续的.设欧拉方程的通积分已经构造好了.一般地讲,在这积分中出现的两个任意常数的值对区间$[x_0,x_2]$及$[x_2,x_1]$来讲是不相同的.设

$$y = \omega_1(x, C_1, C_2)$$

是对于区间$[x_0,x_2]$的通积分及

$$y = \omega_2(x, C_3, C_4)$$

是对于区间$[x_2,x_1]$的通积分. 我们必须确定五个常数, 也就是任意常数 C_1, C_2, C_3, C_4 的值及角点的横坐标 x_2. 我们有 $x=x_0$ 及 $x=x_1$ 的两个边值条件, 而且也有两个条件(186). 从曲线在 $x=x_2$ 的连续性我们得到所缺少的第五个等式

$$\omega_1(x_2,C_1,C_2)=\omega_2(x_2,C_3,C_4)$$

用完全类似的方法, 我们也可考察有几个角点的曲线的情况.

对重积分

$$J=\iint_B F(x,y,u,u_x,u_y)\mathrm{d}x\mathrm{d}y \tag{187}$$

的间断问题也可得到类似条件.

设某曲面 $u(x,y)$ 在固定境界且具有某波折线时给这积分以极值. 换句话说, 函数 $u(x,y)$ 应确定在平面 (x,y) 的区域 B 内, 且在这区域的境界面上应有给定的值, 然而在区域 B 的内部可存在曲线 λ, 函数 $u(x,y)$ 沿着 λ 的一阶导数有跳跃, 而这些偏导数在这曲线的两侧都有确定的极限, 但这些极限可以是不相等的. 在这样的函数类中求一个函数, 它给积分(187)以相对极值.

设某函数确实给出这个极值, 且在区域 B 的内部有波折线 λ, 它将区域 B 区分为两部分 B_1 及 B_2. 完全和前面一样来讨论, 我们确信函数 $u(x,y)$ 在区域 B_1 及 B_2 内应当是奥斯特罗格拉德斯基方程的解. 重要的关键就是阐明函数 $u(x,y)$ 及它的一阶偏导数在曲线 λ 上的点应满足的那个条件. 设 φ 是某函数, 它含有 $u(x,y)$ 及它的一阶偏导数. 一般地讲, 当从区域 B_1 及 B_2 内的点逼近于曲线 λ 上的点时, 这函数有不同极限, 我们用 φ_1 及 φ_2 记这两个极限. 对这两极限的差, 也就是对 φ 的跳跃, 引入特别记号

$$[\varphi]=\varphi_2-\varphi_1$$

回到给出二重积分的变分的公式(26), 右端第一项可写作如下形式

$$\int_l \delta u \cdot \left(F_{u_x}\frac{\mathrm{d}y}{\mathrm{d}s}-F_{u_y}\frac{\mathrm{d}x}{\mathrm{d}s}\right)\mathrm{d}s$$

如果注意 $\frac{\mathrm{d}y}{\mathrm{d}s}$ 及 $\left(-\frac{\mathrm{d}x}{\mathrm{d}s}\right)$ 是境界 l 的向外法线 n 的方向余弦, 那么我们可以将上面各项写为如下形式

$$\int_l \delta u [F_{u_x}\cos(n,x)+F_{u_y}\cos(n,y)]\mathrm{d}s$$

如果将区域 B 分为两部分 B_1 及 B_2, 那么现在可应用公式(26)到积分(187). 在每一个部分区域内函数 $u(x,y)$ 应满足奥斯特罗格拉德斯基方程, 因此二重积分等于零. 区域 B_1 及 B_2 的境界是由境界 l 的一部分及曲线 λ 所构成.

在 l 上我们有 $\delta u=0$，而在境界 λ 上对于区域 B_1 及 B_2 的向外法线的方向余弦是异号的. 这样一来，最后得到

$$\delta J = \int_\lambda \delta u \{[F_{u_x}]\cos(n,x) + [F_{u_y}]\cos(n,y)\} \mathrm{d}s$$

其中 n 是 λ 的法线方向，对 B_2 是向外的. 从条件 $\delta J=0$ 及 δu 的任意性，我们得到沿着 λ 应满足的一个条件

$$[F_{u_x}]\cos(n,x) + [F_{u_y}]\cos(n,y) = 0 \tag{188}$$

因为当考察积分(187)的变分时曾认为曲线 λ 是固定的，所以只得到一个条件. 更详细地考察积分的变分还可得到形式如下的第二条件[①]

$$[F] = (F_{u_x})_2 [u_x] + (F_{u_y})_2 [u_y] \tag{189}$$

其中圆括号符号外的下标 2 表示在圆括号内的函数沿着 λ 所取的值应取从区域 B_2 的一侧的极限. 条件(188)及(189)与对于泛函(184)和条件(186)是类似的.

84. 单侧极值

以前我们曾经讨论过这样的问题[67]：在联结 xOy 平面的两点 M_0 及 M_1 的曲线中，求一条曲线，这曲线围绕 x 轴旋转生成有最小面积的曲面.

相应于这个问题的泛函有如下形式

$$J = \int_{x_0}^{x_1} y\sqrt{1+y'^2}\,\mathrm{d}x$$

严格地讲，这时应规定使曲线 $y(x)$ 在 x 轴的上面的条件，也就是要求满足不等式 $y(x) \geqslant 0$ 的条件. 若变分学的问题中的待求函数（或它们的导数）应服从某不等式，则这个问题通常叫作单值极值问题.

考察泛函

$$J = \int_{x_0}^{x_1} F(x,y,y')\,\mathrm{d}x \tag{190}$$

在下列形式

$$y - \varphi(x) \geqslant 0$$

的附加条件下的最简单极值问题，其中 $\varphi(x)$ 是给定的函数，它有连续导数. 换句话说，待求曲线应在曲线 $y=\varphi(x)$ 的上面. 除此以外，待求曲线应经过给定的点 $M_0(x_0,y_0)$ 及 $M_1(x_1,y_1)$. 待求曲线可由两部分所构成，在曲线 $y=\varphi(x)$ 的

[①] H. M. 格尤恩特尔，《变分学教程》，国立技术理论书籍出版局，1941.

上面的部分及这曲线本身的某部分. 在图 3 上有两段 (M_0A 及 BM_1) 在曲线 $y = \varphi(x)$ 的上面及曲线本身的一段 AB. 对于 M_0A 及 BM_1 的两段曲线,如寻常一样是双侧变分,这两段应是积分(190)的极带. 在曲线 $y = \varphi(x)$ 的一段 AB 上只是单侧变分,在这里 $\delta y \geqslant 0$. 如果注意积分(190)的变分公式(13),那么就可以断言为了要求这积分有极小值,沿着 AB 必须有

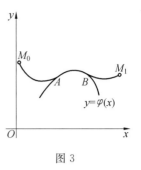

图 3

$$F_y - \frac{d}{dx}F_{y'} \geqslant 0$$

除此以外,为了这极值存在,则在点 A 及 B 必须满足某些条件. 我们不来证明这个问题,只指出最简单的情况,这条件归结到曲线 M_0A 及 BM_1 在点 A 及 B 与曲线 AB 要有公共切线.

85. 二次变分

到现在为止,我们只是对各种类型的泛函的一次变分进行研究. 这一次变分等于零是给定的曲线或曲面使对应的泛函有极值的必要条件. 这必要条件与微分学中的那个事实完全相似,也就是为了使几个变量的某函数在某点有极值,必须使这函数的一阶全微分在这点为零. 在微分学中我们也有在某些情况下的充分条件,而这些条件的描述有必要用到所考察的函数的二阶偏导数. 在变分学中充分条件的建立是非常困难的问题. 我们只考虑在固定端点情况的最简单泛函

$$J = \int_{x_0}^{x_1} F(x, y, y') dx \tag{191}$$

我们照例来考察邻近曲线 $y(x) + \alpha \eta(x)$,且定义泛函(191)的二次变分为 $J(\alpha)$ 对 α 幂的展开式中含有 α^2 的那个项,也就是令

$$\delta^2 J = \frac{\alpha^2}{2}\left[\frac{d^2 J}{d\alpha^2}\right]_{\alpha=0}$$

这就立即导出下面的公式

$$\delta^2 J = \frac{\alpha^2}{2}\int_{x_0}^{x_1}(P\eta^2 + 2Q\eta\eta' + R\eta'^2)dx \tag{192}$$

其中

$$P = F_{yy}, Q = F_{yy'}, R = F_{y'y'} \tag{193}$$

因为 $2Q\eta\eta' = Q\dfrac{d(\eta^2)}{dx}$,所以由分部积分法且注意到 $\eta(x_0) = \eta(x_1) = 0$,得

到

$$\delta^2 J = \frac{\alpha^2}{2}\int_{x_0}^{x_1}(S\eta^2 + R\eta'^2)\mathrm{d}x \tag{194}$$

其中

$$S = P - \frac{\mathrm{d}Q}{\mathrm{d}x}$$

我们认为极值的必要条件已满足,也就是曲线 $y(x)$ 是极带. 为明确起见,我们只对积分(191)的极小值来讲. 函数 $J(\alpha)$ 在 $\alpha=0$ 时应有极小,因此,极小的必要条件是对任何选择的 $\eta(x)$ 有 $\delta^2 J \geqslant 0$. 我们证明,从这里立即显示出沿着我们的曲线应有不等式 $R \geqslant 0$. 事实上,设在某值 $x=c$ 处在曲线上有相反不等式 $R(c)<0$. 由于 $R(x)$ 的连续性的假设,这不等式在某充分小区间 $[c-\varepsilon, c+\varepsilon]$ 内也成立. 现在我们确定一个这样的函数 $\eta(x)$, 它在所指区间的外面及这区间的端点上等于零,且有一切必需的导数,而在提及的区间上这函数的绝对值充分小,可是在这区间上它摆动的充分快. 当这样选择函数 $\eta(x)$ 时,积分(194)缩小为对区间 $[c-\varepsilon, c+\varepsilon]$ 的积分,在这区间内由假设知,函数 $R(x)$ 有负值. 积分号下的函数的符号是由含有 $\eta'^2(x)$ 的项决定的,因而积分的值是负的,这与前面指出的积分(191)有极小的必要条件相矛盾. 因此为了使极带 $\eta(x)$ 给积分(191)以极小值的必要条件是沿着这极带实现下面条件

$$F_{y'y'} \geqslant 0 \tag{195}$$

类似方法,为了使极带给积分(191)以极大值的必要条件是沿着这极带实现下面条件

$$F_{y'y'} \leqslant 0$$

所引出的条件通常称作勒让德条件.

86. 雅可比条件

在转到进一步研究二次变分之前,我们提起关于二阶线性方程

$$y'' + p(x)y' + q(x)y' = 0 \tag{196}$$

的解的零点的一些重要注意,并且我们假设系数 $p(x)$ 及 $q(x)$ 在某区间 $[x_0, x_1]$ 内都是连续的,且在以后的所有讨论中都这样规定. 设 x_2 是方程(196)的某个解 $y(x)$ 的零点,亦即 $y(x_2)=0$. 不难证明, $y'(x_2) \neq 0$. 事实上,在相反情况,解 $y(x)$ 在点 x_2 满足开始条件 $y(x_2)=y'(x_2)=0$,因而由于存在及唯一性定理 $y(x)$ 应恒等于零. 因此我们可断言,方程(196)的任何解当经过零点时改变符号. 设 $y_1(x)$ 及 $y_2(x)$ 是方程(196)的任何两个线性无关解,那么它

们没有公共零点.事实上,如果它们有公共零点,那么这些解的朗斯基行列式在这点为零[Ⅱ;24],因此在整个区间$[x_0,x_1]$内也为零,这与解的线性无关性相矛盾. 如果解是线性相关的,亦即它们仅差一个常数因子,那么它们显然有公共零点.

和上面一样,设 $y_1(x)$ 及 $y_2(x)$ 是两个线性无关解. 我们有以下公式[Ⅱ;24]

$$\frac{\mathrm{d}}{\mathrm{d}x}\left(\frac{y_2}{y_1}\right)=\Delta_0\,\frac{\mathrm{e}^{-\int_{x_0}^{x_1}p(x)\mathrm{d}x}}{y_1^2}$$

其中 Δ_0 是不等于零的确定值. 所写公式的右端保持定号,也正是 Δ_0 的符号. 从而推得 $\frac{y_2}{y_1}$ 必单调地改变. 比如说,设 $\Delta_0 > 0$. 当 x 增加时 $\frac{y_2}{y_1}$ 应增加,且当 x 经过 $y_1(x)$ 的零点时它应作从 $+\infty$ 到 $-\infty$ 的跳跃. 当 x 继续增加时,我们只能经过 $y_2(x)$ 的零点再达到 $y_1(x)$ 的下一零点. 于是我们看出,方程(196)的任何两个线性无关的解的零点必是互相更替的,也就是在任何的相邻两零点之间,任何别的与它线性无关的解有一个且仅有一个零点.

现在回到二次变分的叙述,我们假设沿着场的极带实现比条件(195)更强的条件,也就是 $F_{y'y'} > 0$(这称为勒让德强条件).

考察在公式(194)中出现的积分,以字母 u 代替字母 η,得

$$K(u)=\int_{x_0}^{x_1}(Su^2+Ru'^2)\mathrm{d}x \qquad (197)$$

我们注意,这积分的欧拉方程有如下形式

$$L(u)=\frac{\mathrm{d}}{\mathrm{d}x}(Ru')-Su=0 \qquad (198)$$

从另一方面,注意到 $Ru'^2\mathrm{d}x=Ru'\mathrm{d}u$,且由分部积分法,则得

$$K(u)=-\int_{x_0}^{x_1}uL(u)\mathrm{d}x \qquad (199)$$

并且我们需假设函数 u 在两端点为零. 考察线性方程(198)在端点 $x=x_0$ 等于零的解,任何这样的解与方程(198)的满足初始条件

$$u_0(x_0)=0, u_0'(x_0)=1 \qquad (200)$$

的解 $u_0(x)$ 只相差一常数因子,并且由勒让德强条件,对方程(198)来说在整个区间 $[x_0,x_1]$ 内存在及唯一性定理可适用. 对以后重要的是解 $u_0(x)$ 在提及的区间内部是否有零点的事实. 如果它竟然有这样的零点,那么我们的极带不给积分(191)以极小值. 我们来证明这个命题. 设 $u_0(x)$ 在区间的内部有某零点 $x=x_2$,亦即 $u_0(x_2)=0$. 前面曾见过,我们应有 $u_0'(x_2)\neq 0$. 作曲线 $u_1(x)$,它

是由积分 $K(u)$ 的两极带构成的,也就是,当 $x_0 \leqslant x \leqslant x_2$ 时令 $u_1(x)=u_0(x)$ 且当 $x_2 \leqslant x \leqslant x_1$ 时令 $u_1(x)=0$. 这样一来,我们得到在 $x=x_2$ 时有角点的曲线. 按公式(199),取沿区间 $[x_0,x_2]$ 的积分 $K(u_1)$ 的表达式($u_1(x)$ 的值在这区间的两端点都等于零),我们确信这积分的值等于零,因为 $u_0(x)$ 在区间 $[x_0,x_2]$ 内满足方程(198). 积分 $K(u_1)$ 沿区间 $[x_2,x_1]$ 的值也同样等于零,因为在这区间内 $u_1(x)$ 恒等于零. 这样一来,在整个区间 $[x_0,x_1]$ 内取积分,我们有 $K(u_1)=0$.

现在检验积分(197)在角点 x_2 的维尔斯特拉斯-爱尔德曼条件中的前面一个. 在右边我们有 $u_1(x_2+0)=u_1'(x_2+0)=0$,而在左边有 $u_1(x_2-0)=0$ 及 $u_1'(x_2-0)=u_0'(x_2)\neq 0$,从而可见所指的条件不满足,因此函数 $u_1(x)$ 不给积分 $K(u)$ 以极值. 由于 $K(u_1)=0$,从而显然存在着与 $u_1(x)$ 任意逼近的曲线,它可能有角点且满足边界条件 $u(x_0)=u(x_1)=0$,它使 $K(u)<0$. 将角点处的曲线光滑化,可认为所写不等式对有连续改变切线的某曲线 $u_2(x)$ 也保持正确. 在公式(194)中令 $\eta=u_2$,当 α 趋于零时,对于与曲线 $y(x)$ 任意邻近的曲线 $y(x)+\alpha\eta(x)=y(x)+\alpha u_2(x)$,我们有不等式 $\delta^2 J<0$,因此这曲线不给积分(191)以极小值. 这样一来,如果 $u_0(x)$ 在区间 $[x_0,x_1]$ 的内部有零点,那么满足勒让德强条件的极带不能给积分(191)以极小值.

方程(198)通常称为雅可比方程,而且如果当 $x_0<x<x_1$ 时 $u_0(x)\neq 0$,那么称极带 $y(x)$ 在区间 $[x_0,x_1]$ 内满足雅可比条件. 如果当 $x_0<x\leqslant x_1$ 时 $u_0(x)\neq 0$,那么称极带 $y(x)$ 满足雅可比强条件.

我们注意,方程(198)的系数 S 及 R 由它们本身的定义依赖于极带 $y(x)$,于是上面所述的条件实际上是加到极带 $y(x)$ 的条件. 回忆起前面所说的关于二阶线性方程的解的零点的更替性,可以断言如果雅可比条件满足,那么方程(198)的任何解在区间 $[x_0,x_1]$ 的内部不能有多于一个的零点.

设沿着极带 $y(x)$ 满足勒让德强条件及雅可比强条件. 由(200)知,方程(198)的解 $u_0(x)$ 当 x 与 x_0 邻近时是正的,因此,它在整个区间 $[x_0,x_1]$ 内是正的,特别地,当 $x=x_1$ 时也一样. 将条件(200)的第一个条件少许改变,也就是令 $u_0(x_0)=\alpha$,此处 α 是充分小正数,我们仍旧有 $u_0(x_1)>0$. 然而由于上面所说的,$u_0(x)$ 在区间 $[x_0,x_1]$ 的内部不能有多于一个的零点,因而如果它有这样的零点,那么当经过这零点时 $u_0(x)$ 应改变符号,而这是与 $u_0(x)$ 在区间 $[x_0,x_1]$ 的两端点有相同符号矛盾的. 因此,当具有勒让德强条件及雅可比强条件时,则由给定的初始值 $u_0(x_0)=\alpha$ 及 $u_0'(x_0)=1$ 所确定的方程(198)的解 $u_0(x)$(此处 α 是充分小正数),在整个闭区间 $[x_0,x_1]$ 内总是正的.

利用方程(198)的这个解,我们现在可以把表达式(194)导向这样的形式,从这形式立即得出 $\delta^2 J \geqslant 0$.

设 $\omega(x)$ 是具有连续导数的任何函数. 我们有显明的等式
$$\int_{x_0}^{x_1}(2\eta\eta'\omega + \eta^2\omega')\mathrm{d}x = 0$$
因为积分号下的函数是函数 $\eta^2\omega$ 的全微分,而这函数在区间的两端点都等于零. 将所写的积分乘以 $\dfrac{\alpha^2}{2}$,且加到公式(194) 的右端,得到
$$\delta^2 J = \frac{\alpha^2}{2}\int_{x_0}^{x_1}\big[(S+\omega')\eta^2 + 2\omega\eta\eta' + R\eta'^2\big]\mathrm{d}x$$
我们要求在写出的积分中积分号下的函数是完全平方的,这就归结到等式
$$\omega^2 - R(S+\omega') = 0$$
在这方程中令 $\omega = -R\dfrac{u'}{u}$,我们恰好导出方程(198),也就是,我们可取函数 $\omega = -R\dfrac{u_0'}{u_0}$ 作为函数 ω,并且重要的是 $u_0(x)$ 在整个闭区间 $[x_0, x_1]$ 内不为零. 当这样选择函数 ω 时,我们把公式(194) 化为以下形式
$$\delta^2 J = \frac{\alpha^2}{2}\int_{x_0}^{x_1} R\Big(\eta' + \frac{\omega}{R}\eta\Big)^2 \mathrm{d}x$$
从而立即推得 $\delta^2 J \geqslant 0$.

这样一来,如果极带满足勒让德强条件及雅可比强条件,那么对这极带二次变分得到(194)不为负.

87. 弱及强极值

我们说极带 $y(x)$ 给积分(191)以弱极值,如果它与分布在它的某一级 $\varepsilon-$ 接近度内的一切曲线比较给这积分以极值,亦即与关于纵坐标及切线角系数充分与它邻近的一切曲线比较给这积分以极值. 如果同一极带与分布在它的某零级 $\varepsilon-$ 接近度(只关于纵坐标的接近度)内的一切曲线比较给积分(191)以极值,那么称这极带给积分以强极值. 显而易见,任何强极值也是弱极值,但其逆就不是经常地正确了.

在变分学教程中已证明,我们上面所说的勒让德强条件及雅可比强条件是极带给积分(191)以弱极小值的充分条件[1].

---

[1] М. А. 拉夫伦契夫及 Л. А. 柳斯捷尔尼克,《变分学教程》,1936,第 168 页.

我们叙述对雅可比方程的新看法且阐明雅可比条件的几何意义. 设有依赖于一个参数的极带族 $y(x,\alpha)$，且令

$$u(x) = \frac{\partial y(x,\alpha)}{\partial \alpha}\bigg|_{\alpha=\alpha_0} \qquad (201)$$

其中 α_0 是参数 α 的某一特殊值.

对于任何值 α 函数 $y(x,\alpha)$ 满足欧拉方程

$$F_y[x,y(x,\alpha),y'(x,\alpha)] - \frac{\mathrm{d}}{\mathrm{d}x}F_{y'}[x,y(x,\alpha),y'(x,\alpha)] = 0$$

对这方程的两端关于 α 微分，且交换关于 α 及 x 的微分次序，我们得

$$F_{yy}[x,y(x,\alpha),y'(x,\alpha)]\frac{\partial y(x,\alpha)}{\partial \alpha} + F_{yy'}[\ ]\frac{\partial y'(x,\alpha)}{\partial \alpha} -$$

$$\frac{\mathrm{d}}{\mathrm{d}x}\left\{F_{yy'}[\ ]\frac{\partial y(x,\alpha)}{\partial \alpha} + F_{y'y'}[\ ]\frac{\partial y'(x,\alpha)}{\partial \alpha}\right\} = 0$$

但从 (201) 显示出

$$\frac{\partial y(x,\alpha)}{\partial \alpha}\bigg|_{\alpha=\alpha_0} = u(x), \frac{\partial y'(x,\alpha)}{\partial \alpha}\bigg|_{\alpha=\alpha_0} = u'(x)$$

因此，我们得到对于 u 的下面方程

$$F_{yy}u + F_{yy'}u' - \frac{\mathrm{d}}{\mathrm{d}x}(F_{yy'}u + F_{y'y'}u') = 0$$

它可写作如下形式

$$\frac{\mathrm{d}}{\mathrm{d}x}(Ru') - Su = 0 \qquad (202)$$

其中

$$R = F_{y'y'}[x,y(x,\alpha_0),y'(x,\alpha_0)], S = F_{yy}[\ ] - \frac{\mathrm{d}}{\mathrm{d}x}F_{yy'}[\ ] \qquad (203)$$

方程 (202) 与雅可比方程相同，现在我们取从定点 (x_0,y_0) 出发的极带束作为极带族. 用参数 α 作为极带在点 (x_0,y_0) 的角系数，我们得到极带族在点 x_0 的初始条件 $y(x_0,\alpha) = y_0$，$y'(x_0,\alpha) = \alpha$，因此由公式 (201) 确定的函数 $u(x)$ 满足初始条件 $u(x_0) = 0$，$u'(x_0) = 1$，亦即与我们以前曾引过的雅可比方程的解 $u_0(x)$ 一致. 这样一来，方程 $u_0(x) = 0$ 与方程 $\frac{\partial y(x,\alpha)}{\partial \alpha}\bigg|_{\alpha=\alpha_0} = 0$ 是相同的. 按包线定理，这后一方程给出极带束的包线与束中的极带本身的切点的横坐标. 设 $y(x,\alpha_0)$ 是我们束中的某极带，且设这极带与束的包线在横坐标 $x=x_2$ 的点相切. 我们说这切点是关于极带 $y(x,\alpha_0)$ 与有横坐标 $x=x_0$ 的出发点相共轭. 从以前的讨论推知，方程 $u_0(x) = 0$ 给出上面提到的点的横坐标 x_2. 这样一来，如

果我们能够建立与所取极带对应的雅可比方程(202)的解 $u_0(x)$，那么无需知道极带束的方程，就可求出在给定的极带上的共轭点。于是我们可说，前面讲过的雅可比强条件有这样的几何意义，就是区间 $[x_0,x_1]$ 不含有与极带的出发点相共轭的点。我们注意，一般地讲，上面的讨论是不严格的，因为方程 $\frac{\partial y(x,\alpha)}{\partial \alpha}=0$ 不一定给出包络与极带的切点。然而可以严格地证明，如果沿着极带 $y(x)$，R 的值不等于零，那么值 x_2 与值 x_0 共轭的必要且充分条件是 x_2 为 $u_0(x)$ 的零点。

还要指出，勒让德强条件与雅可比强条件合在一起是给定的极带可被场所围绕的充分条件，也就是，能够作出这样的极带场，使 $y(x)$ 是这场的一条极带的充分条件，且当 $x_0 \leqslant x \leqslant x_1$ 时它的弧在所作的场的内部。这情况在严格证明极值的充分条件时起着重要作用。

88. 维尔斯特拉斯函数

在本节中，我们引出和强极值的充分条件有关的某些结果。设在平面 (x,y) 上我们有某极带场，充满了平面 (x,y) 的区域 B。前面我们已经说过，我们的场的极带的角系数 y' 是在区域 B 内的点函数。对这个函数我们引进特殊记号 $y'=t(x,y)$（场的倾斜函数）。设 $\theta(x,y)$ 是场的基本函数，它的全微分可表示为如下形式

$$\mathrm{d}\theta(x,y) = [F(x,y,t) - tF_{y'}(x,y,t)]\mathrm{d}x + F_{y'}(x,y,t)\mathrm{d}y \quad (204)$$

并且在这里用通常的字母 d 代替以前用过的字母 δ。从而立即推得公式(204)的右端的曲线积分不依赖于在区域 B 的内部的积分路径。这积分可写作如下形式

$$\int_\lambda \left\{ F(x,y,t) + \left[\frac{\mathrm{d}y}{\mathrm{d}x} - t(x,y)\right] F_{y'}(x,y,t) \right\} \mathrm{d}x \quad (205)$$

它通常称为希尔伯特不变积分。如果我们取场的某极带作为 λ，那么沿着这极带有等式 $\frac{\mathrm{d}y}{\mathrm{d}x}=t(x,y)$，而积分(205)就化为基本积分

$$J = \int_\lambda F(x,y,t)\mathrm{d}x \quad (206)$$

预先作了这些说明以后，我们就可导出表示泛函 J 的改变量的基本公式。设 λ 是这泛函联结两点 (x_0,y_0) 及 (x_1,y_1) 的某极带，且设这极带可被充满平面 (x,y) 的某区域 B 的场所围绕。设 l 是联结相同两点 (x_0,y_0) 及 (x_1,y_1) 且有连续改变的切线的任何其他曲线，且设 l 也在区域 B 内。用 $J(l)$ 及 $J(\lambda)$ 分别记作基本泛函(206)沿曲线 l 及 λ 的值。前面已经见到，$J(\lambda)$ 的值与积分(205)沿

λ 的值相等,但因这个积分不依赖于路径,从而我们可取它不是沿着 λ 而是沿着曲线 l. 这样一来,我们有

$$J(\lambda) = \int_l \left\{ F(x,y,t) + \left[\frac{dy}{dx} - t(x,y)\right] F_{y'}(x,y,t) \right\} dx$$

因此我们得到两积分的差的下面表达式

$$J(l) - J(\lambda) = \int_l \left\{ F\left(x,y,\frac{dy}{dx}\right) - F(x,y,t) - \left[\frac{dy}{dx} - t(x,y)\right] F_{y'}(x,y,t) \right\} dx \qquad (207)$$

我们回忆一下,在这表达式中,$t(x,y)$ 是场的倾斜函数,而 $\frac{dy}{dx}$ 是曲线 l 的切线角系数. 在讨论中引进四个变量的函数

$$E(x,y,\xi,\eta) = F(x,y,\eta) - F(x,y,\xi) - (\eta - \xi) F_{y'}(x,y,\xi) \qquad (208)$$

它通常称为对于泛函(206)的维尔斯特拉斯函数. 利用引进的函数,我们可将公式(207)改写作如下形式

$$J(l) - J(\lambda) = \int_l E\left(x,y,t,\frac{dy}{dx}\right) dx \qquad (209)$$

所写出的公式是在研究极值的充分条件时的基本公式. 特别利用这个公式可以证明,为了使极带 $y(x)$ 给泛函(206)以强极小,必须沿着这极带对于任何变量 η 满足下列不等式

$$E(x,y,y',\eta) \geqslant 0 \qquad (210)$$

从公式(209)立即推出下面定理,这定理也已给出强极小的充分条件:为了使有固定端点的极带 $y(x)$ 给出强极小,只要它可被场围绕且存在 $y(x)$ 的这样邻域,在这邻域中的每一点对任何变量 η 满足下面的不等式

$$E[x,y,t(x,y),\eta] \geqslant 0 \qquad (210')$$

其中 $t(x,y)$ 像上面一样是场的倾斜函数. 因为我们利用曲线的显式方程,所以当极带 $y(x)$ 被场围绕时,必须要求作成场的极带族有显式方程 $y = y(x,\alpha)$,其中 $y(x,\alpha)$ 有直到二阶的连续导数.

按照泰勒公式展开维尔斯特拉斯函数中出现的差 $F(x,y,\eta) - F(x,y,\xi)$ 到 $(\eta - \xi)$ 的二次幂,我们可写维尔斯特拉斯函数为以下形式

$$E(x,y,\xi,\eta) = \frac{1}{2}(\eta - \xi)^2 F_{y'y'}(x,y,\eta_1)$$

其中 η_1 是在 ξ 及 η 之间的一个值. 从而立即推出,要使维尔斯特拉斯函数为正,只要对任何值 η 有不等式 $F_{y'y'}(x,y,\eta) \geqslant 0$. 从而得到强极小的更简单的充分

条件,也就是,要求在固定端点时极带 $y(x)$ 给出强极小,只要它可被场围绕,且在这场中的每一点对任何值 η 满足不等式
$$F_{y'y'}(x,y,\eta) \geqslant 0 \tag{$210''$}$$

在本节中说出的一切定理的证明,可在前面提过的 M. A. 拉夫伦捷夫及 Л. A. 柳斯捷尔尼克的教程中找到.

89. 例

1. 考察对应于平面上的几何光学的基本问题的泛函
$$J = \int_{x_0}^{x_1} n(x,y) \sqrt{1+y'^2}\, dx$$
在这情况,对任何值 η 有
$$F_{y'y'}(x,y,\eta) = \frac{n(x,y)}{(1+\eta^2)^{\frac{3}{2}}} > 0$$
亦即满足了条件($210''$),因此,如果经过两点 M_0 及 M_1 的极带可被场围绕,那么它给出所考察的泛函的强极小. 在 $n(x,y)=y^{-1}$ 的情况,在半平面 $y>0$ 内的极带是与 x 轴正交的半圆周. 如果在上半平面内的点 M_0 及 M_1 不在与 x 轴垂直的直线上,那么经过这两点有一条确定极带,因而它可被场围绕.

2. 取 $n(x,y)=\sqrt{y+h}$ 的情况,亦即考察积分
$$J = \int_{x_0}^{x_1} \sqrt{y+h}\,\sqrt{1+y'^2}\, dx \quad (h\text{ 是正常数})$$
积分号下的函数不含有 x,因而欧拉方程有积分
$$\sqrt{y+h}\,\sqrt{1+y'^2} - \frac{\sqrt{y+h}\cdot y'^2}{\sqrt{1+y'^2}} = C_1$$
或
$$\frac{\sqrt{y+h}}{\sqrt{1+y'^2}} = C_1$$
就 y' 解出且求积,得到欧拉方程的通积分
$$y+h-C_1^2 = \left(\frac{x}{2C_1}+C_2\right)^2$$
它是抛物线族.

当 $C_1=0$ 时,得到与 y 轴平行的直线作为极带.

我们考察从原点引出的极带束,亦即取初始条件
$$y\Big|_{x=0}=0,\ y'\Big|_{x=0}=\alpha$$

由这初始值确定了 C_1 及 C_2,我们得到
$$y = \frac{(1+\alpha^2)x^2}{4h} + \alpha x$$
对 α 微分且消去 α,求得这抛物线族的包线
$$y = \frac{x^2}{4h} - h$$
这是以 $A(0,-h)$ 为顶点且以 $x=0$ 为轴的抛物线(图 4). 在从原点到抛物线与包线相切点之前的任何点之间的极带部分上雅可比强条件满足. 此外,由

$$F_{y'y'} = \frac{\sqrt{y+h}}{(1+y'^2)^{\frac{3}{2}}} > 0$$

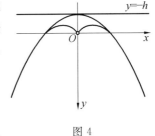

图 4

也满足了勒让德强条件,亦即极带的这部分可被场围绕,且由于前面所说的例子,这极带弧给我们的泛函以强极小. 我们注意,从泛函的形式显示出条件 $y+h \geqslant 0$,亦即在这时我们有单侧极值问题. 在半平面 $y+h > 0$ 内一切都和寻常一样.

3. 考察积分
$$J = \int_0^1 y'^3 \mathrm{d}x$$
且设需要引出经过两点 $M_0(0,0)$ 及 $M_1(1,1)$ 的极带.

欧拉方程有通积分 $y = C_1 x + C_2$,且极带 $y = x$ 经过给定的两点. 在这里 $F_{yy} = F_{yy'} = 0$,及 $F_{y'y'} = 6y'$,亦即在极带 $y = x$ 上我们有 $F_{y'y'} = 6 > 0$,因而满足了勒让德强条件. 在这里雅可比方程(198)是 $u'' = 0$,而它满足初始条件(200)的解是 $u_0(x) = x$. 它除了原点 $x_0 = 0$ 以外根本没有零点. 这样一来,沿着极带 $y = x$ 上的线段 $M_0 M_1$ 满足了勒让德强条件及雅可比强条件,因而极带的这条线段给我们的泛函以弱极小.

维尔斯特拉斯函数(208)有形式
$$E(x, y, \xi, \eta) = \eta^3 - \xi^3 - 3(\eta - \xi)\xi^2$$
沿着我们的极带不等式(210)的左端有形式
$$E(x, y, y', \eta) = \eta^3 - 3\eta + 2$$
因而存在 η 值,对于这样的 η 不等式(210)不满足,亦即极带 $y = x$ 不给出强极小.

4. 在给定的曲面上确定测地线的问题引导出泛函[67]

$$J = \int_{u_0}^{u_1} \sqrt{E + 6Fv' + Gv'^2}\, du$$

其中 E, F 及 G 是 (u,v) 的已知函数, 且在根号下的三项式只取正值, 亦即 $EG - F^2 > 0$ 及 $E > 0$.

我们有

$$F_{v'v'} = \frac{EG - F^2}{(E + 2Fv' + Gv'^2)^{\frac{3}{2}}} > 0$$

因而条件 (210″) 已满足, 也就是, 如果测地线可被测地线场围绕, 那么它给我们的泛函在固定端点时以强极小. 特别地, 在球面的大圆周上且弧度小于 π 的弧, 可被大圆周作成的场围绕.

90. 奥斯特罗格拉德斯基－哈密尔顿原理

在建立力学及数学物理的方程时变分学起着基本作用. 从某些变分原理借助于能的概念通过同一方法可得到这些方程. 在质点系的力学中已知的这后一概念既运用到其他物理过程上, 而当利用变分学基本原理时, 如我们在后面即将见到的, 又引得作出数学物理方程的某些一般途径. 我们从质点系的力学着手.

设有含 n 个质点的质点系, 用 m_k 记作它们的质量, 且用 (x_k, y_k, z_k) 记作它们的坐标. 设这个系的运动是在下面的约束之下, 即

$$\varphi_s = 0 \quad (s = 1, 2, \cdots, m) \tag{211}$$

并且是由具有力函数

$$X_k = \frac{\partial U}{\partial x_k}, Y_k = \frac{\partial U}{\partial y_k}, Z_k = \frac{\partial U}{\partial z_k} \tag{212}$$

的作用力所产生的, 式中 φ_s 及 U 都是点的坐标及时间的已知函数. 我们的质点系的动能由以下公式表达

$$T = \frac{1}{2} \sum_{k=1}^{n} m_k (x_k'^2 + y_k'^2 + z_k'^2)$$

设从对应于时刻 $t = t_0$ 的某位置 I, 我们的系转移到在时刻 $t = t_1$ 的另一位置 II. 从能够实现系从 I 到 II 的转移的一切可能方法中, 我们选择系的一类可容许运动, 也就是这样的运动, 它符合给定的关系且在一定时刻区间 $[t_0, t_1]$ 内系从 I 转移到 II. 奥斯特罗格拉德斯基－哈密尔顿原理肯定的是, 从一切可容许运动中区分出来的质点系的实际运动满足积分

$$J = \int_{t_0}^{t_1} (T + U)\, dt \tag{213}$$

有极值的必要条件是 $\delta J=0$. 系的每一可容许运动是与全体 $3n$ 个函数 $x_k(t)$，$y_k(t)$，$z_k(t)$ 对应的，这些函数确定在区间 $[t_0,t_1]$ 内，它们满足方程组(211)且在所指区间的两端点有定值. 这样一来，我们有具有整约束(211)及固定边界的变分问题. 为了解决这个问题，按照拉格朗日乘数法，我们应作辅助函数

$$F=T+U+\sum_{s=1}^{m}\lambda_s(t)\varphi_s$$

且写出这函数的寻常欧拉方程. 在这里我们有

$$F_{x'_k}=m_k x'_k,\quad F_{x_k}=U_{x_k}+\sum_{s=1}^{m}\lambda_s(t)\frac{\partial\varphi_s}{\partial x_k}$$

且对于坐标 y_k 及 z_k 有类似的方程，因而欧拉方程有形式

$$m_k x''_k - X_k - \sum_{s=1}^{m}\lambda_s(t)\frac{\partial\varphi_s}{\partial x_k}=0$$

$$m_k y''_k - Y_k - \sum_{s=1}^{m}\lambda_s(t)\frac{\partial\varphi_s}{\partial y_k}=0$$

$$m_k z''_k - Z_k - \sum_{s=1}^{m}\lambda_s(t)\frac{\partial\varphi_s}{\partial z_k}=0$$

也就是，它们与系的实际运动的微分方程一致，这也就是我们所希望证明的.

如果利用互不依赖的参数 $q_1,\cdots,q_k$ 来代替确定系的位置的直角坐标(其中 $k=3n-m$)，那么函数 T 及 U 是这些参数的函数

$$T(q_1,q'_1,\cdots,q_k,q'_k,t),\quad U(q_1,\cdots,q_k,t)$$

在这里没有像(211)的关系方程，因而我们得到关于积分(213)在函数 q_k 的边值固定且完全没有约束的极值问题. 欧拉方程将有形式

$$T_{q_i}+U_{q_i}-\frac{\mathrm{d}}{\mathrm{d}t}(T_{q'_i}+U_{q'_i})=0$$

因 U 不依赖于 q'_k [Ⅱ;19]，或可写为

$$T_{q_i}+U_{q_i}-\frac{\mathrm{d}}{\mathrm{d}t}T_{q'_i}=0\quad(i=1,\cdots,k) \tag{214}$$

在这里标准变量是 q_i 及 p_i，其中 p_i 通常称为广义冲量. 它们由以下公式确定

$$p_i=\frac{\partial}{\partial q'_i}(T+U)=T_{q'_i}$$

函数 H[78] 是

$$H=\sum_{i=1}^{k}q'_i p_i-(T+U)=\sum_{i=1}^{k}q'_i T_{q'_i}-T-U$$

如果 T 是 q'_i 的二次齐次多项式[Ⅱ;19]，那么由齐次函数的欧拉定理[Ⅰ；

154], 得到 $H = 2T - T - U = T - U$, 亦即函数 H 是系的总能.

91. 最小作用原理

设力函数 U 既不含有 t, 且函数 φ_s 也不含有 t. 在这情况, 如大家所知道的, 有能的积分

$$T - U = h \tag{215}$$

它表示这样的事实, 动能 T 及位能 $-U$ 的和在整个运动时间内保持定值. 其次, 在所讨论的情况下用参数坐标 q_s 表示的直角坐标不含有 t. 动能是关于导数 q'_i 的二次型, 即有

$$2T = \sum_{s=1}^{k} m_s x_s'^2 = \sum_{i,j=1}^{k} a_{ij} q'_i q'_j \quad (a_{ij} = a_{ji}) \tag{216}$$

其中 a_{ij} 都是 q_s 的函数. 利用关系 (215), 可将积分 (213) 的积分号下的函数写作如下形式

$$T + U = 2T - h$$

如果略去常数项, 且表示 $2T$ 如形式 $\sqrt{2U + 2h} \sqrt{2T}$ 且把一个因子中的 $2T$ 代以由公式 (216) 所得的表达式, 那么我们导得如下形式的积分

$$\int_{t_0}^{t_1} \sqrt{2U + 2h} \sqrt{\sum_{i,j=1}^{k} a_{ij} q'_i q'_j} \, dt \tag{217}$$

要证明, 我们又把对这积分的欧拉方程还原为上面已经得到的拉格朗日方程 (214). 事实上, 积分 (217) 的欧拉方程有形式

$$U_{q_i} \sqrt{\frac{2T}{2U + 2h}} + T_{q_i} \sqrt{\frac{2U + 2h}{2T}} - \frac{d}{dt}\left[\sqrt{\frac{2U + 2h}{2T}} T_{q'_i}\right] = 0 \quad (i = 1, \cdots, k) \tag{218}$$

我们注意, 在积分 (217) 中积分号下的函数不含有自变量且关于导数 q'_i 是一次齐次函数. 因此, 像我们前面曾经见过的 [72], 所写的欧拉方程中的一个可由其余的方程推演出来, 因而我们还可添加一个方程到欧拉方程上, 这个添加的方程固定了自变量 (参数) 的选择. 为了要求这个自变量就是时间, 我们添加到方程 (218) 上的是下面方程

$$\sqrt{\frac{2U + 2h}{2T}} = 1$$

它显然和能量守恒定律 (215) 是等价的. 这时方程 (218) 就变为拉格朗日方程 (214) 了. 因此, 在所考察的情况, 实际运动的方程是从积分 (217) 在固定端点时有极值的必要条件而获得. 这断言是雅可比形式的最小作用原理.

引进在 k 维空间内具有坐标 $q_1,\cdots,q_k$ 的测度，它由下面的弧长微分的表达式来确定

$$ds^2 = (2U+2h)\sum_{i,j=1}^{k} a_{ij}q_i'q_j'$$

这时(217)中的积分可写作形式

$$\int ds$$

因而质点系的力学的基本问题是与在所指 k 维空间内关于测地线的问题等价的．可以证明，对于实际运动的轨线的充分小的一段，沿着这段的作用积分有弱极小．我们考虑一个质点沿着某曲面 S 按惯性运动，在这情况我们可以认为 $U=0$，因而积分(217)变为简单形式

$$\int_{t_0}^{t_1}\sqrt{T}\,dt \tag{217'}$$

或者，如果我们引进直角坐标，那么有形式

$$\int_l \sqrt{dx^2+dy^2+dz^2}$$

运动轨线是这曲面的测地线．

当应用最小作用原理到在重力作用下的一个质点，并且 y 轴的方向是与重力方向一致的，则获得[89]中例 2 的积分．

可以给最小作用原理以另一形式，我们此刻指出它而不作详细证明．利用能的积分(215)且略去常数项，我们可将积分(213)写作如下形式

$$\int_{t_0}^{t_1} T\,dt \tag{219}$$

我们假设可容许运动满足约束方程及有同一常数值 h 的方程(215)，对于实际运动也是一样的，且它们既有固定的初始及最终位置又有固定的初始时刻 t_0．对它们来说最终时刻是不固定的．从这样一切可容许运动中区分出这样的实际运动，它满足积分(219)有极值的必要条件．这是拉格朗日形式的最小作用原理．我们注意，这时位能不出现在积分中而出现在附加条件(215)内．

92. 弦及膜

在转到一般弹性学中变分原理的建立之前，我们考察一系列特殊情况的弹性物体，它们的长度或面积远比体积或更高维容积要大得多．此处变分原理的建立实质上归结到关于位能的某些假设，亦即归结到关于依赖于形变物体形态的形变力的功的某些假设．

设有沿 x 轴张紧的弦,且它在平面 (x,u) 内作平面横振动[Ⅱ;163]. 振动的弦的动能表示为以下公式

$$\frac{1}{2}\int_0^l \rho u_t^2 \, \mathrm{d}x$$

其中 ρ 是弦的线性密度,而 $x=0$ 及 $x=l$ 是它的两端点的横坐标. 我们认为形变的力的功表示为弦的张力 T_0 与它的长度的增量

$$\int_0^l \sqrt{1+u_x^2} \, \mathrm{d}x - l$$

的乘积.

按牛顿二项式展开根式且限于前面两项,我们得到形变的位能的表达式

$$\frac{T_0}{2}\int_0^l u_x^2 \, \mathrm{d}x$$

在有对单位长计算的外力 $F(x,t)$ 的情况,我们在位能上还必须添加一项

$$-\int_0^l Fu \, \mathrm{d}x$$

最后,奥斯特罗格拉德斯基 — 哈密尔顿原理引导出对下面积分

$$J = \frac{1}{2}\int_{t_0}^{t_1}\int_0^l (\rho u_t^2 - T_0 u_x^2 + 2Fu) \, \mathrm{d}x \, \mathrm{d}t \qquad (220)$$

的必要条件是 $\delta J = 0$.

在平面 (x,t) 上对矩形 $0 \leqslant x \leqslant l, t_0 \leqslant t \leqslant t_1$ 进行积分. 在固定弦的情况,在这矩形的边 $x=0$ 及 $x=l$ 上我们有边界条件 $u=0$,而在边 $t=t_0$ 及 $t=t_1$ 上,函数 u 应与函数 $u(x,t_0)$ 及 $u(x,t_1)$ 一致,它们给出弦在区间 $[t_0,t_1]$ 的初始值及最终值的形状.

如果弹性力作用于弦的端点上,注意到弹性力的势量与偏移的平方成正比,那么我们应在积分(220)上添加如下形式的项

$$-\int_{t_0}^{t_1}[h_1 u^2(0,t) + h_2 u^2(l,t)] \, \mathrm{d}t$$

这个添加的项实质上是沿着上面提到的矩形的境界的积分,而且在边 $t=t_0$ 及 $t=t_1$ 上积分号下的函数等于零,而在边 $x=0$ 及 $x=l$ 上它等于 $h_1 u^2(0,t)$ 及 $h_2 u^2(l,t)$. 注意到[75]中所讲的,以及在边 $x=0$ 上向外法线的方向与 x 轴的方向相反的情况,我们就有在边 $x=0$ 及 $x=l$ 上下面形式的自然边值条件

$$u_x - \frac{2h_1}{T_0}u\Big|_{x=0} = 0, u_x - \frac{2h_2}{T_0}u\Big|_{x=l} = 0^{①}$$

二重积分(220)的奥斯特罗格拉德斯基公式给出弦振动的寻常方程.

对膜振动的方程可同样获得[Ⅱ;176]. 设在自然状态下,膜张紧在平面(x,y)内,且T_0是它对单位长度计算的张力. 形变的力的功表达为T_0与面积的增量

$$\iint_B \sqrt{1+u_x^2+u_y^2}\,\mathrm{d}x\mathrm{d}y - \iint_B \mathrm{d}x\mathrm{d}y$$

的乘积,其中$u(x,y,t)$是膜的点(x,y)从平衡位置在时刻t的偏移,且B是膜在平面(x,y)内占有的区域. 限于微小振动,我们得到积分(213)的下面表达式

$$\frac{1}{2}\int_{t_0}^{t_1}\iint_B [\rho u_t^2 - T_0(u_x^2+u_y^2) + 2Fu]\mathrm{d}t\mathrm{d}x\mathrm{d}y \tag{221}$$

对所写的积分的奥斯特罗格拉德斯基方程引导出大家知道的膜振动的方程. 如果在膜的境界上受系数为$q(s)$的弹性牵制,那么在积分(221)上必须添加如下形式的项

$$-\int_{t_0}^{t_1}\int_l q(s)u^2\mathrm{d}s\mathrm{d}t^{②}$$

其中l是膜的境界. 在这情况下,自然边值条件取如下形式

$$\frac{\partial u}{\partial n} - \frac{2}{T_0}q(s)u\Big|_l = 0$$

其中n是l的向外法线的方向. 在膜是固定境界的情况,它们显然是$u\Big|_l = 0$.

93. 梁及薄板

所谓梁是指对弯曲做功的长条物体. 当发生形变时的位能假定与曲率平方的积分成正比. 在微小振动的情况下,我们以二阶导数u_{xx}代替曲率,因而得到形变的位能表达式

$$\frac{\mu}{2}\int_0^l u_{xx}^2 \mathrm{d}x$$

其中比例系数$\mu = EJ$[Ⅱ;16]. 我们曾经在前面[Ⅱ;189]指出过边界条件. 积

---

① 这里原书为$u_x + \frac{2h_2}{T_0}u\Big|_{x=l} = 0$,但其中"+"号应为"-"号. ——译者注

② 这里原书为$-\int_l q(s)u^2\mathrm{d}s$,但按推理应为$-\int_{t_0}^{t_1}\int_l q(s)u^2\mathrm{d}s\mathrm{d}t$. ——译者注

分(213)在这里有下面形式
$$\frac{1}{2}\int_{t_0}^{t_1}\int_0^l (\rho u_t^2 - \mu u_{xx}^2 + 2Fu)\,\mathrm{d}t\,\mathrm{d}x$$

因而相应的欧拉方程化为以下梁的横振动方程
$$\rho\frac{\partial^2 u}{\partial t^2} + \mu\frac{\partial^4 u}{\partial x^4} = F$$

我们注意,如果梁的两端是自由的,那么边界条件[Ⅱ;189]像在[74]中讲过的可看作自然边值条件而得到.

类似于梁的情况[70,90],设在自然状态下有平面形态的薄板的位能是在形变状态下薄板的主曲率半径的倒数的二次齐次函数的积分值,也就是
$$-U = \iint_B \left[a\left(\frac{1}{R_1^2} + \frac{1}{R_2^2}\right) + \frac{2b}{R_1 R_2}\right]\mathrm{d}x\,\mathrm{d}y$$

其中 a 及 b 是某常数,B 是薄板占有平面(x,y)的区域. 对于主法截线的曲率我们有方程[Ⅱ;134]
$$(EG - F^2)\frac{1}{R^2} + (2FM - EN - GL)\frac{1}{R} + (LN - M^2) = 0$$

在曲面的显式方程$u = u(x,y)$的情况,略去关于u_x及u_y的二次项,我们得到
$$E = G = 1, F = 0, L = r = u_{xx}, M = s = u_{xy}, N = t = u_{yy}$$

从而
$$\frac{1}{R_1 R_2} = u_{xx}u_{yy} - u_{xy}^2,\quad \frac{1}{R_1} + \frac{1}{R_2} = u_{xx} + u_{yy}$$

因此,有
$$\frac{1}{R_1^2} + \frac{1}{R_2^2} = (u_{xx} + u_{yy})^2 - 2(u_{xx}u_{yy} - u_{xy}^2)$$

最后可写
$$-U = \frac{D}{2}\iint_B \left[(u_{xx} + u_{yy})^2 - 2(1-\sigma)(u_{xx}u_{yy} - u_{xy}^2)\right]\mathrm{d}x\,\mathrm{d}y$$

其中 D 及 σ 是从常数 a 及 b 构成的两个新常数. 系数 D 称作薄板的弯曲硬度,而 σ 是著名的泊松系数. 还必须添加作用在薄板表面上外力的势量到所写形变的位能的表达式上. 如果认为薄板沿着边缘钉牢且限于静力弯曲的情况,那么最后得到积分(213)的表达式
$$\frac{D}{2}\iint_B \left[-(u_{xx} + u_{yy})^2 + 2(1-\sigma)(u_{xx}u_{yy} - u_{xy}^2) + \frac{2}{D}pu\right]\mathrm{d}x\,\mathrm{d}y$$

其中 p 是对单位面积计算的荷重. 由于[65]中的式(30),当积分号下的函数含

有待求函数 u 对自变量 x 及 y 的二阶导数时,则奥斯特罗格拉德斯基方程有形式

$$F_u - \frac{\partial}{\partial x} F_{u_x} - \frac{\partial}{\partial y} F_{u_y} + \frac{\partial^2}{\partial x^2} F_{u_{xx}} + 2 \frac{\partial^2}{\partial x \partial y} F_{u_{xy}} + \frac{\partial^2}{\partial y^2} F_{u_{yy}} = 0 \quad (222)$$

如果认作 $D=1$,那么可写为

$$F = -\frac{1}{2}(u_{xx} + u_{yy})^2 + (1-\sigma)(u_{xx} u_{yy} - u_{xy}^2) + pu \quad (223)$$

因而导出对于静力弯曲的下面方程

$$\Delta \Delta u = p$$

在振动的薄板的情况,要添加动能,则有

$$\rho u_{tt} + \Delta \Delta u = p$$

这情况的特征是:若将表达式(223)中含有因子$(1-\sigma)$的这个项代入奥斯特罗格拉德斯基方程(222)的左端就恒等于零,因而这个项对奥斯特罗格拉德斯基方程来说没有影响. 然而必须指出,所说的项在建立自然边界条件时发生了重大的影响.

94. 弹性学的基本方程

设 (u,v,w) 是连续媒质形变的位移向量的分量. 应变的张量的六个分量为

$$\sigma_x, \sigma_y, \sigma_z, \tau_{xy} = \tau_{yx}, \tau_{xz} = \tau_{zx}, \tau_{yz} = \tau_{zy}$$

给出在这媒质中应变的图像,其中 σ_x 是应变对于 x 轴的分量作用在与这轴正交的面积上(σ_y 及 σ_z 有类似意义). $\tau_{xy} = \tau_{yx}$ 是应变对于 x 轴的分量作用在与 y 轴正交的面积上,或者是应变对于 y 轴的分量作用在与 x 轴正交的面积上. τ_{xz} 及 τ_{yz} 也有类似意义. 在微小形变时,媒质的形变由形变张量的下面六个分量来表出

$$\begin{cases} \varepsilon_x = \dfrac{\partial u}{\partial x}, \varepsilon_y = \dfrac{\partial v}{\partial y}, \varepsilon_z = \dfrac{\partial w}{\partial z} \\ \gamma_{xy} = \gamma_{yx} = \dfrac{\partial u}{\partial y} + \dfrac{\partial v}{\partial x}, \gamma_{xz} = \gamma_{zx} = \dfrac{\partial u}{\partial z} + \dfrac{\partial w}{\partial x} \\ \gamma_{yz} = \gamma_{zy} = \dfrac{\partial v}{\partial z} + \dfrac{\partial w}{\partial y} \end{cases} \quad (224)$$

$\varepsilon_x, \varepsilon_y, \varepsilon_z$ 的值表示线素在坐标轴方向的增量,而 γ_{xy} 是 x 轴及 y 轴所成直角的改变量. 还引进两个值,也就是

$$\theta = \varepsilon_x + \varepsilon_y + \varepsilon_z$$

它表征体积的相对改变量,及

$$s = \sigma_x + \sigma_y + \sigma_z$$

可以证明,最后这两个值不依赖于坐标轴的选择. 在古典的弹性学中,各向同性均匀物体的形变及应变的张量的分量之间有线性关系,这关系表示为广义胡克定律

$$\varepsilon_x = \frac{1}{2G}\left(\sigma_x - \frac{s}{m+1}\right), \gamma_{xy} = \frac{1}{G}\tau_{xy}$$

$$\varepsilon_y = \frac{1}{2G}\left(\sigma_y - \frac{s}{m+1}\right), \gamma_{yz} = \frac{1}{G}\tau_{yz}$$

$$\varepsilon_z = \frac{1}{2G}\left(\sigma_z - \frac{s}{m+1}\right), \gamma_{zx} = \frac{1}{G}\tau_{zx}$$

或者是

$$\sigma_x = 2G\left(\varepsilon_x + \frac{\theta}{m-2}\right), \tau_{xy} = G\gamma_{xy}$$

$$\sigma_y = 2G\left(\varepsilon_y + \frac{\theta}{m-2}\right), \tau_{yz} = G\gamma_{yz}$$

$$\sigma_z = 2G\left(\varepsilon_z + \frac{\theta}{m-2}\right), \tau_{zx} = G\gamma_{zx}$$

其中 G 及 m 是常数,它们是所给物质的特征,并且 G 称为切变模量,而 m 为横压缩系数(泊松常数). 从胡克定律立即推出值 θ 及值 s 之间有下面的关系

$$\theta = \frac{1}{2G}\frac{m-2}{m+1}s$$

其次,用 A 记关于单位体积形变的力的功,它可以用形变的张量的分量来表达或者用应力的张量的分量来表达,即有

$$A = G\left[\frac{m-1}{m-2}\theta^2 - 2(\varepsilon_x\varepsilon_y + \varepsilon_y\varepsilon_z + \varepsilon_z\varepsilon_x) + \frac{1}{2}(\gamma_{xy}^2 + \gamma_{yz}^2 + \gamma_{zx}^2)\right] =$$
$$\frac{1}{4G}\left[\frac{m}{m+1}s^2 - 2(\sigma_x\sigma_y + \sigma_y\sigma_z + \sigma_z\sigma_x - \tau_{xy}^2 - \tau_{yz}^2 - \tau_{zx}^2)\right] \quad (225)$$

并且利用所写的公式,可验证下面的关系式

$$\begin{cases}\sigma_x = \dfrac{\partial A}{\partial \varepsilon_x}, \tau_{xy} = \dfrac{\partial A}{\partial \gamma_{xy}}, \varepsilon_x = \dfrac{\partial A}{\partial \sigma_x}, \gamma_{xy} = \dfrac{\partial A}{\partial \tau_{xy}} \\ \sigma_y = \dfrac{\partial A}{\partial \varepsilon_y}, \tau_{yz} = \dfrac{\partial A}{\partial \gamma_{yz}}, \varepsilon_y = \dfrac{\partial A}{\partial \sigma_y}, \gamma_{yz} = \dfrac{\partial A}{\partial \tau_{yz}} \\ \sigma_z = \dfrac{\partial A}{\partial \varepsilon_z}, \tau_{zx} = \dfrac{\partial A}{\partial \gamma_{zx}}, \varepsilon_z = \dfrac{\partial A}{\partial \sigma_z}, \gamma_{zx} = \dfrac{\partial A}{\partial \tau_{zx}}\end{cases} \quad (226)$$

可以证明,在弹性物体的每一点总存在这样三个互相正交的方向,如果我们取它们作为坐标轴,那么在这点有等式 $\gamma_{xy} = \gamma_{yz} = \gamma_{zx} = 0$. 我们取这些方向作

为坐标轴,且用 $\varepsilon_1,\varepsilon_2,\varepsilon_3$ 记这样选择轴时以前曾用 $\varepsilon_x,\varepsilon_y,\varepsilon_z$ 来记的那些值,由 (225),得到 A 在这点的表达式

$$A = G\left[\varepsilon_1^2 + \varepsilon_2^2 + \varepsilon_3^2 + \frac{1}{m-2}(\varepsilon_1 + \varepsilon_2 + \varepsilon_3)^2\right]$$

而 A 的值为正的条件导出常数 m 应满足的不等式 $2 < m \leqslant \infty$.

首先来讲关于以曲面 S 为境界的弹性物体 D 的平衡条件. 设作用在这物体上的质量力有分量

$$X(x,y,z,t), Y(x,y,z,t), Z(x,y,z,t)$$

且设在曲面 S 的部分 S_1 上给定了位移向量,而在部分 S_2 上则是应力,且用 X_1, Y_1, Z_1 记这应力的分量. 它们都是在 S_2 上的变点 M 的已知函数. A 展布在 D 上的积分及外力的功的变号之和给出所取的弹性物体的位能为

$$\iiint_D [A - (Xu + Yv + Zw)]dv - \iint_{S_2}(X_1 u + Y_1 v + Z_1 w)d\sigma \quad (227)$$

这位能是物体的点坐标 (x,y,z) 的三个函数 u,v,w 的泛函. 如果写出所指的泛函的奥斯特罗格拉德斯基方程,而且注意在构成奥斯特罗格拉德斯基方程时沿着曲面的积分不起作用,那么我们获得平衡方程. 如果注意到 A 不依赖于函数 u,v,w 本身而只依赖于它们的导数,那么就导出泛函(227)关于函数 u 的奥斯特罗格拉德斯基方程

$$-X - \frac{\partial}{\partial x}A_{u_x} - \frac{\partial}{\partial y}A_{u_y} - \frac{\partial}{\partial z}A_{u_z} = 0 \quad (228)$$

注意到, A 只通过 ε_x 而依赖于 u_x,只通过 γ_{xy} 而依赖于 u_y,且只通过 γ_{xz} 而依赖于 u_z,并且注意 (226),就可将上面的方程写作如下形式

$$\frac{\partial \sigma_x}{\partial x} + \frac{\partial \tau_{xy}}{\partial y} + \frac{\partial \tau_{xz}}{\partial z} + X = 0 \quad (229)$$

类似地可写出另外两个平衡方程. 在境界曲面的部分 S_1 上函数 u,v,w 的值是固定的,而在部分 S_2 上自然边值条件[75] 有形式

$$\sigma_x \cos(n,x) + \tau_{xy}\cos(n,y) + \tau_{xz}\cos(n,z) - X_1 = 0$$
$$\tau_{xy}\cos(n,x) + \sigma_y \cos(n,y) + \tau_{yz}\cos(n,z) - Y_1 = 0$$
$$\tau_{zx}\cos(n,x) + \tau_{yz}\cos(n,y) + \sigma_z \cos(n,z) - Z_1 = 0$$

其中 n 是 S_2 的向外法线的方向.

在方程 (229) 中若用形变的张量的分量来代替应变的张量的分量,则我们得到下面三个平衡方程

$$G\left(\Delta u + \frac{m}{m-2}\frac{\partial \theta}{\partial x}\right) + X = 0$$

$$G\left(\Delta v + \frac{m}{m-2}\frac{\partial \theta}{\partial y}\right) + Y = 0$$

$$G\left(\Delta w + \frac{m}{m-2}\frac{\partial \theta}{\partial z}\right) + Z = 0$$

或是取向量形式

$$G\left(\Delta u + \frac{m}{m-2}\text{grad div } u\right) + F = 0$$

我们注意,对弹性势量来说,可以写公式(225)为下面形式

$$A = G\left\{\frac{m-1}{m-2}\theta^2 + \frac{1}{2}(\omega_x^2 + \omega_y^2 + \omega_z^2) + 2\left[\left(\frac{\partial w}{\partial y}\frac{\partial v}{\partial z} - \frac{\partial v}{\partial y}\frac{\partial w}{\partial z}\right) + \cdots\right]\right\} \tag{230}$$

其中 $\omega_x, \omega_y, \omega_z$ 是位移向量的旋转量的分量,也就是

$$\omega_x = \frac{\partial w}{\partial y} - \frac{\partial v}{\partial z}, \omega_y = \frac{\partial u}{\partial z} - \frac{\partial w}{\partial x}, \omega_z = \frac{\partial v}{\partial x} - \frac{\partial u}{\partial y}$$

注意到公式(230)中在方括号中的那个式子,它根本不影响奥斯特罗格拉德斯基方程,也就是,如果写出积分

$$\iiint_D \left[G\frac{m-1}{m-2}\theta^2 + \frac{G}{2}(\omega_x^2 + \omega_y^2 + \omega_z^2) - (Xu + Yv + Zw) \right] dv$$

的奥斯特罗格拉德斯基方程,我们就得到弹性物体的平衡方程.

为了获得运动的方程,按奥斯特罗格拉德斯基－哈密尔顿原理,只需在写出的积分号下的式子上添加对应于动能(有相反符号的)的项

$$-\frac{\rho}{2}(u_t^2 + v_t^2 + w_t^2)$$

其中 ρ 是物体的密度,且对有限时刻区间 $[t_0, t_1]$ 取积分. 这样一来,事实归结为对积分

$$\int_{t_0}^{t_1} \iiint_D \left[-\frac{\rho}{2}(u_t^2 + v_t^2 + w_t^2) + A - (Xu + Yv + Zw) \right] dt\,dv$$

关于以 (x,y,z,t) 为自变量的函数 u,v,w 的奥斯特罗格拉德斯基方程的作出. 不难检验,这就导出弹性动力学中的下面基本方程,记它作向量形式

$$\rho\frac{\partial^2 u}{\partial t^2} = G\left(\Delta u + \frac{m}{m-2}\text{grad div } u\right)$$

这时照常认为在时刻的边值 $t = t_0$ 及 $t = t_1$ 的位移应与实际的位移一致[87].

95. 绝对极值

在[63]节中我们曾引入绝对极值的概念. 此刻我们考察一些特例且引出

与它们联系的关于绝对极值存在的某些结论.

设有泛函
$$J(y) = \int_0^l [p(x)y'^2 + q(x)y^2 + 2f(x)y]dx \tag{231}$$
其中 $p(x), q(x)$ 及 $f(x)$ 是在闭区间 $[0,l]$ 内的连续函数,此外 $p(x)$ 有连续导数且
$$p(x) > 0, q(x) \geqslant 0 \tag{232}$$
设函数 $y(x)$ 连同它的导数 $y'(x)$ 在区间 $[0,l]$ 内都是连续的且满足边界条件
$$y(0) = a, y(l) = b \tag{233}$$
在 $y(x)$ 的这样函数 D 类中要求出那样的一个函数,它使泛函(231)取最小值.

对这泛函的欧拉方程有形式
$$\frac{d}{dx}[p(x)y'] - q(x)y = f(x) \tag{234}$$
我们来证明,在条件(232)下,这方程在区间 $[0,l]$ 上有解,这解满足条件(233),而且这样的解是唯一的. 设 $z_0(x)$ 及 $z_1(x)$ 是齐次方程
$$\frac{d}{dx}[p(x)z'] - q(x)z = 0 \tag{235}$$
的解,满足初始条件
$$z_0(0) = 0, z_0'(0) = 1, z_1(l) = 0, z_1'(l) = 1$$
由于 $p(x) > 0$,存在及唯一性定理保证了这些解的存在. 其次,我们证明 $z_1(0) \neq 0$. 这无异于是齐次方程(235)没有不恒等于零且当 $x=0$ 及 $x=l$ 时等于零的解. 同时显然 $z_0(l) \neq 0$,因而解 $z_0(x)$ 及 $z_1(x)$ 是线性无关的.

方程(234)的通积分有形式
$$y_0(x) = c_0 z_0(x) + c_1 z_1(x) + g(x)$$
其中 c_0 及 c_1 是任意常数,且 $g(x)$ 是方程(234)的任何特解,当 $p(x) > 0$ 时,存在定理保证了在区间 $[0,l]$ 上这个特解的存在. 边界条件(233)引出方程
$$c_1 z_1(0) + g(0) = a, c_0 z_0(l) + g(l) = b$$
由此 c_0 及 c_1 可唯一决定. 这样一来,我们得到方程(234)的唯一解,它满足边界条件(233),并且这个解在区间 $[0,l]$ 上有二阶连续导数. 剩下要证明 $z_0(l) \neq 0$. 在方程(235)中代入 $z = z_0(x)$,则可写为
$$\frac{d}{dx}[p(x)z_0'] = q(x)z_0 \tag{236}$$
由于条件 $z_0(0) = 0, z_0'(0) = 1$,函数 $z_0(x)$ 及它的导数在充分逼近于 $x=0$ 的值

x 处总是正的. 因此等式(236)的两端在所指的值 x 处总是非负的,因此在 $x=0$ 时等于正值的乘积 $p(x)z_0'$,当值 x 充分逼近于 $x=0$ 时它不减少,且由于(236),只在 $z_0(x)$ 为负后这乘积才可以开始减少. 然而为了要求 $z_0(x)$ 是负的,必须使它的导数 $z_0'(x)$ 亦即 $p(x)z_0'$ 预先变为负的. 这样一来,我们导出了矛盾,因而可断言,当 $0<x\leqslant l$ 时 $z_0(x)>0$.

上面建立的方程(234)的解 $y_0(x)$ 属于 C_2 类. 我们证明,它给泛函(231)以极小,更确切地说,我们证明 $J(y_0)\leqslant J(y)$,其中 y 是 D 类中的任何函数,并且等号只在 $y(x)$ 与 $y_0(x)$ 恒等时成立.

D 中的任何函数 $y(x)$ 可表示如形式 $y(x)=y_0(x)+\eta(x)$,其中 $\eta(x)$ 连同它的导数在区间 $[0,l]$ 上连续,并且它在这区间的两端点等于零. 我们有

$$J(y)-J(y_0)=2\int_0^l[p(x)y_0'\eta'+q(x)y_0\eta+f(x)\eta]\mathrm{d}x+$$
$$\int_0^l[p(x)\eta'^2+q(x)\eta^2]\mathrm{d}x$$

注意到 $y_0(x)$ 及 $\eta(x)$ 的性质,我们就能够在第一积分内引用分部积分法,得

$$J(y)-J(y_0)=2\int_0^l[-\frac{\mathrm{d}}{\mathrm{d}x}(p(x)y_0')+q(x)y_0+f(x)]\eta\mathrm{d}x+$$
$$\int_0^l[p(x)\eta'^2+q(x)\eta^2]\mathrm{d}x+p(x)y_0'\eta\Big|_{x=0}^{x=l}$$

从而注意到 $y_0(x)$ 是方程(234)的解且 $\eta(0)=\eta(l)=0$,则由(232),得

$$J(y)-J(y_0)=\int_0^l[p(x)\eta'^2+q(x)\eta^2]\mathrm{d}x\geqslant 0$$

并且等号只当 $\eta(x)\equiv 0$ 时成立. 事实上,如果有等号,那么必有 $\eta'(x)\equiv 0$,亦即 $\eta(x)$ 在区间 $[0,l]$ 上是常数. 然而 $\eta(0)=0$,因此在区间 $[0,l]$ 上 $\eta(x)\equiv 0$. 这样一来,我们的断言已证得,也就是,在 $y(x)$ 为 $y_0(x)$ 时且仅在此时泛函(231)在 D 类中有最小值. 我们注意,在 D 类中的函数,只需要一阶导数的存在且连续,而使泛函(231)达到最小值的 $y_0(x)$ 有二阶连续导数.

作为第二个例子,考察下面泛函

$$J(y)=\int_{-1}^{+1}x^2y'^2\mathrm{d}x \tag{237}$$

在下面的连续函数 D 类中的最小值的问题,设这类中的函数在区间 $[-1,+1]$ 上有连续导数且满足边界条件

$$y(-1)=a, y(+1)=b \tag{238}$$

其中 $a\neq b$. 由于后一条件,D 类中不含常数,于是对于 D 类中的任何函数有

$J(y) > 0$. 数 $J(y)$ 的集合应有下确界[Ⅰ;42]. 我们证明,这个下确界等于零. 不难检验,对于任何正数 ε,下面函数

$$y = \frac{a+b}{2} + \frac{b-a}{2} \cdot \frac{\arctan \dfrac{x}{\varepsilon}}{\arctan \dfrac{1}{\varepsilon}} \tag{239}$$

属于 D 类,我们有

$$y' = \frac{b-a}{2\arctan \dfrac{1}{\varepsilon}} \cdot \frac{\varepsilon}{\varepsilon^2 + x^2}$$

因此,对函数(239)有

$$J(y) < \int_{-1}^{+1} (\varepsilon^2 + x^2) y'^2 \mathrm{d}x = \frac{\varepsilon^2(b-a)^2}{4\arctan^2 \dfrac{1}{\varepsilon}} \int_{-1}^{+1} \frac{\mathrm{d}x}{\varepsilon^2 + x^2} = \frac{\varepsilon(b-a)^2}{2\arctan \dfrac{1}{\varepsilon}}$$

当 $\varepsilon \to 0$ 时,右端趋于零,从而可见泛函(237)在 D 类中的下确界等于零. 然而因为 D 类中不含常数,且对 D 类中的任何函数有 $J(y) > 0$,这是前面已经指出过的. 因此 $J(y)$ 在 D 类中不能达到下确界,从而在这类中泛函(237)没有最小值.

93. 绝对极值(续)

作为第三个例子,考察泛函

$$J(u) = \iint_B (u_x^2 + u_y^2) \mathrm{d}x \mathrm{d}y \tag{240}$$

其中 B 是以坐标原点为中心且半径为 1 的圆. 所写的积分通常称为狄利克雷积分. 我们对 D 类中的函数 $u(x,y)$ 来考察这个泛函,所谓 D 类中的函数是指在闭圆 $x^2 + y^2 \leqslant 1$ 内为连续而在这圆的内部有一阶连续导数,且在圆周 l 上满足边界条件

$$u\Big|_l = f(\theta) \tag{241}$$

的函数,其中 $f(\theta)$ 是给定在圆周 l 上的辐角 θ 的连续函数. 因为我们未曾假设偏导数 u_x 及 u_y 在闭圆内的连续性,我们应把积分(240)看作反常积分,也就是,看作是展布在以 ρ 为半径的圆 $B_\rho (x^2 + y^2 \leqslant \rho^2)$ 上的积分当 $\rho \to 1$ 时的极限. 因为积分号下函数是非负的,当 ρ 增加时对 B_ρ 的积分不减少,因而所指的极限或为有限或等于 $+\infty$. 照例,在第一情况,我们说这积分是收敛的,而在第二情况,则说它是发散的. 在后一情况可认为积分的值等于 $+\infty$. 泛函(240)的

奥斯特罗格拉德斯基方程是拉普拉斯方程[67]
$$u_{xx} + u_{yy} = 0$$
因而我们有权希望在圆 B 内为调和且在 l 上取边界值(241)的函数给泛函(240)在所指 D 类中以最小值. 我们知道,这样的调和函数是存在且唯一的 [Ⅱ;195],用 $v(x,y)$ 来记它.

首先证明,可以给定条件(241)中出现的连续函数 $f(\theta)$,使当 $u=v$ 时泛函(240)写作

$$J(v) = \iint_B (v_x^2 + v_y^2) \mathrm{d}x \mathrm{d}y \tag{242}$$

等于 $+\infty$. 事实上,令

$$f(\theta) = \sum_{n=1}^{\infty} \frac{1}{2^n} \cos(2^{2n}\theta) \tag{243}$$

所写的级数显然关于 θ 是绝对且一致收敛的,因此它确定具有周期 2π 的连续周期函数 $f(\theta)$. 具有边界值(243)的狄利克雷问题的解有形式[Ⅱ;195]

$$v(x,y) = v(r,\theta) = \sum_{n=1}^{\infty} \frac{r^{2^{2n}}}{2^n} \cos(2^{2n}\theta)$$

在积分(242)中变换为极坐标

$$J(v) = \iint_{r<1} \left(v_r^2 + \frac{1}{r^2} v_\theta^2\right) r \mathrm{d}r \mathrm{d}\theta \tag{244}$$

我们有

$$v_r = \sum_{n=1}^{\infty} 2^n r^{2^{2n}-1} \cos(2^{2n}\theta), \quad v_\theta = -\sum_{n=1}^{\infty} 2^n r^{2^{2n}} \sin(2^{2n}\theta)$$

并且所写的级数在任何圆 $r \leqslant \rho$ 内都是绝对且一致收敛的,此处 $\rho < 1$. 如果注意倍角的正弦及余弦在长为 2π 的区间上的正交性,那么得

$$\iint_{r \leqslant \rho} \left(v_r^2 + \frac{1}{r^2} v_\theta^2\right) r \mathrm{d}r \mathrm{d}\theta = \sum_{n=1}^{\infty} \iint_{r \leqslant \rho} 2^{2n} r^{2^{2n+1}-1} \mathrm{d}r \mathrm{d}\theta =$$

$$2\pi \int_0^\rho 2^{2n} r^{2^{2n+1}-1} \mathrm{d}r =$$

$$\pi \sum_{n=1}^{\infty} \rho^{2^{2n+1}}$$

因而当 $\rho \to 1$ 时,最后级数的和无穷增大,从而推出,在条件(243)下积分(242)的值等于 $+\infty$.

这样一来,在所考察的情况下,调和函数 $v(x,y)$ 不给泛函(240)以最小值. 可以证明,如果在 $u=v$ 时积分(240)等于 $+\infty$,那么对于 D 类中满足边界条

件(241)的任何函数,这积分也等于 $+\infty$. 这从下面的定理立即得出:

定理 1 如果对于 D 类中满足边界条件(241)的任何函数积分(240)为有限值,则对于 D 类中的调和函数 v 这积分也为有限值,并且这时对于 D 中的任何函数 u 我们有

$$J(u) \geqslant J(v) \tag{245}$$

而且等号只当 $u \equiv v$ 时成立.

如果假设调和函数 $v(x,y)$ 在 B 的内部的一阶偏导数是有界的,那么定理的证明是十分简单的. 这时积分(240)显然为有限值. 我们只需证明,如果对于 D 中的任何函数 w 积分 $J(w)$ 为有限值,那么 $J(w) \geqslant J(v)$,而且等号只当 $w \equiv v$ 时成立. 我们可写 $w = v + \eta$,其中 $\eta(x,y)$ 在 B 的内部有一阶连续偏导数,且它在闭圆 B 上连续而在圆周 l 上等于零. 我们有

$$J_\rho(v+\eta) = J_\rho(v) + J_\rho(\eta) + 2J_\rho(v,\eta) \tag{246}$$

其中用 $J_\rho(u)$ 记积分 $J(u)$ 展布在圆 B_ρ 上的值,且

$$J_\rho(v,\eta) = \iint_{B_\rho} (v_x \eta_x + v_y \eta_y) \mathrm{d}x\mathrm{d}y$$

函数 $v(x,y)$ 在 B 的内部有二阶连续偏导数,因此应用格林公式,我们得到

$$J_\rho(v,\eta) = \iint_{B_\rho} (v_x \eta_x + v_y \eta_y) \mathrm{d}x\mathrm{d}y =$$
$$-\iint_{B_\rho} \eta \Delta v \mathrm{d}x\mathrm{d}y + \int_{l_\rho} \eta \frac{\partial v}{\partial n} \rho \mathrm{d}\theta$$

其中 l_ρ 是以原点为中心以 ρ 为半径的圆周,而 $\frac{\partial v}{\partial n}$ 是 v 沿这圆周的法线的导数. 因为 v 是调和函数,右端中的二重积分等于零,而在曲线积分中当 ρ 趋于 1 时 η 关于辐角一致收敛于零,而 $\frac{\partial v}{\partial n}$ 按照条件保持有界,所以这个曲线积分显然趋向于零. 这样一来,取公式(246)在 $\rho \to 1$ 时的极限,就给出

$$J(w) - J(v) = \iint_B (\eta_x^2 + \eta_y^2) \mathrm{d}x\mathrm{d}y$$

从而推知,$J(w) \geqslant J(v)$,并且等号只当 $\eta_x \equiv 0$ 及 $\eta_y \equiv 0$ 时成立,亦即如果 η 在圆域 B 内是常数. 然而在 l 上 $\eta = 0$,因此 $\eta \equiv 0$.

现在来证明一般情况下的定理. 和前面一样,设 w 是使积分 $J(w)$ 为有限值的 D 中一个函数,且设

$$\frac{a_0}{2} + \sum_{n=1}^{\infty} (a_n \cos n\theta + b_n \sin n\theta) \tag{247}$$

是条件(241)中出现的函数 $f(\theta)$ 的傅里叶级数. 函数 v 在圆的内部由下面级数来确定

$$v(r,\theta) = \frac{a_0}{2} + \sum_{n=1}^{\infty}(a_n\cos n\theta + b_n\sin n\theta)r^n \tag{248}$$

设

$$v_m(r,\theta) = \frac{a_0}{2} + \sum_{n=1}^{m}(a_n\cos n\theta + b_n\sin n\theta)r^n \tag{249}$$

且用等式 $w = v_m + \eta_m$ 来确定函数 $\eta_m(r,\theta)$. 这函数 $\eta_m(r,\theta)$ 在 B 的内部有一阶连续偏导数，它在闭圆内连续且在 l 上的边界值 $\eta_m(1,\theta)$ 处有傅里叶级数

$$\sum_{n=m+1}^{\infty}(a_n\cos n\theta + b_n\sin n\theta)$$

这可立即从(249)及 w 的边界值有傅里叶级数(247)显示出来. 从而可推得

$$\begin{aligned}\int_0^{2\pi}\eta_m(1,\theta)\cos k\theta\,\mathrm{d}\theta = 0 \quad (k=0,1,2,\cdots,m)\\ \int_0^{2\pi}\eta_m(1,\theta)\sin k\theta\,\mathrm{d}\theta = 0 \quad (k=0,1,2,\cdots,m)\end{aligned} \tag{250}$$

像前面一样，我们有

$$J_\rho(v_m,\eta_m) = -\iint_{B_\rho}\eta_m\Delta v_m\,\mathrm{d}x\,\mathrm{d}y + \int_{l_\rho}\eta_m(\rho,\theta)\frac{\partial v_m(\rho,\theta)}{\partial\rho}\rho\,\mathrm{d}\theta$$

二重积分等于零，而在曲线积分中积分号下的函数关于 θ 一致趋于

$$\eta_m(1,\theta)\left.\frac{\partial v_m(\rho,\theta)}{\partial\rho}\right|_{\rho=1}$$

且由于(249)及(250)这乘积的积分等于零. 这样一来，当 $\rho\to 1$ 时 $J_\rho(v_m,\eta_m)\to 0$. 在公式

$$J_\rho(v_m+\eta_m) = J_\rho(v_m) + J_\rho(\eta_m) + 2J_\rho(v_m,\eta_m)$$

中取 $\rho\to 1$ 时的极限，得

$$J(w) = J(v_m) + J(\eta_m) \tag{251}$$

按条件知，$J(w)$ 为有限值，且从最后公式看出 $J(\eta_m)$ 也为有限值. 由于(249)对于 $J(v_m)$ 这也是显然的.

从(251)得

$$J(v_m) \leqslant J(w) \tag{252}$$

且对于任何 $\rho<1$ 更有

$$J_\rho(v_m) \leqslant J(w) \tag{253}$$

但在圆 B_ρ 内级数(248)可以逐项微分且所得的级数在 B_ρ 内一致收敛，亦

即在圆 B_ρ 内 v_m 的导数当 $m \to \infty$ 时一致收敛于 v 的对应导数. 这样一来, 当 $m \to \infty$ 时不等式(253)给出

$$J_\rho(v) \leqslant J(w)$$

从而, 当 $\rho \to 1$ 时得出

$$J(v) \leqslant J(w)$$

如果在所得的最后不等式中等号成立, 那么, 我们就来证明 $w \equiv v$. 令 $w = v + \eta$, 其中 η 照例在 B 的内部有一阶连续导数, 它在闭圆内连续且在圆周 l 上等于零.

我们有

$$J_\rho(\eta) = J_\rho(w) + J_\rho(v) - 2J_\rho(w,v) \tag{254}$$

如果注意

$$|2(w_x v_x + w_y v_y)| \leqslant w_x^2 + w_y^2 + v_x^2 + v_y^2$$

那么我们有

$$|2J_\rho(w,v)| \leqslant J_\rho(w) + J_\rho(v)$$

从而, 对于一切 $\rho < 1$, 得出

$$|2J_\rho(w,v)| \leqslant J(w) + J(v)$$

亦即当 $\rho \to 1$ 时 $J_\rho(w,v)$ 保持有界.

公式(254)的右端的前两项在 $\rho \to 1$ 时为有限值, 因此 $J_\rho(\eta)$ 的值保持有界, 亦即当 $\rho \to 1$ 时它为有限值. 其次我们写

$$J_\rho(w) = J_\rho(v) + J_\rho(\eta) + 2J_\rho(v,\eta)$$

且从 $J_\rho(w), J_\rho(v)$ 及 $J_\rho(\eta)$ 的有限极限的存在, 推出在 $\rho \to 1$ 时 $J_\rho(v,\eta)$ 有有限极限. 记

$$J(v,\eta) = \lim_{\rho \to 1} J_\rho(v,\eta)$$

引进任意实参数 ε, 我们可写

$$J_\rho(v + \varepsilon\eta) = J_\rho(v) + 2\varepsilon J_\rho(v,\eta) + \varepsilon^2 J_\rho(\eta)$$

当 $\rho \to 1$ 时右端的所有项有有限极限, 因此对于左端也一样. 取两边的极限, 得

$$J(v + \varepsilon\eta) = J(v) + 2\varepsilon J(v,\eta) + \varepsilon^2 J(\eta) \tag{255}$$

这样一来, 对于任何实数 ε, 狄利克雷积分(240)对函数 $u = v + \varepsilon\eta$ 为有限值, 因而由于前面所证的我们有

$$J(v) \leqslant J(v + \varepsilon\eta) \tag{256}$$

并且等号当 $\varepsilon = 0$ 及 $\varepsilon = 1$ 时可达到, 因为按条件有 $J(w) = J(v)$, 从而推出, 在

公式(255)右端的三项式当 $\varepsilon=0$ 及 $\varepsilon=1$ 时达到最小值,而这情况只有在 $J(\eta)=0$ 时,亦即在 $\eta\equiv0$ 时才有可能,因而从 $w=v+\eta$ 推知 $w=v$. 定理完全证毕.

在关于边界问题的一章内,我们将再讲对于等周问题的绝对极值的问题,亦即当附加条件是积分形式时的情况.

97. 变分的直接方法

近代对处理绝对极值问题的解的各种方法有很大的进展,这些方法避免了微分方程的采用. 这时直接从求极值的积分的形式出发,借助于某些极限运算试图作出给泛函以绝对极值的函数.

在这情况,像我们在前面曾经提过的一样,问题比较微分学中的相应问题困难得多了. 在微分学的情况,按维尔斯特拉斯关于连续函数的基本定理,我们知道,任何在闭区域内连续的函数一定在这区域的某点取最大(或最小)值. 在变分问题里,却没有这样的简单定理,因此自然提出了问题的解存在的问题.

设 $J(y)$ 是待求函数 $y(x)$ 的某泛函,我们求这样的函数,使提到的泛函在某 C 类中的函数 $y(x)$ 有最小值. 对于 C 类中任何选择的函数 $y(x)$,泛函 J 得到确定值,因此利用 C 类中一切函数,我们得到泛函 J 的无穷多个值. 设 d 是这无穷个值所组成的集合的下确界. 我们不能预先知道,在 C 类中是否存在函数 $y(x)$ 给泛函以这个最小值 d,然而由下确界的定义,我们在 C 类中总可找到这样的函数列 $y_n(x)$,当 n 无限增大时 $J(y_n)$ 有极限 d. 函数列 $y_n(x)$ 通常称为极小序列. 在变分学中的直接方法实现的一个可能性是下面的方法:给出构造极小序列的方法,要使从构成的极小序列借助于某些极限运算获得待求函数,而这函数给泛函以最小值. 如果用这方法得以把问题进行到底,那么这方法导出微分方程的边界问题的解,而这方程表示所研究的泛函极值的必要条件. 这方法不仅可应用到对解的存在的证明,而且对近似计算也建立了实际上便利的方法. 上面所指的原则是以解决边界问题的著名的黎兹方法作基础的. 我们指出,这方法在微分方程方面更广泛的推广是由 В. Г. 加廖尔金给出的(工程及技术公报,1915 年),而这推广是和变分学没有联系的. 黎兹的工作是 1908 年在 Journal für die reine und angew. Mathem.,Bd. 135 上发表的.

直接方法的理论基础自然要用到实变函数理论,尤其对偏微分方程方面来说更是这样. 我们把这方面的讨论放到卷五中. 此刻考察直接方法的应用的几个简单例子. 我们将在边值问题的一章中回到这个问题.

黎兹及加廖尔金方法的收敛性的研究以及关于误差的估计,在苏联数学家的一系列工作中曾详尽地加以探讨.关于这些问题的叙述和适当的参考文献的目录可在 Л. В. 康托罗维奇及 В. И. 克雷洛夫所著的《高等分析的近似方法》一书中找到.黎兹及 Б. Г. 加廖尔金的方法的收敛性的研究很大部分见于 С. Г. 米赫林所著的《数学物理中的直接方法》(1950 年)一书中.

直接方法的理论的研究与对应的极值函数的存在定理以及它们的性质的研究之间的联系,在 С. Л. 索伯列夫的论文《泛函分析在数学物理中的某些应用》(1950 年)中曾予以阐明.

98. 例

1.我们取[95]中考察的泛函

$$J(y) = \int_0^l [p(x)y'^2 + q(x)y^2 + 2f(x)y] \mathrm{d}x \qquad (257)$$

且在前面[95]提过的满足齐次边界条件

$$y(0) = y(l) = 0 \qquad (258)$$

的 D 类函数中求它的最小值,并且像[95]中一样,假设 $p(x) > 0$ 及 $q(x) \geqslant 0$.

我们知道,满足方程(234)及边界条件(258)的函数 $y_0(x)$ 给出所提出的问题的解.设

$$u_1(x), u_2(x), \cdots \qquad (259)$$

是任一函数列,这个列中的函数与它们的一阶导数一起在区间 $[0,l]$ 内连续,它们满足条件(258)且是线性无关的.

作函数列中前 n 个函数的线性组合,它具有暂时未确定的常系数

$$y_n = a_1^{(n)} u_1 + \cdots + a_n^{(n)} u_n$$

把它代入积分(257).在进行积分之后,我们得到如下形式的结果

$$J_n = J(y_n) = \sum_{i,j=1}^n \alpha_{ij} a_i^{(n)} a_j^{(n)} + \sum_{i=1}^n \beta_i a_i^{(n)} \quad (\alpha_{ij} = \alpha_{ji}) \qquad (260)$$

从这样的条件来确定系数 $a_i^{(m)}$,即要求 $a_i^{(n)}$ 的值满足表达式 J_n 有极值的必要条件,简单地讲,亦即把 J_n 对 $a_i^{(n)}$ 的偏导数等于零.这样一来,我们得到确定 $a_i^{(n)}$ 的 n 个一次方程

$$\sum_{k=1}^n \alpha_{ik} a_k^{(n)} + \frac{1}{2}\beta_i = 0 \quad (i=1,2,\cdots,n) \qquad (261)$$

这个方程组的行列式同时是在表达式(260)中出现的二次型的判别式,并且是由表示式 $(py_n'^2 + qy_n^2)$ 的积分产生的.由于所作的假设,提到的二次型是正定的.事实上,只在 $y_n \equiv 0$ 的情况这二次型才可以等于零,而由于函数 $u_k(x)$ 的

线性无关性,因此就导出所有系数 $a_k^{(n)}$ 都等于零. 然而正定的二次型的判别式等于它的特征值的乘积,这判别式一定是正值. 于是,方程组(261)的行列式不等于零,我们从这方程组找出 $a_i^{(n)}$ 的确定值,因而可作出 n 次近似 $y_n(x)$. 一般地讲,当 n 增大时,已经计算出来的系数有所改变. 因此在记这些系数时,还对它们附以上标,这上标指出近似的号码.

如果注意,在表达式(260)中出现的二次型是正定的,以及方程组(261)有唯一解,那么就可以断言这方程组的解 $(a_1^{(n)}, \cdots, a_n^{(n)})$ 给出表达式(260)的最小值. 当 n 增大时,在更广泛的函数类中可求出泛函的最小值,因此,我们可肯定

$$J(y_q) \leqslant J(y_p) \quad (\text{当 } q > p \text{ 时}) \tag{262}$$

此外,对于(259)中函数的任何线性组合 $z(x)$,即

$$z(x) = \sum_{k=1}^{m} a_k u_k(x) \tag{263}$$

我们有[95]

$$J(z) \geqslant J(y_0)$$

我们证明,在关于函数列(259)作某些假设下,函数 $y_n(x)$ 在区间 $[0, l]$ 上一致收敛于上面提过的函数 $y_0(x)$.

我们就来陈述这些假设. 对于任何函数 $y(x)$,它本身和它的导数在区间 $[0, l]$ 上都是连续的,且对于任何给定的正数 ε,存在(259)中函数这样的有限线性组合,这组合满足下面不等式

$$\left| y(x) - \sum_{k=1}^{m} a_k u_k(x) \right| \leqslant \varepsilon, \left| y'(x) - \sum_{k=1}^{m} a_k u_k'(x) \right| \leqslant \varepsilon \quad (0 \leqslant x \leqslant l) \tag{264}$$

首先,我们证明

$$J(y_n) \to J(y_0) \tag{265}$$

我们有[95]

$$J(y_n) \geqslant J(y_0) \quad (n = 1, 2, 3, \cdots) \tag{266}$$

如果应用(264)到函数 $y(x) = y_0(x)$,且利用 ε 的任意性,那么我们就可断言,对于任何给定的正数 δ,存在(259)中函数这样的线性组合(263),使 $J(z) - J(y_0) \leqslant \delta$. 其次,由 $y_m(x)$ 的作法,我们有 $J(y_m) - J(y_0) \leqslant \delta$,因此由(262)可知,当 $n \geqslant m$ 时 $J(y_n) - J(y_0) \leqslant \delta$,从而,由于正数 δ 的任意性,就推得(265). 其次,容易检验

$$J(y_n) - J(y_0) = 2\int_0^l \left[py_0'(y_n' - y_0') + qy_0(y_n - y_0) + f(y_n - y_0) \right] \mathrm{d}x +$$

$$\int_0^l [p(y_n' - y_0')^2 + q(y_n - y_0)^2] dx$$

在第一积分内进行分部积分且注意 $y = y_n - y_0$ 满足条件(258), 我们得到这积分的表达式

$$\int_0^l \left[-\frac{d}{dx}(py_0') + qy_0 + f\right](y_n - y_0) dx$$

从而看出所说的积分等于零, 因此

$$J(y_n) - J(y_0) = \int_0^l [p(y_n' - y_0')^2 + q(y_n - y_0)^2] dx$$

从而

$$J(y_n) - J(y_0) \geqslant \int_0^l p(y_n' - y_0')^2 dx \tag{267}$$

用 a 记正函数 $p(x)$ 在区间 $[0, l]$ 上的最小值, 根据(267)得到

$$\int_0^l (y_n' - y_0')^2 dx \leqslant \frac{J(y_n) - J(y_0)}{a} \tag{268}$$

其次, 布尼亚科夫斯基不等式给出

$$|y_n - y_0|^2 = \left|\int_0^x (y_n' - y_0') dx\right|^2 \leqslant$$

$$\int_0^x (y_n' - y_0')^2 dx \int_0^x 1^2 dx \leqslant$$

$$l \int_0^l (y_n' - y_0')^2 dx$$

因而根据(268), 得

$$|y_n(x) - y_0(x)| \leqslant \sqrt{\frac{l}{a}} \cdot \sqrt{J(y_n) - J(y_0)} \quad (0 \leqslant x \leqslant l)$$

从而, 由于(265), 推出在区间 $[0, l]$ 上 $y_n(x)$ 一致收敛于 $y_0(x)$.

我们证明, 满足条件(258)的函数

$$u_k(x) = \sin\frac{k\pi x}{l} \quad (k = 1, 2, 3, \cdots) \tag{269}$$

也满足条件(264).

把在区间 $[0, l]$ 内的已知函数 $y'(x)$ 照偶函数式样拓展到区间 $[-l, 0]$ 上. 对于任何给定的正数 η 求出这样的三角多项式

$$T(x) = c_0 + \sum_{k=1}^m c_k \cos\frac{k\pi x}{l}$$

使 [II;164]

$$|y'(x) - T(x)| \leqslant \eta \quad (-l \leqslant x \leqslant +l) \tag{270}$$

其中
$$c_0 = \frac{1}{l}\int_0^l T(x)\,\mathrm{d}x$$

然而从(270) 推出 $T(x) = y'(x) + f(x)$，其中 $|f(x)| \leqslant \eta$，因此，如果注意 $y(0) = y(l) = 0$，那么就得到
$$c_0 = \frac{1}{l}\int_0^l f(x)\,\mathrm{d}x$$

从而 $|c_0| \leqslant \eta$，因此从(270) 推得
$$\left| y'(x) - \sum_{k=1}^m c_k \cos\frac{k\pi x}{l} \right| \leqslant \eta + |c_0| \leqslant 2\eta$$

将所写的差式从 0 到 x 积分，得到
$$\left| y(x) - \sum_{k=1}^m \frac{l}{k\pi} c_k \sin\frac{k\pi x}{l} \right| \leqslant 2\eta l$$

且取 $\eta = \dfrac{\varepsilon}{2(l+1)}$，我们得到(269) 中函数的线性组合
$$\sum_{k=1}^m \frac{l}{k\pi} c_k \sin\frac{k\pi x}{l}$$

这组合满足条件(264)．

完全类似地，利用关于连续函数的多项式逼近定理，可以证明下函数列
$$u_k(x) = (l-x)x^k \quad (k=1,2,3,\cdots)$$

也满足条件(264)．显然，这列中的所有函数也满足条件(258)．

2. 黎兹方法的收敛性的证明对偏微分方程来说有更大的困难，因而仅限于特例来讨论．

考察由不等式 $0 \leqslant x \leqslant \pi$ 及 $0 \leqslant y \leqslant \pi$ 确定的正方形 B 的情况的泊松方程
$$u_{xx} + u_{yy} = g(x,y) \tag{271}$$

且取待求函数 u 在提到的正方形境界 l 上等于零作为边界条件．我们设已知函数 $g(x,y)$ 在正方形 B 内可展为傅里叶级数
$$g(x,y) = \sum_{p,q=1}^\infty c_{pq} \sin px \sin qy \tag{272}$$

并且级数 $\sum\limits_{p,q=1}^\infty |c_{pq}|$ 是收敛的．

方程(271) 是积分
$$J(u) = \iint_B (u_x^2 + u_y^2 + 2gu)\,\mathrm{d}x\,\mathrm{d}y \tag{273}$$

的欧拉方程. 在这里待求函数是两个自变量的函数,因此自然用关于倍角正弦的二重级数的部分和形式来求近似解

$$u_{mn} = \sum_{p=1}^{m} \sum_{q=1}^{n} a_{pq} \sin px \sin qy \qquad (274)$$

我们用来展开近似解的基本函数显然都满足边界条件. 将表达式(274)代入(273)的积分中,且利用三角函数乘积的积分的已知公式,得

$$\frac{4}{\pi^2} J(u_{mn}) = \sum_{p=1}^{m} \sum_{q=1}^{n} (p^2 + q^2) a_{pq}^2 + 2 \sum_{p=1}^{m} \sum_{q=1}^{n} c_{pq} a_{pq}$$

把上面表达式对 a_{pq} 的导数等于零,我们引出待求系数的下面表达式

$$a_{pq} = -\frac{c_{pq}}{p^2 + q^2}$$

在这里,系数的值不依赖于近似的号码,因为当这号码增大时已经计算出来的系数保持不变,因此取极限后我们导出下面函数

$$u(x,y) = -\sum_{p,q=1}^{\infty} \frac{c_{pq}}{p^2 + q^2} \sin px \sin qy \qquad (275)$$

如果注意到级数 $\sum_{p,q=1}^{\infty} |c_{pq}|$ 的收敛性,那么不难看出级数(275)可以对自变量两次逐项微分. 从而立即推出(275)中的函数确实满足方程(271). 边界条件的满足是很明显的. 所提出的问题只有唯一解. 事实上,如果存在两个函数 u_1 及 u_2 都满足方程(271)及边界条件,那么它们的差应满足拉普拉斯方程,且在正方形 B 的境界上这个差等于零. 从而立即推出[Ⅱ;194]这个差恒等于零.

3. 现在考察方程的右端是给定值的情况

$$u_{xx} + u_{yy} = c$$

且对于在由不等式 $-a \leqslant x \leqslant +a, -a \leqslant y \leqslant +a$ 确定的正方形 B 内和上例一样的边界条件下求这方程的解.

在这里,(273)中的积分是

$$J(u) = \iint_B (u_x^2 + u_y^2 + 2cu) \mathrm{d}x \mathrm{d}y \qquad (276)$$

我们对待求函数来求变量 x 及 y 的多项式形式的近似表达式,而为了要满足边界条件,在多项式的前面放上因子 $(x^2 - a^2)(y^2 - a^2)$,也就是,设

$$u_n = (x^2 - a^2)(y^2 - a^2) \sum_{p+q \leqslant n} a_{pq} x^p y^q$$

由于正方形 B 的对称性,在所写的多项式中,只需保留含有自变量的偶次幂的项. 此外,由于同样的对称性,必须认为多项式是关于两个自变量对称的. 取零次幂的多项式是

$$u_0 = a_{00}^{(0)}(x^2 - a^2)(y^2 - a^2)$$

将这表达式代入(276)的积分中,进行积分且把对 $a_{00}^{(0)}$ 的导数等于零,我们得到 $a_{00}^{(0)}$ 的值

$$a_{00}^{(0)} = \frac{5}{16}\frac{c}{a^2}$$

作为二次近似,取

$$u_1 = (x^2 - a^2)(y^2 - a^2)[a_{00}^{(1)} + a_{02}^{(1)}(x^2 + y^2)]$$

施行前面所说的运算,多项式的系数有以下的数值

$$a_{00}^{(1)} = \frac{5}{16} \cdot \frac{259}{277} \cdot \frac{c}{a^2}, a_{02}^{(1)} = \frac{15}{32} \cdot \frac{35}{277} \cdot \frac{c}{a^4}$$

俄国大众数学传统 —— 过去和现在

附录

本附录的作者为 A. B. Sossinsky，译者为吴雅萍. A. B. Sossinsky 现为莫斯科电子学与数学研究所高级研究员及莫斯科独立大学讲师.

对西方观察家来说，下述事实令他们深感奇怪：在赫鲁晓夫与勃列日涅夫的极权统治年代里，几乎处于完全孤立的情形下繁荣一时的俄国数学学派，在国家向民主和正规市场经济迈进的今天却面临消亡的威胁. 当然，至少对目前正发生的空前的数学人才外流现象，有其明显的经济原因. 然而如果人们想解释这一矛盾现象，还应了解这一问题的一些更深层的、不那么明显的方面，在西方这是鲜为人知的.

其中一个方面可称作"非正规的大众化数学的传统"—— 正是本附录的主题.

社会和文化范畴

苏联的大众数学传统的特定形式，只能在俄罗斯文化遗产的框架内以及苏联政体的政治范畴内才能理解. 前者包括俄国科学职业在长时期内的威望，它把东方人对"宗教领袖"的尊崇与德国人对"绅士教授"的尊敬融合起来；同时它还包括传统的对自谦的钦佩，以及优秀的公民、贵族或知识分子通过"走向人民"和与大众分享其文化遗产以增进社会的公正所做出的常常是天真的努力.

这一背景对所有的学科都是相同的，但由于起决定作用的政治性原因，其对数学的影响却是独特的：几十年来在苏联，数学是唯一的一门其自身发展不受意识形态权威人物的严密监督和左右的科学，这一事实是众所周知的. 有才能的年轻人很快就认识到学习生物学就意味着要遵从李森科的荒谬原理，研究历史则意味着要遵循马克思主义的一家之言. 而数学却保持其独立和纯洁：一条定理，一旦被证明了，则不管党魁们喜欢与否都是正确的. 事实上，直到 20 世纪 60 年代末，党魁们不仅对定理而且对证明它们的人都并不是特别介意.

因此苏联数学家有极好的机遇来吸引最有才能的学生从事他们的职业，并且他们抓住了这一机遇，并为此建立了新的非官方的机构.

奥林匹克竞赛与数学兴趣小组

首届数学奥林匹克竞赛是在 1936 年由 B. N. Delone 在列宁格勒组织的，他在第二年还发起了莫斯科数学奥林匹克竞赛. B. N. Delone 是一位多面手，他既是数论专家、几何学家，又是有成就的登山运动员、说书人及讲师. 他自己设计这些数学竞赛的形式 —— 现今在很多文明国家中已很流行，且使这些竞赛有了成功的开始. 他得到了权威数学家们的支持，特别是 A. N. Kolmogorov 和 I. G. Petrovsky. 就其特色而言，近 40 年来，数学奥林匹克竞赛一直是非官方的，在没有重大经济资助下发挥了作用，并且是靠年轻数学家的无私热情来完成的.

在因第二次世界大战而中断一段时间后，奥林匹克竞赛扩展到全国，并形成了金字塔式结构：首届全俄数学奥林匹克竞赛在 1961 年举行，首届全苏决赛则于 1967 年在第比利斯举行. 直到 20 世纪 70 年代中期，它基本上仍是一项非官方的活动，并从 Petrovsky 所在的莫斯科大学得到一些经济资助，还从当地一些数学家那里获得帮助. 奥林匹克数学竞赛是一种多阶段性竞赛，它从学校一级开始，一个有才能的高中生要在城市、地区以及共和国等各种级别的竞赛中取胜，才可以参加权威性的全苏决赛甚至于有资格参加国际竞赛.

从 20 世纪 40 年代后期起，大城市的奥林匹克竞赛与所谓的"数学兴趣小组"密切相关，数学兴趣小组是非常规的解题数学班，通常在周末由年轻的专业研究数学家来指导并向所有有兴趣的高中生开放. 俄国的这一非常规的学习小组的传统可追溯到 19 世纪，小组（在圣彼得堡的列宁的"马克思主义小组"）活动的内容从政治宣传到文学、科学或艺术，以及手工艺等. 实际上，对这种非常规的活动没有历史的记载，但为了了解我们这一代的每一个主要的苏联数学家是怎样产生的，那么了解他们参加的是哪个小组和说明谁是他们的论文导师可能同样重要.

从统计数据看，当时 50 多岁的苏联最好的数学家中，几乎所有的人都参加了数学小组及奥林匹克竞赛. Novikov, Arnold, Kirillov 及 Fuchs 都是 20 世纪 50 年代的奥林匹克竞赛获奖者.

数学学校及数学班

20 世纪 60 年代可能是苏联数学发展中最值得称道的时期. 尽管"赫鲁晓夫的春天"没有达到预期的效果，俄国知识分子从斯大林时期的由恐惧造成的麻木中觉醒过来，而且艺术及科学活动通常能在政治允许的范围内得以重新恢复. 数学家们利用这个有利形势创立新的机构以吸引有才能的年轻人投身数学事业.

第一个也最具雄心的是"物理和数学寄宿学校". 第一所学校是 1961 年在新西伯利亚附近，由有"科学城的沙皇"之称的 M. I. Lavrentiev 创建的；他是来自莫斯科的一流数学家，承担了在西伯利亚传播科学这一重要计划的实施. 第二年，A. N. Kolmogorov 及 I. K. Kikoin（氢弹物理学家）在莫斯科建立了类似的学校，随后有人在列宁格勒、基辅及埃里温也仿效了这一做法.

Lavrentiev 和 Kolmogorov 认为，未来的数学家未必来自社会及知识界的精英阶层，在全国各地，特别是在小城镇，有巨大的民间人才宝库. 大城市里有才能的年轻人已经得到了广为宣传的奥林匹克竞赛及数学小组的关怀，而小城镇里的年轻人既缺少称职的数学教师又完全没有与年轻的研究人员——其任务是塑造成杰出的未来数学家——接触的机会. 为挑选最有才能的高中生，来自莫斯科、列宁格勒、基辅及科学城的年轻数学家，游历全国的所有边远地区以帮助组织当地的奥林匹克竞赛，同时指导物理和数学寄宿学校的入学考试.

几乎同时，几个杰出的数学家（例如 A. Cronrod, E. Dynkin, I. M. Gelfand）决定为较大的城市居民组办数学学校（注意，确切地说是为那些上中学的最后二或三年的孩子举办的）. 于是，莫斯科的第 2,7,9,444 中学成为具有强化数学课程的一流学校.

同时出现的另一个不那么雄心勃勃的机构，称为"普通"学校里的数学班，在那里，有兴趣的高中生可学到更多的（且更高等的）数学知识.

归功于 I. M. Gelfand 的另一个重要的创造，是在 1964 年创立的全苏数学函授学校. 这一著名的机构（只有几个领（低）报酬的长期合作者），借助于莫斯科大学数学专业的人才始终如一的帮助(几年以后,大部分帮助来自函授学校的毕业生),设法吸引成千上万的高中生学习课程以外的数学.当然,大部分学生来自那些不能提供上述常规及非常规的数学学习条件的地方.

随着函授学校的工作的推进,又演化出一种新形式的功能,称为"集体学生",这与当地教师直接相关.即一组学生在本校一名教师的指导下做函授学校指定的作业,每月提交一份共同完成的作业论文.个人及集体这两类工作形式经证明都是卓有成效的.

在20世纪60年代中期,为愿意从事数学研究的有才能的年轻人提供了一个很广阔的供选择的天地.数学兴趣小组、奥林匹克竞赛,多种特殊的班以及学校,其中包括寄宿学校及函授学校,用以满足各种潜在的人才的需要.所有这些机构,在某种意义上,都是外围组织(不是由上面权力机关强加的,也不是由教育体系派生的).幸亏由于投入该事业的人(大多是青年数学家)的热情,使它有效地发挥了作用.这些机构还趋于自我再生:例如数学寄宿学校的校友常常在他们成为研究生后(有时在之前)回到数学寄宿学校当教师.

实际上所有在20世纪60年代上学的领头数学家都进过上面提到的人才学校之一.在他们的班里,他们受到很强的激励去取得成功.环绕在大城市数学奥林匹克竞赛优胜者周围的热烈气氛,可与美国高中篮球队队长周围的气氛相比.下面将简单列举一下Kolmogorov寄宿学校培养的一些校友的名字,他们是:Varchenko, Matiyasevich, Levin, Nikulin及Krichever.

大众数学书及 *Kvant* 杂志

苏联科学事业中最值得称颂的成就之一是大众科学出版业的成就.在20世纪50,60及70年代中,用买两杯柠檬水(或半个冰激凌)的钱,你便可买到诸如:Khinchin的《数论的3个宝石》或Kirillov的《极限》那样的数学科普书籍.甚至在20世纪80年代,Boltyansky Efremovich的绝妙的介绍拓扑的科普书或Arnold的《突变理论》一书,售价不及一个橘子或半个香蕉.

但对出版业在数学普及中所做的这些事,Kolmogorov感到还不够.他与Kikoin在1969年协力创办了*Kvant*(《量子》杂志),一个由科学院资助的、面向高中学生的物理和数学方面的科普月刊.结果它成为出版业的一次不寻常的成功.(尽管仅能通过按年的订阅来销售)到1972年(这期间可描述为数学事业的繁荣时期)销售量达到令人难以置信的370 000份,其后有所下降,在20世纪80年代保持在200 000份左右.

该杂志的经常性撰稿人是 A. N. Kolmogorov, A. D. Alexandrov,

L. S. Pontryagin, V. A. Rokhlin, S. Gindikin, D. B. Fuchs, M. Bashmakov, V. I. Arnold, A. Kushnirenko, A. A. Kirillov, N. Vaguten(= N. Vassiliev + V. Gutenmakher), Yu. P. Soloviev, V. M. Tikhomirov 等. 西方读者通过阅读由"自然科学教师协会"在华盛顿出版的基于 Kvant 过刊的美国版本的《量子》(Quantum) 杂志, 便可了解 Kvant 杂志的主要内容.

数学事业中的停滞

20 世纪 60 年代的数学繁荣未能持续很久, 在不祥的 1968 年(苏联坦克滞留布拉格)以后, 勃列日涅夫及其密友严厉加强了对意识形态领域的控制, 特别是对科学界, 再一次强烈主张科学的党性原则. 这一时期是数学界发生最惹人注目的变化的时期, 原因可能是在此之前数学是一片被偶然遗忘在沙漠中的绿洲.

在莫斯科, 从 1968 年开始, 伴随着 "Esenin Volpin 案件", 即所谓的 "99 人信件" 以及随后的发展, 发生了一系列事件: 莫斯科大学力学数学系行政管理方面的变化, 反对犹太人进入莫斯科大学的政策的重新执行(本来自 1955 年已中止执行), 对数学家的铁幕又一次拉上了(除了那些对共产党或克格勃有特殊贡献的人). 这些事实众所周知, 然而, 人们并不总是清楚地认识到, 当时执政的政策不仅是种族歧视的一种特殊的丑恶形式, 而且更一般的是试图对人的自尊心及公正的遏制, 以及对科学事业中的卓越人才及成就的摧残, 随后, 迟钝与驯服成为在学术事业中成功的主要因素.

可以预料, 当时会对前文中提到的所有从事大众数学的外围机构采取些行动, 实际也确实如此.

在莫斯科, 莫斯科大学的力学数学系党组织控制了 Kolmogorov 寄宿学校, 清除了 "不合需要" 的教师(包括本附录作者), 解雇了思想自由化的导师, 引入禁止犹太人入学的政策.

就全苏联而言, 教育部控制了数学奥林匹克竞赛. 1976 年在第比利斯举行的第 13 届全苏数学奥林匹克决赛是评委会以重大的牺牲而换取的一次胜利, 他们成功地保留了竞赛的传统(通过与那些想管理及毁掉竞赛的教育部官僚们进行的为外人所不知晓的斗争); 第二年, 忠实的官僚们几乎全部地用那些更容易驾驭的数学家来替换原全苏评委会.

很多数学学校被迫关闭或被重新组织. 著名的莫斯科 2 中和 7 中及很多(特别是那些最有创新精神的教师指导的)数学班被迫中断.

并非对这些机构的所有打击都是成功的. Gelfand 的数学函授学校在意识

形态上好像是无懈可击的.然而,力学数学系新的领导班子组织了一个相应的与之竞争的学校,叫作"Malyi 力学数学学校",并诱惑性地向其学生许诺:他们更易进入该系且劝阻该系大学生不要帮助 Gelfand 学校.但这些并未起很大作用,Gelfand 学校依然办得很成功.

由 Pontryagin 及 Vinogradov 负责执行的另一接管任务也失败了,他们要从太自由化的 Kolmogorov 和 Kikoin 手中争到 Kvant 杂志的控制权.

也许更典型的例子是过去在传统上由莫斯科大学的数学家们指导的莫斯科数学奥林匹克竞赛的命运.曾在 1978 年被选为奥林匹克委员会领导人的 Kirillov,根据力学数学系主任签署的一项行政命令而被调离此职位,该系主任指派 Mishchenko 担任这一职务且完全改变了管理此竞赛的队伍.这导致了竞赛氛围的根本变化:它变得非常刻板且开始模仿莫斯科大学的入学考试.

另一鲜为人知但具戏剧性的故事与 Bella Muchnik 的数学讲习班(被人挖苦地称作"人民大学")有关.它开办于 1979 年,旨在为那些未能通过莫斯科大学的具种族歧视性入学考试的学生提供学习最高水平数学知识的机会.在它的 3 年开办期内,很多很好的数学家在那里执教而没有任何物质报酬.当克格勃逮捕了两名学生后该校才停办.Bella Muchnik 在被克格勃审讯后,一天深夜不幸死于一次车祸,肇事者逃离,很多人相信这不是一次偶然的事故.

但这只是一个极端情形.大多数半官方的大众数学机构未被破坏,相反它们变得更官方化了.靠机构的再生,在很多情形下它们保持了高度专业化水平,但同时失去了很多原有的非常规的特点.值得注意的例外是 Kvant 杂志和 Gelfand 函授学校,它们均设法保持其专业质量和办学精神.

新竞赛、新纪元

一般来说,20 世纪 70 年代及 80 年代初是令人沮丧的时期,当时大众对数学的兴趣逐渐下降,而且 20 世纪 50 年代及 60 年代创立的机构失去了很多吸引力.但至少有一个人没有陷入这种沮丧中,他就是 Konstantinov.尽管他从全苏奥林匹克评委会及莫斯科奥林匹克评委会被解职,而且他的数学学校被关闭,但他又重新行动起来:为中学生创立了一非正规的数学暑期讲习班,按惯例应在爱沙尼亚举办;把莫斯科 57 中学办成数学人才学校直至今日;又在莫斯科发起 Lomonosov 竞赛(一种受欢迎的中学多学科的群众性竞赛)且创立了非常成功的城市间竞赛(现为一种国际竞赛).

Konstantinov 是俄罗斯数学竞赛史上一位真正的传奇人物,然而在莫斯科、圣彼得堡、车里雅宾斯克等地还有很多不如他知名但同样致力于此事业的教师.例如 B. Davidovich, A. Shen 及 A. Vaintrob,他们帮助把莫斯科57中学办成一个杰出的学校且保持其最高水平,尽管受到官方机构的行政方面的困扰.

这些以及其他的"手持火炬的人",穿过勃列日涅夫时期的重重封锁把大众化数学的传统一直延续到"改革"的来临时.在西方观察家看来,符合逻辑的应是标榜自由化的政权会立即引发生机勃勃的对最好的民主传统的恢复,特别是在科学和教育方面,但这并未出现.主要原因是(不是西方人通常想的那样)政治机构最高层的急剧变化并未伴随着低层的行政人事的变化.那些在极权体制下曾竭力反对任何革新及自由化的官僚们,今天仍在这么做,而且又补充了新的能量:这么做,不单单是为维护旧体制,而且是为他们自己的生存而斗争.同时很多本可以在恢复最好传统中起积极作用的数学家,在条件允许时情愿移居国外,他们有理由把为他们的家人提供舒适的生活及良好的研究条件,看得比这里的不确定的前途及拯救濒临消亡的传统更重要.这主要是指那些当时处在30至40岁的数学家,这一代人最好的年华不幸正处在那令人沮丧的停滞时期(1968~1986年).

莫斯科独立大学的数学学院

然而,那些仍根植于莫斯科的领头数学家们又精力充沛地创立了一个雄心勃勃的新机构,称为莫斯科独立大学(IUM)的数学学院,一个培养未来数学研究工作者的小型人才学校.它的创建人感到,莫斯科国立大学的力学数学系由于受20年的错误管理的破坏,且从根本上讲,现在仍受那些招致该系衰退的强硬路线人的领导;它对造就新的数学人才已不再发挥作用.从观念及教学方面看,创建数学学院的带头人是 Arnold,而在实际执行中,其机构由 Konstantinov 管理.在1991年7月进行了非常难的笔试(一种从0分到120分的评分制),在9月开学,首批注册的是45名学生. Konstantinov 成功地在莫斯科大学附近的一个学校借到了办公室及教室,甚至从莫斯科的资助者那里得到一些钱,以给学院的教师一些酬劳,并为一些学生提供奖学金.

当时在俄罗斯还没有办私立(非公立)教育机构的立法.特别是,这意味着莫斯科独立大学不能使其学生免于兵役,使得大多数男生不得不同时也进入莫斯科国立大学.于是莫斯科独立大学只能在晚上上课,该校大部分学生有双份的学习负担.

尽管有这样或那样的困难,莫斯科独立大学的数学学院正在成功地发挥作用,它现有25个二年级学生及35个一年级新生.美国数学会已向该校教师提供了一些资助,教师中包括 D. V. Alekseevsky, B. L. Feigin, A. L. Gorodentsev,

S. M. Gusein-Zade, A. A. Kirillov, Elena Korkina, S. K. Lando, Yu. A. Neretin, V. P. Palamodov, V. S. Retakh, A. N. Rudakov, V. M. Tikhomirov, V. A. Vassiliev, E. B. Vinberg 及本附录的作者. 教师们感到他们有能力把莫斯科数学学派最好的传统传给他们的学生(到现在为止, 他们已被证明是有才能的及可培养的), 并希望莫斯科独立大学的数学学院能克服目前的困难(需要一所永久性教学场所及好的图书馆), 成为(不仅面向苏联学生的)一个具有一流水平研究生院的人才大学.

现在怎么样

现在让我们估计一下当今的形势. 圣彼得堡的数学学派无论从象征性意义上还是字面上已不复存在. 就莫斯科及圣彼得堡国立大学的数学系来说, 修修补补已无济于事. 实际上所有 40 岁以下的领头数学家已经或正打算移居国外. 在莫斯科, 大学教授的月工资不够维持一周的生活.

另一方面, 我们这一代的很多领头数学家, 尽管经常居住在国外, 但还没有永久地移居国外: Novikov, Arnold, Maslov, Anosov, Faddeev, Vershik, Kirillov, Vinberg, Sinai 及 Zakharov 仍扎根于这里. 下一代的一些数学家也是如此: Ilyashenko, Helemsky, Feigin, Vassiliev, Khovansky, Rudakov, Soloviev, Fomenko, Drinfeld 及 Krichever. 文化的数学传统至今仍充满活力, 但不是靠国立大学及公办奥林匹克竞赛, 而是以其新的、非正规的机构来传授下去. 仍有很多数学班及数学兴趣小组, 莫斯科数学奥林匹克竞赛正努力以重新获得其传统的价值, *Kvant* 杂志正为生存而顽强地奋斗着, Konstantinov 负责的城市间竞赛及 Lomonosov 竞赛仍在很好地进行. 莫斯科数学会也仍在发挥其质朴的凝聚作用, 且出现了一些试验性新机构: 在圣彼得堡的以 Faddeev 为首的欧拉研究所, 在莫斯科的独立大学及以 Khovansky 为首的数学研究所.

这些足够了吗? 从现在起 5 年或 10 年里, 当我们这一代人太老了以致不能把从事数学研究的乐趣传给有才能的学生时, 是否有人会接过这一火炬呢? 显然逻辑推理告诉我们这两个问题的答案是 "不". 但在此宁愿无视所有的逻辑, 而祝愿美好的数学文化传统, 其中一些是这里已描述过的, 将不会消亡.